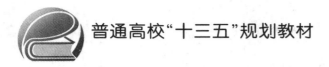
普通高校"十三五"规划教材

电工技术

主　编　张大为
副主编　刘　迪　王　晶
　　　　刘陵顺　张树团

北京航空航天大学出版社

内容简介

本书为普通高校"十三五"规划教材。知识体系围绕"一条主线,两大模块,三部分内容"进行详尽地论述。本书以提高学生综合应用能力为主线,即以电工基础和电工技术为两大模块,以电路理论、磁路理论、常用电气设备为三大核心内容。具体内容包括:直流电路的基本概念及基本定律、线性电路分析方法、一阶动态电路、正弦交流电路、三相交流电路、直流电机、变压器与交流电机、继电接触器控制系统、供电安全与电工测量。依据"拓宽学生视野,激发学生兴趣"的目标在教材中增加了应用实例和拓展推广环节。这样既立足基础,又兼顾发展;既强调通用性,又着眼实践性。

本书可作为高职高专院校非电类专业教材,也可作为从事相关专业工程技术人员的参考用书。

图书在版编目(CIP)数据

电工技术 / 张大为主编. -- 北京:北京航空航天大学出版社,2016.3
ISBN 978 - 7 - 5124 - 2051 - 9

Ⅰ.①电… Ⅱ.①张… Ⅲ.①电工技术－高等职业教育－教材 Ⅳ.①TM

中国版本图书馆 CIP 数据核字(2016)第 027304 号

版权所有,侵权必究。

电工技术

主编 张大为

副主编 刘迪 王晶 刘陵顺 张树团

责任编辑 金友泉

*

北京航空航天大学出版社出版发行

北京市海淀区学院路 37 号(邮编 100191) http://www.buaapress.com.cn
发行部电话:(010)82317024 传真:(010)82328026
读者信箱: goodtextbook@126.com 邮购电话:(010)82316936
北京泽宇印刷有限公司印装 各地书店经销

*

开本:710×1 000 1/16 印张:15.75 字数:330 千字
2016 年 3 月第 1 版 2016 年 3 月第 1 次印刷 印数:3 000 册
ISBN 978 - 7 - 5124 - 2051 - 9 定价:35.00 元

若本书有倒页、脱页、缺页等印装质量问题,请与本社发行部联系调换。联系电话:(010)82317024

前　言

"电工技术"是一门重要的专业基础课程,其目的是使学生掌握电工技术的基本理论、基本方法和基本技能,培养学生理论联系实际、理论应用实际的工程观点,提高学生分析、计算、解决实际问题的工程能力。针对武器装备类士官高等职业技术教育面向的学员,以突出实战化教学、遵循人才教育规律为出发点,以着眼岗位任职需要、提高人才培养质量为落脚点编写了本教材。

本书各章以应用实例导入,以拓展推广收尾。按照通用性与实践性有机结合、基础理论与实际设备有效融合的模式编写。以"掌握概念,突出应用,提高能力"为主题,以"精选内容、加强基础、贴近实践"为主线,力求实现"理论深浅适度、体系结构新颖、联系实际紧密"。

本书共分9章,第1章为直流电路的基本概念及基本定律,主要介绍了电路的组成、电路的基本物理量和基本定律;第2章为线性电路分析方法,主要介绍了线性电路几种常用的电路分析方法和定理;第3章为一阶动态电路,主要介绍了换路定则、一阶电路的零输入响应、零状态响应、全响应和三要素法;第4章为正弦交流电路,主要介绍了正弦量及其相量表示、正弦交流电路的分析与计算;第5章为三相交流电路,主要介绍了三相交流电源、三相交流电路的连接方式、电压电流关系及功率特性;第6章为直流电机,主要介绍了磁路的基本知识、直流电机的基本结构与工作原理、励磁方式和使用;第7章为变压器与交流电机,主要介绍了变压器、笼形异步电动机的基本知识和分析方法;第8章为继电接触器控制系统,主要介绍了基本典型的控制电器和工程实际中最常用的三相笼形异步电动机应用控制线路;第9章为供电安全与电工测量,主要介绍了供电安全和常用仪器仪表的使用方法。

本书由张大为担任主编,刘迪、王晶、刘陵顺、张树团为副主编。其中第1章由刘迪编写,第2章由刘迪和王晶编写,第3章由刘迪编写,第4、5章由张海鹰编写,第6章由王昉编写,第7章由张大为和张树团编写,第8章由张大为编写,第9章由刘迪和皮之军编写。海军航空工程学院的姜静、万道军、刘铁、吕晓峰、张凯、胡春万、李建海等同志参与了该书的编写工作,刘陵顺教授和李岩副教授作为主审,审阅并提出了宝贵的修改意见,在此表示衷心的感谢!

在教材的编写过程中,参考了大量的经典教材,受益匪浅;本书编写得到海军航空工程学院训练部领导和控制工程系领导的鼎力支持和帮助,在此表示感谢!

由于编者水平有限,书中难免存在疏漏和不妥之处,敬请读者批评斧正。

编　者
2015 年 10 月

目　　录

第1章　直流电路的基本概念及基本定律 ………………………………………………… 1
　1.1　电路和电路模型 ………………………………………………………………… 1
　　1.1.1　电路的组成 ………………………………………………………………… 1
　　1.1.2　电路的作用 ………………………………………………………………… 2
　　1.1.3　电路模型 …………………………………………………………………… 3
　1.2　电路中的基本物理量 …………………………………………………………… 4
　　1.2.1　电流及其参考方向 ………………………………………………………… 4
　　1.2.2　电压及其参考方向 ………………………………………………………… 6
　　1.2.3　关联与非关联参考方向 …………………………………………………… 7
　　1.2.4　功　率 ……………………………………………………………………… 7
　　1.2.5　额定值与实际值 …………………………………………………………… 9
　1.3　欧姆定律 ………………………………………………………………………… 9
　1.4　基尔霍夫定律 …………………………………………………………………… 10
　　1.4.1　几个相关的电路名词 ……………………………………………………… 10
　　1.4.2　基尔霍夫电流定律 ………………………………………………………… 11
　　1.4.3　基尔霍夫电压定律 ………………………………………………………… 12
　本章小结 ……………………………………………………………………………… 15
　习　题 ………………………………………………………………………………… 16
　拓展推广——导弹直流电源系统的发展概况 ……………………………………… 19
　思考题 ………………………………………………………………………………… 20

第2章　线性电路分析方法 …………………………………………………………………… 21
　2.1　电阻电路的等效变换 …………………………………………………………… 22
　　2.1.1　电阻的连接与等效变换 …………………………………………………… 23
　　2.1.2　电源的等效变换 …………………………………………………………… 26
　2.2　支路电流法 ……………………………………………………………………… 31
　2.3　网孔电流法 ……………………………………………………………………… 33
　2.4　节点电压法 ……………………………………………………………………… 36
　2.5　叠加定理 ………………………………………………………………………… 38
　2.6　戴维宁定理与诺顿定理 ………………………………………………………… 40
　本章小结 ……………………………………………………………………………… 44
　习　题 ………………………………………………………………………………… 46

拓展推广——飞机直流电源系统的发展概况 …………………………………… 50
思考题 ………………………………………………………………………………… 50

第3章 一阶动态电路 …………………………………………………………… 51

3.1 电路的基本元件 ………………………………………………………… 52
3.1.1 电阻元件 …………………………………………………………… 52
3.1.2 电感元件 …………………………………………………………… 53
3.1.3 电容元件 …………………………………………………………… 54
3.2 换路定则 …………………………………………………………………… 55
3.3 一阶 RC 电路的响应 ……………………………………………………… 57
3.3.1 一阶 RC 电路的零状态响应 …………………………………… 58
3.3.2 一阶 RC 电路的零输入响应 …………………………………… 59
3.3.3 一阶 RC 电路的全响应 ………………………………………… 61
3.4 一阶 RL 电路的响应 ……………………………………………………… 63
3.4.1 一阶 RL 电路的零状态响应 …………………………………… 63
3.4.2 一阶 RL 电路的零输入响应 …………………………………… 64
3.4.3 一阶 RL 电路的全响应 ………………………………………… 66
3.5 一阶线性电路暂态分析的三要素法 …………………………………… 67
本章小结 ……………………………………………………………………………… 69
习 题 ………………………………………………………………………………… 70
拓展推广——一阶电路在飞机交流发电机电压自动调节系统中的应用 …… 73
思考题 ………………………………………………………………………………… 74

第4章 正弦交流电路 …………………………………………………………… 75

4.1 正弦电压与电流 ………………………………………………………… 75
4.1.1 正弦量的周期、频率和角频率 ………………………………… 76
4.1.2 正弦量的瞬时值、最大值和有效值 …………………………… 77
4.1.3 正弦量的初相位与相位关系 …………………………………… 78
4.2 正弦量的相量表示法 …………………………………………………… 81
4.2.1 复数的基本特性 ………………………………………………… 81
4.2.2 正弦量的相量表示法 …………………………………………… 83
4.3 单一参数的交流电路 …………………………………………………… 84
4.3.1 单一参数交流电路的伏安关系 ………………………………… 85
4.3.2 单一参数交流电路的功率 ……………………………………… 87
4.4 简单正弦交流电路的分析与计算 ……………………………………… 90
4.4.1 相量形式的基尔霍夫定律 ……………………………………… 90
4.4.2 RLC 串联电路的分析 …………………………………………… 91

目录

4.4.3 阻抗的串联与并联 ······ 94
4.5 谐振电路 ······ 96
 4.5.1 串联谐振 ······ 96
 4.5.2 并联谐振 ······ 99
4.6 功率因数的提高 ······ 101
 4.6.1 提高功率因数的意义 ······ 101
 4.6.2 提高功率因数的方法 ······ 102
本章小结 ······ 103
习　题 ······ 104
拓展推广之一——交直流之争 ······ 108
拓展推广之二——导弹交流电源系统的发展概况 ······ 109
思考题 ······ 109

第5章　三相交流电路 ······ 110

5.1 三相交流电源 ······ 110
 5.1.1 三相交流电源的产生 ······ 110
 5.1.2 对称三相电源的连接 ······ 112
5.2 三相交流电路负载的连接 ······ 114
 5.2.1 三相负载的星形连接 ······ 114
 5.2.2 三相负载的三角形连接 ······ 116
5.3 三相电路的功率 ······ 119
 5.3.1 有功功率 ······ 119
 5.3.2 无功功率 ······ 120
 5.3.3 视在功率 ······ 120
 5.3.4 瞬时功率 ······ 120
本章小结 ······ 121
习　题 ······ 122
拓展推广之一——电力系统采用三相制的原因 ······ 124
拓展推广之二——飞机交流电源系统的发展概况 ······ 125
思考题 ······ 126

第6章　直流电机 ······ 127

6.1 引　言 ······ 128
6.2 磁路的基本知识 ······ 128
 6.2.1 磁场的基本物理量 ······ 128
 6.2.2 磁性材料的特性 ······ 130
6.3 直流电机的基本结构与工作原理 ······ 133

  6.3.1 直流电机的基本结构 ·· 133
  6.3.2 直流电机的工作原理 ·· 135
  6.3.3 直流电机的励磁方式 ·· 137
 6.4 直流发电机 ··· 138
  6.4.1 稳定运行时的基本关系式 ··· 138
  6.4.2 直流发电机外特性 ··· 139
 6.5 直流电动机 ··· 139
  6.5.1 稳态运行时的基本关系式 ··· 139
  6.5.2 直流电动机的机械特性 ·· 140
  6.5.3 直流电动机的使用 ··· 141
 6.6 直流电机的额定数据与型号 ·· 145
  6.6.1 直流电机的额定数据 ·· 145
  6.6.2 直流电机的型号 ·· 145
 6.7 航空直流启动发电机 ··· 145
本章小结 ··· 148
习 题 ··· 148
拓展推广之一——稀土永磁电机在航空上的应用 ························· 149
拓展推广之二——直流发电机在导弹上的应用 ···························· 151
思考题 ·· 151

第7章 变压器与交流电机 ·· 152

 7.1 变压器 ·· 153
  7.1.1 变压器的基本结构 ··· 153
  7.1.2 变压器的工作原理 ··· 153
  7.1.3 变压器的外特性 ·· 157
  7.1.4 变压器的损耗及效率 ·· 158
  7.1.5 三相变压器 ·· 158
  7.1.6 变压器的型号及额定数据 ··· 159
 7.2 三相异步电动机的基本结构 ·· 160
  7.2.1 定 子 ··· 160
  7.2.2 转 子 ··· 160
 7.3 三相异步电动机的工作原理 ·· 161
  7.3.1 旋转磁场 ··· 161
  7.3.2 三相异步电动机的工作原理 ····································· 164
  7.3.3 三相异步电动机的三种工作状态 ······························· 165
 7.4 三相异步电动机的电路分析 ·· 165
  7.4.1 定子电路分析 ··· 166

7.4.2　转子电路分析 …………………………………… 166
7.5　三相异步电动机的转矩与机械特性 …………………… 169
　　7.5.1　电磁转矩 ………………………………………… 169
　　7.5.2　机械特性 ………………………………………… 170
7.6　三相异步电动机的使用 ………………………………… 174
　　7.6.1　三相异步电动机的启动 ………………………… 174
　　7.6.2　三相异步电动机的调速 ………………………… 177
　　7.6.3　三相异步电动机的制动 ………………………… 178
7.7　三相异步电机的铭牌数据 ……………………………… 179
7.8　永磁式同步电动机 ……………………………………… 180
7.9　同步发电机 ……………………………………………… 182
　　7.9.1　同步发电机的基本结构 ………………………… 182
　　7.9.2　同步发电机的基本工作原理 …………………… 183
　　7.9.3　同步电机应用举例 ……………………………… 183
　　7.9.4　同步电机型号与额定数据 ……………………… 184
本章小结 ……………………………………………………… 184
习　题 ………………………………………………………… 186
拓展推广——交流发电机在多电飞机中的应用 …………… 187
思考题 ………………………………………………………… 188

第8章　继电接触器控制系统 ……………………………… 189

8.1　常用控制电器 …………………………………………… 191
　　8.1.1　刀开关 …………………………………………… 191
　　8.1.2　组合开关 ………………………………………… 191
　　8.1.3　飞机、导弹常用开关 …………………………… 192
　　8.1.4　按　钮 …………………………………………… 192
　　8.1.5　熔断器 …………………………………………… 194
　　8.1.6　空气断路器 ……………………………………… 195
8.2　继电器 …………………………………………………… 197
　　8.2.1　电磁式继电器 …………………………………… 197
　　8.2.2　极化继电器 ……………………………………… 199
　　8.2.3　热继电器 ………………………………………… 203
　　8.2.4　速度继电器 ……………………………………… 203
　　8.2.5　导弹常用继电器 ………………………………… 204
8.3　接触器 …………………………………………………… 204
　　8.3.1　交流电磁式接触器 ……………………………… 205
　　8.3.2　双绕组接触器 …………………………………… 206

8.3.3　机械闭锁式接触器 …………………………………………… 206
　　8.3.4　磁保持接触器 ………………………………………………… 206
　　8.3.5　飞机、导弹常用接触器 ……………………………………… 207
8.4　三相笼形异步电动机的常用控制线路 ……………………………… 208
　　8.4.1　三相笼形异步电动机的启动 ………………………………… 208
　　8.4.2　三相笼形异步电动机正/反转控制电路 …………………… 212
　　8.4.3　三相笼形异步电动机制动控制电路 ………………………… 214
本章小结 ………………………………………………………………………… 215
习　题 …………………………………………………………………………… 216
拓展推广——控制电器在飞机配电系统控制中的应用 …………………… 218
思考题 …………………………………………………………………………… 219

第9章　供电安全与电工测量 ……………………………………………… 220

9.1　供电安全 ………………………………………………………………… 220
　　9.1.1　触电类型 ………………………………………………………… 220
　　9.1.2　触电防护 ………………………………………………………… 222
　　9.1.3　用电设备保护 …………………………………………………… 222
9.2　电工测量的基本知识 …………………………………………………… 224
　　9.2.1　误差的表示方法 ………………………………………………… 224
　　9.2.2　电工测量仪表的类型 …………………………………………… 225
9.3　电流、电压与电阻的测量 ……………………………………………… 227
　　9.3.1　电流的测量 ……………………………………………………… 227
　　9.3.2　电压的测量 ……………………………………………………… 227
　　9.3.3　电阻的测量 ……………………………………………………… 227
9.4　常用电工测量仪表 ……………………………………………………… 229
　　9.4.1　模拟式万用表 …………………………………………………… 229
　　9.4.2　数字式万用表 …………………………………………………… 230
　　9.4.3　数字示波器 ……………………………………………………… 231
本章小结 ………………………………………………………………………… 233
习　题 …………………………………………………………………………… 234
拓展推广之一——飞机安全接地 …………………………………………… 235
拓展推广之二——导弹电气系统电磁兼容控制之接地设计 ……………… 235
思考题 …………………………………………………………………………… 236

参考文献 ………………………………………………………………………… 237

第 1 章　直流电路的基本概念及基本定律

在现代科学技术的应用中,电工技术占据了十分重要的地位。人们使用的各种电气和电子设备中的主要部件都是由各种不同的电路组成的。电路作为电工技术的主要研究对象,其分析和计算十分重要。

本章主要介绍电路的组成,电路的作用和电路模型的概念;电路中的基本物理量——电流、电压、电动势和电功率;欧姆定律;电路的基本定律——基尔霍夫定律。这些直流电路的基本概念和基本定律,同样也是交流电路和电子电路分析的基础。

1. 应用实例之一:双控灯

有时为了方便,需要在两地控制一盏灯。例如,楼梯上使用的照明灯,要求在楼上、楼下都能控制其亮灭。它需要多用一根连线,其接线方法如应用实例图1所示。

2. 应用实例之二:照明灯

在日常生活中,照明灯(见应用实例图2)用久了会发烫,这是因为照明灯内部的灯丝具有电阻,电流流过灯丝时会做功,将电能转换为光能和热能,所以照明灯用久了以后,灯泡表面发烫是正常现象。

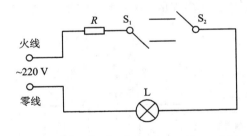

应用实例图 1　双控灯

应用实例图 2　照明灯

1.1　电路和电路模型

电路即电流的通路,是为了满足某种需要,由电气设备和元件(如发电机、电动机和电炉)或电子器件(如二极管、三极管和集成电路)按一定的方式相互连接组成的。

1.1.1　电路的组成

无论电路的结构和作用如何,都可以看成由电源、负载和中间环节 3 个基本部分组成。

1. 电源

电源是电路中提供电能或产生信号的设备。电源可把化学能、光能、机械能等非电能转换为电能,如电池、发电机等。

2. 负载

负载是将电能量转换为其他形式能量的用电设备,如电灯、电炉、照明灯和电动机等。

3. 中间环节

中间环节的作用是把电源和负载连接起来构成闭合电路,并对整个电路实行控制、保护或测量。中间环节包括导线、开关和熔断器等一些实现对电路连接、控制、测量及保护的装置和设备。

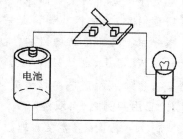

图 1.1.1 电 路

如图1.1.1所示是一个最简单的电路。电路中电池是电源,将化学能转换为电能;照明灯泡是负载,将电能转换成光能和热能;开关和导线为中间环节,将电池和照明灯泡连接起来构成完整的电路。

1.1.2 电路的作用

电路的结构形式和所能完成的任务是多种多样的,但其基本作用大致可分为以下两类。

1. 实现电能的传输、分配和转换

最典型的例子是电力系统,其电路示意图如图1.1.2所示。

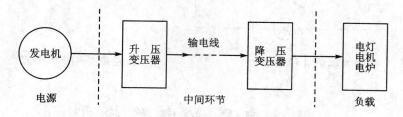

图 1.1.2 电力系统电路示意图

它的作用是实现电能的传输、分配和转换。电力系统中,发电机产生的电能通过输电线路传输到各用户,供给动力、电热、电解、电镀和照明等用电。由于这类电路电压较高,电流、功率较大,常称为"强电"电路。

2. 实现电信号的产生、传递和处理

常见的例子如扩音器和电视机,它们的接收天线(信号源)把接收的载有语音、图像信息的电磁波转换为相应的电信号,经过中间环节实现信号传递和处理,由扬声器和显像管还原为原始信息,其电路工作示意图如图 1.1.3 所示。这类电路通常电压较低,电流、功率较小,常称为"弱电"电路。传声器是输出信号的设备,称为信号源。

图 1.1.3　扩音器电路示意图

信号源也是一种电源,其主要作用是产生电压信号和电流信号。各种非电的信息和参量,如语言、音乐、温度、压力、位移等均可变换成电信号,从而进行传递和转换。电路的这一作用广泛应用于电子技术、测量技术、无线技术和自动控制技术等领域。

1.1.3　电路模型

各种实际电路都是由电阻器、电容器、电感线圈、变压器、发电机、电池等器件组成的。这些实际电气器件的物理特性一般是比较复杂的。一种实际电气器件往往同时具有几种物理特性。例如,一个电感线圈,当有电流通过时,不仅会产生磁通,形成磁场;同时还会消耗电能,即线圈不仅具有电感性质,还具有电阻性质。不仅如此,电感线圈的匝与匝之间还存在分布电容,具有电容性质。

为了便于对实际电路进行分析和计算,将实际元件理想化、模型化,即在一定条件下突出其主要的电磁性质,忽略其次要性质而得到的单一性质的元件,把它近似地看作理想电路元件。现实中的电路元件种类繁多,特性各异,由它们组成的电路千变万化,十分复杂。为了便于对电路进行分析和计算,常用理想电路元件或它们的组合模拟实际器件。

理想电路元件(以下简称电路元件)分为有源元件和无源元件两类。有源元件主要有电压源和电流源,无源元件主要有电阻元件 R、电感元件 L、电容元件 C。这些理想电路元件具有单一的物理特性和严格的数学定义。实际电气器件消耗电能的物理特性用电阻元件来表征;实际电气器件存储磁场能的物理特性用电感元件来表征;实际电气器件存储电场能的物理特性用电容元件来表征。根据不同的工作条件,可以把一个实际电气器件用一个电路元件或几个电路元件的组合来模拟,从而把由实际电气器件连接成的实际电路转化为由电路元件组合而成的电路模型。建立实际电路的电路模型是分析研究电路问题的常用方法。例如,在低频电路中,电阻器、电烙铁、电炉等实际电路元器件所表现的主要特征是把电能转化为热能,可用电阻元件这样一个理想元件来反映消耗电能的特征。由理想元件构成的电路,称为实际电路的电路模型。图1.1.4是图1.1.1所示实际电路的电路模型。图中U_s表示电源,R_0表示电源等效内阻,S表示开关,R表示耗能元件。

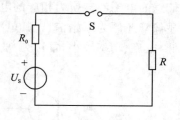

图1.1.4 电路模型

电路模型是对实际电路电磁性质的科学抽象和概括。在不同的工作条件下,同一实际器件可能采用不同的模型。模型取得恰当,对电路进行分析计算的结果就与实际情况接近;模型取得不恰当,则会造成很大误差甚至导致错误结果。

常用国家规定的电气图形符号及文字符号表示各电器元器件如表1.1.1所列。

表1.1.1 电路中常用的图形及文字符号

文字符号	图形	文字符号	图形	文字符号	图形
直流电压源	⊣⊢	电容C	⊣⊢	开关S	╱
固定电阻R	▭	电压源U_s	⊕	熔断器	▭
可变电阻R	⌿	电流源I_s	⊕→	电压表	Ⓥ
电感L	⌒⌒⌒	照明灯	⊗	电流表	Ⓐ

1.2 电路中的基本物理量

电路中的基本物理量包括电流、电压、电动势和功率。

1.2.1 电流及其参考方向

电流是在单位时间内通过导体横截面的电荷量,是既有大小又有方向的基本物理量。

电流主要分为两类:一类为大小和方向均不随时间变化的电流,称为直流电流;另一类为大小和方向均随时间做周期性变化,并且在一个周期内电流的平均值为零,称为交流电流。

常见的电流波形如图1.2.1所示,图1.2.1(a)为直流电流,图1.2.1(b)为交流电流。

在国际单位制中,电流的单位为A(安培,简称安),电荷的单位为C(库仑,简称库)。实际中还常用毫安(mA),即$1\,mA=10^{-3}\,A$。表1.2.1列出了国际单位制(SI)中规定的用来构成十进倍数与分数的词头。

第 1 章 直流电路的基本概念及基本定律

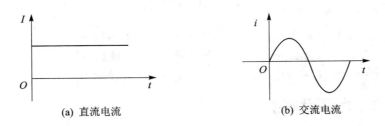

图 1.2.1 常见的电流波形

表 1.2.1 国际单位制(SI)倍数与分数词头

倍率	词头名称词	词头符号	倍率	词头名称词	词头符号
10^{12}	太[拉]	tera	T	10^{-1}	分	deci	d
10^{9}	吉[咖]	Giga	G	10^{-2}	厘	centi	c
10^{6}	兆	Mega	M	10^{-3}	毫	milli	h
10^{3}	千	Kilo	K	10^{-6}	微	micro	μ
10^{2}	百	Hecto	H	10^{-9}	纳[诺]	nano	N
10	十	deca	da	10^{-12}	皮[可]	pico	p

电流的实际方向规定为正电荷运动的方向。

在分析电路时,对复杂电路由于事先无法确定电流的实际方向,或电流的实际方向在不断地变化,所以引入了"参考方向"的概念。参考方向是一个假想的电流方向。在分析电路前,需要先任意选定某一方向作为电流的参考方向。电流的参考方向有两种表示方法,如图 1.2.2 所示。图 1.2.2(a)用箭头的指向表示;图 1.2.2(b)用双下标来表示,图中电流的参考方向是由 A 指向 B。

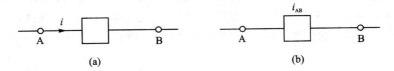

图 1.2.2 电流参考方向的两种表示方法

若计算结果 $i>0$,则电流的实际方向与电流的参考方向一致;若 $i<0$,则电流的实际方向与电流的参考方向相反。这样,就可以在选定的参考方向下,根据电流值的正负来确定电流的实际方向。

注意:只有同时知道电流的正负和参考方向,才能判定电流的实际方向。

【例 1.2.1】 各电流的参考方向如图 1.2.3 所示。已知 $I_1=-6$ A,$I_2=4$ A,$I_3=-2$ A。

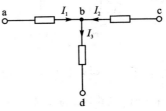

图 1.2.3 【例 1.2.1】图

试确定 I_1、I_2、I_3 的实际方向。

解：$I_1<0$，I_1 实际方向与参考方向相反，I_1 由 b 流向 a。

$I_2>0$，I_2 实际方向与参考方向相同，I_2 由 c 流向 b。

$I_3<0$，I_3 实际方向与参考方向相反，I_3 由 d 流向 b。

1.2.2 电压及其参考方向

电压也是电路中既有大小又有方向的物理量。直流电压用大写字母 U 表示，交流电压用小写字母 u 表示。电路中 A、B 两点间电压的大小，等于电场力将单位正电荷从 A 点移动到 B 点所做的功。电压的单位为伏特(V)。

在分析电子电路时，通常要用电位这个概念。譬如对于二极管，只有当阳极电位高于阴极电位时，才能导通；否则就截止。在电路中任选一点为电位参考点，在图中用接地符号"⊥"表示，参考点的电位为 0，则某点到参考点的电压就叫做这一点的电位。电位用大写字母 V 表示，单位也为伏特(V)。如图 1.2.4 中 B 点的电位，记作 V_B，当选择 O 点为参考点时，有

$$V_B = U_{BO} = U_{S1} \tag{1.2.1}$$

当选择 A 点为参考点时，有

$$V_B = U_{BA} = U_{S1} + U_{S2} \tag{1.2.2}$$

电压与路径无关，两点间的电压就是两点间的电位差，图 1.2.4 中 B、A 两点的电压就等于两点的电位差，即

$$U_{BA} = V_B - V_A \tag{1.2.3}$$

必须特别注意，电位是相对的，电压是绝对的。电路中任意点的电位大小与参考点的选择有关，各点的电位值随参考点的改变而改变；但是任意两点之间的电位差不变，与参考点无关。理论研究时常取无穷远处作为电位的参考点，工程上常选大地、仪器外壳或底板作参考点。在电子电路中，为了简化电路，对一端接地的电源不再画出电源符号，而是用电位来表示电压的大小和极性。图 1.2.5 就是图 1.2.4 的习惯画法。

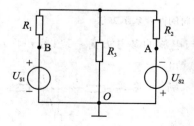

图 1.2.4 电位示意图

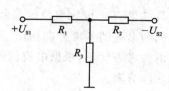

图 1.2.5 电路的习惯画法

在分析电路时，为了便于求解和计算，需要对电路中的电压规定参考方向，几种标注方法如图 1.2.6 所示。其中，图 1.2.6(a)利用箭头的指向表示电压参考方向；

图 1.2.6(b)所示的参考极性标注法中,利用"+"号表示高电位端,"-"号表示低电位端;图 1.2.6(c)所示的双下标标注方法中,表明电压参考方向是由 a 点指向 b 点。

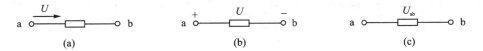

图 1.2.6　电压参考方向的几种标注方法

选定电压参考方向后,才能对电路进行分析计算。当计算结果 $U>0$ 时,表示电压的实际极性与所标的参考极性相同;当计算结果 $U<0$ 时,表示电压的实际极性与所标的参考极性相反。

【例 1.2.2】　在如图 1.2.7 所示的电路中,试分别指出图中各电压的实际极性。

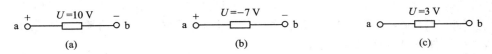

图 1.2.7　【例 1.2.2】图

解: 各电压的实际极性为

(1) 图 1.2.7(a)中,a 点为高电位,因 $U=10\text{ V}>0$,故与实际极性所标参考极性相同。

(2) 图 1.2.7(b)中,b 点为高电位,因 $U=-7\text{ V}<0$,故与实际极性所标参考极性性相反。

(3) 图 1.2.7(c)中,不能确定电压实际极性,因为虽然 $U=3\text{ V}>0$。但图中没有标出参考极性。

1.2.3　关联与非关联参考方向

一个元件的电流或电压的参考方向可以独立地任意指定。如果指定元件上电流的参考方向是从电压的参考高电位("+"极性端)指向参考低电位("-"极性端)时,即两者参考方向一致时,则把电流和电压的这种参考方向称为关联参考方向,如图 1.2.8(a)、(b)所示;当两者参考方向不一致时,称为非关联参考方向,如图 1.2.8(c)、(d)所示。

参考方向可任意设定,选定参考方向后,才能对电路进行分析计算。参考方向设定后,计算过程中不要随意改动,以免出错。

1.2.4　功　率

功率是指单位时间内电路元件上能量的变化量,是一个具有大小和正负的物理量。功率的单位是瓦特(W)。在电路分析中,通常用电流 I 与电压 U 的乘积来描述功率。

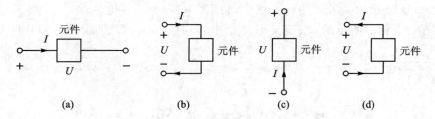

图 1.2.8 关联与非关联参考方向

当元件上的电压 U 和电流 I 的参考方向关联时,元件吸收的功率定义为
$$P = UI \tag{1.2.4}$$
当元件上的电压 U 和电流 I 的参考方向非关联时,元件吸收的功率定义为:
$$P = -UI \tag{1.2.5}$$
不论 U、I 是否是关联参考方向,若 $P>0$,则该元件吸收(或消耗)功率;若 $P<0$,则该元件发出(或供给)功率。

【1.2.3】 试求图 1.2.9 所示电路中元件吸收的功率。

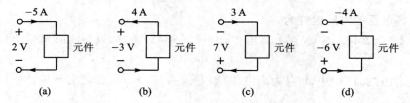

图 1.2.9 【例 1.2.3】图

解:

(1) 图 1.2.9(a)中,所选 U、I 为关联参考方向,元件吸收的功率为
$$P = UI = 2\text{ V} \times (-5\text{ A}) = -10\text{ W}$$
即元件发出的功率为 10 W。

(2) 图 1.2.9(b)中,所选 U、I 为非关联参考方向,元件吸收的功率为
$$P = -UI = -(-3\text{ V}) \times 4\text{ A} = 12\text{ W}$$
即元件吸收的功率为 12 W。

(3) 图 1.2.9(c)中,所选 U、I 为非关联参考方向,元件吸收的功率为
$$P = -UI = -(7\text{ V}) \times 3\text{ A} = -21\text{ W}$$
即元件发出的功率为 21 W。

(4) 图 1.2.9(d)中,所选 U、I 为关联参考方向,元件吸收的功率为
$$P = UI = (-6\text{ V}) \times (-4)\text{ A} = 24\text{ W}$$
即元件吸收的功率为 24 W。

1.2.5 额定值与实际值

通常负载（例如电灯、电动机等）都是并联运行的。因为电源的端电压是基本不变的，所以负载两端的电压也是基本不变的。

各种电气设备的电压、电流及功率等都有一个额定值。例如一盏电灯的电压是 220 V，功率是 80 W，这就是它的额定值。额定值是制造厂为了使产品能在给定的工作条件下正常运行而规定的正常容许值。对电灯及各种电阻器来说，当电压或电流超过额定值过大时，其灯丝或电阻丝也将被烧毁。

额定电压、额定电流和额定功率分别用 U_N、I_N 和 P_N 表示，电气设备或元件的额定值常标在铭牌上或写在其他说明中。在使用时，必须遵守有关额定值的规定。当电流大于额定值时称为过载，小于额定电流时称为欠载，达到额定值时称为额定工作状态。需要注意：使用时，电压、电流和功率的实际值不一定等于它们的额定值。例如一个电烙铁，标有 220 V/50 W，这是额定值，使用时不能接到 380 V 的电源上。但电源电压经常波动，稍低于或稍高于 220 V。这样，额定值为 220 V/50 W 的电烙铁上所加的电压就不是 220 V 了，实际功率也就不是 50 W 了。如上所述，在一定电压下电源输出的功率和电流决定于负载的大小，就是负载需要多少功率和电流，电源就给多少，所以电源通常不一定处于额定工作状态，但是一般不应超过额定值。

1.3 欧姆定律

当导体的温度不变时，导体中的电流 I 与导体两端的电压 U 成正比，这就是欧姆定律的定义。

对图 1.3.1(a) 的电路，欧姆定律可用下式表示

$$\frac{U}{I} = R \tag{1.3.1}$$

式中，R 为导体两端电压 U 与导体中的电流 I 的比值，称为导体的电阻。

由式(1.3.1)可见，当所加电压 U 一定时，电阻 R 越大，则电流 I 越小。显然，电阻具有对电流起阻碍作用的物理性质。在国际单位制中，电阻的单位是欧姆（Ω）。

依据电路图上所选电压和电流参考方向的不同，欧姆定律的公式中可能带有正号或负号。当电压和电流的参考方向关联时[见图 1.3.1(a)]，则得

$$U = RI \tag{1.3.2}$$

当两者的参考方向非关联时[图 1.3.1(b)]，则得

$$U = -RI \tag{1.3.3}$$

需要注意式(1.3.2)与式(1.3.3)中出现两套正负号，即 $U=RI$ 与 $U=-RI$，正、负号是根据电压和电流的参考方向得出的。此外，电压和电流本身还有正负值之分。

通过测量电阻两端的电压值和流过电阻的电流值，绘出一条通过坐标原点的直

线,称为电阻元件的伏安特性曲线,如图 1.3.2 所示。遵循欧姆定律的电阻称为线性电阻。

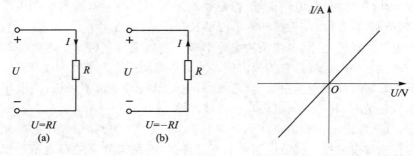

图 1.3.1 欧姆定律　　　　　　图 1.3.2 线性电阻的伏安特性曲线

【例 1.3.1】　应用欧姆定律对图 1.3.3 所示电路进行分析,并求出电阻 R。

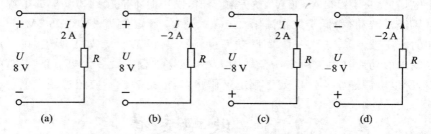

图 1.3.3 【例 1.3.1】的电路

【解】

图(a)中：$\quad R = \dfrac{U}{I} = \dfrac{8\text{ V}}{2\text{ A}} = 4\ \Omega$

图(b)中：$\quad R = -\dfrac{U}{I} = -\dfrac{8\text{ V}}{-2\text{ A}} = 4\ \Omega$

图(c)中：$\quad R = -\dfrac{U}{I} = -\dfrac{-8\text{ V}}{2\text{ A}} = 4\ \Omega$

图(d)中：$\quad R = \dfrac{U}{I} = \dfrac{-8\text{ V}}{-2\text{ A}} = 4\ \Omega$

1.4　基尔霍夫定律

基尔霍夫定律是求解电路的基本定律。基尔霍夫定律包括基尔霍夫电流定律(KCL)和基尔霍夫电压定律(KVL)。

1.4.1　几个相关的电路名词

在介绍基尔霍夫定律之前,结合图 1.4.1 所示电路介绍几个相关的电路名词。

1. 支 路

每一段不分支的电路称为支路,同一支路上的各元件流过相同的电流。图中 acb、ab、adb 是支路。

2. 节 点

电路中三条或三条以上支路的连接点称为节点。图中 a、b 点都是节点。

3. 回 路

电路中由若干条支路组成的闭合路径称为回路。图 1.4.1 中的回路分别是 adbca,abca,adba。

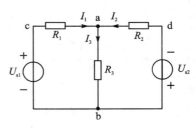

图 1.4.1 电路图

4. 网 孔

内部不含有支路的回路称为网孔。图中 abca,adba 是网孔。

1.4.2 基尔霍夫电流定律

基尔霍夫电流定律(KCL)指出:任一瞬时,流经电路中任一节点的所有电流的代数和恒等于零。对任一节点有

$$\sum I = 0 \tag{1.4.1}$$

此处,电流的"代数和"是根据电流的参考方向是流入节点还是流出节点来判断的。若流出节点的电流前面取"—"号,则流入节点的电流前面取"+"号;电流是流出节点还是流入节点根据电流的参考方向判断。

对图 1.4.2 所示电路的节点 a 应用 KCL,有

$$I_1 - I_2 - I_3 = 0 \tag{1.4.2}$$

式(1.4.2)可写为

$$I_1 = I_2 + I_3 \tag{1.4.3}$$

式(1.4.3)表明流入节点 a 的电流等于流出该节点的电流。因此,KCL 可表述为,任一瞬时,流入任一节点的电流之和等于流出该节点的电流之和,即

$$\sum I_\text{入} = \sum I_\text{出} \tag{1.4.4}$$

可以通过图 1.4.3 所示电路验证基尔霍夫电流定律。当支路电流相加时,其总和等于总电流。

【例 1.4.1】 在图 1.4.4 所示电路中,已知 $I_1 = 10$ A、$I_2 = 8$ A、$I_4 = -5$ A、$I_5 = -3$ A。求电流 I_3 的大小。

解:对电路的节点 a 应用 KCL,有

$$I_1 - I_2 - I_3 - I_4 - I_5 = 0$$

$$10 \text{ A} - 8 \text{ A} - I_3 - (-5 \text{ A}) - (-3 \text{ A}) = 0$$

$$I_3 = 10 \text{ A}$$

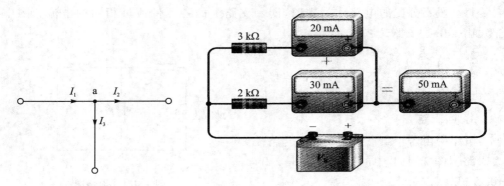

图 1.4.2 节 点　　　　图 1.4.3 基尔霍夫电流定律演示示意图

应注意,在应用 KCL 解题时,实际使用了两套"+、-"符号。I 前的正负号是由 KCL 根据电流的参考方向确定的,括号内数字前的则是表示电流本身数值的正负。

KCL 通常应用于节点,也可以推广应用于包含部分电路的任一假设的闭合面(广义节点)。电路中的任意闭合回路,如图 1.4.5 中虚线所示部分,都可看成一个闭合面(或广义节点)。于是有

$$I_A + I_B + I_C = 0 \tag{1.4.5}$$

通过一个闭合面的支路电流的代数和总是等于零;或者说,流入闭合面的电流等于流出同一闭合面的电流,这称为电流的连续性。KCL 是电荷守恒的体现。

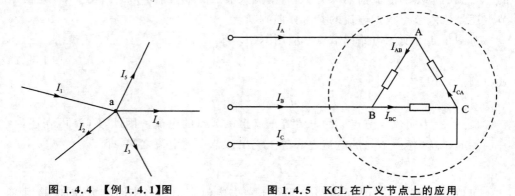

图 1.4.4 【例 1.4.1】图　　　　图 1.4.5 KCL 在广义节点上的应用

1.4.3 基尔霍夫电压定律

基尔霍夫电压定律指出:任一瞬时,沿任一回路,所有电压的代数和恒等于零,即

$$\sum U = 0 \tag{1.4.6}$$

式(1.4.6)取代数和时,首先需要任意指定一个回路的绕行方向,凡电压的参考方向与回路的绕行方向一致(电位降)者,该电压前面取"+"号;凡电压的参考方向与

回路的绕行方向相反(电位升)者,前面取
"一"号。

对图1.4.6所示回路,选逆时针方向作为绕行方向,应用KVL有

$$U_1 - U_2 - U_3 - U_4 = 0 \quad (1.4.7)$$

图1.4.6所示的回路由电压源与电阻构成,应用欧姆定律,式(1.4.7)可改写为

$$U_1 - U_2 - R_1 I - R_2 I = 0 \quad (1.4.8)$$

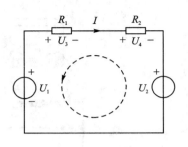

图 1.4.6 回 路

可见,当电阻上电流的参考方向与回路的绕行方向一致时,电流在电阻上产生的电位降取"+"号;当电阻上电流的参考方向与回路的绕行方向相反时,电流在电阻上产生的电位降取"一"号。

KVL定律不仅应用于闭合回路,也可把它推广应用于某一回路的部分电路。图1.4.7所示的两个电路虽然不是闭合电路,由于在电路开口端存在电压,所以可以把它假想成一个闭合电路,根据KVL定律可列出电压方程。

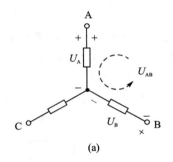
(a)

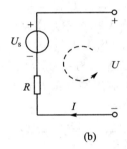
(b)

图 1.4.7 KVL 的推广应用

对图1.4.7(a)所示电路可列出

$$U_A - U_B - U_{AB} = 0 \quad (1.4.9)$$

$$U_{AB} = U_A - U_B \quad (1.4.10)$$

对图1.4.7(b)所示电路可列出

$$U_S - U - RI = 0 \quad (1.4.11)$$

$$U = U_S - RI \quad (1.4.12)$$

KCL对支路电流施加线性约束关系,KVL则对支路电压施加线性约束关系。这两个定律仅与元件的连接方式有关,与元件的性质无关。对一个电路应用KCL和KVL列方程时,应先对各节点和支路编号,并指定各电流和电压的参考方向,同时指定有关回路的绕行方向。

可以通过图1.4.8所示电路验证基尔霍夫电压定律。电阻器电压相加,它们的和等于电源电压,串联电阻器的数量可以任意。

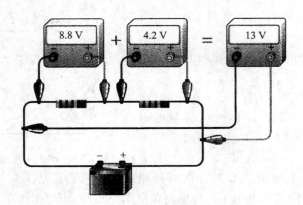

图 1.4.8 基尔霍夫电压定律演示示意图

【例 1.4.2】 有一闭合回路如图 1.4.9 所示,各支路的元器件是任意的。已知:$U_{AB} = 7\ V, U_{BC} = -6\ V, U_{CD} = 8\ V$,试求:(1) U_{DA};(2) U_{CA}。

解:(1) 由基尔霍夫电压定律可列出

$U_{AB} + U_{BC} + U_{CD} + U_{DA} = 0$, $7\ V + (-6\ V) + 8\ V + U_{DA} = 0$, $U_{DA} = -9\ V$

(2) 由于 ACDA 不是闭合回路,也可以应用基尔霍夫电压定律列出

$-U_{CA} + U_{CD} + U_{DA} = 0$, $-U_{CA} + 8\ V + (-9\ V) = 0$, $U_{CA} = -1\ V$

【例 1.4.3】 有一闭合回路如图 1.4.10 所示,已知 $U_1 = 3\ V, U_2 = -4\ V, U_3 = 2\ V$。试应用基尔霍夫电压定律求电压 U_x 和 U_y。

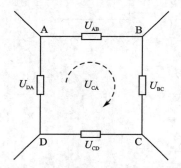

图 1.4.9 【例 1.4.2】的电路

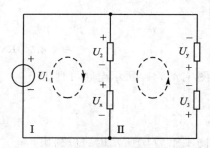

图 1.4.10 【例 1.4.3】的电路

解:根据基尔霍夫电压定律分别对回路 I、回路 II 列写方程,回路绕行方向如图所示。

回路 I:$-U_1 + U_2 + U_x = 0$, $-3\ V + (-4\ V) + U_x = 0$, $U_x = 7\ V$

回路 II:$U_2 + U_x + U_3 + U_y = 0$, $-4\ V + 7\ V + 2\ V + U_y = 0$, $U_y = -5\ V$

本章小结

(1) 电路可以看成由实际电源、负载和中间环节3个基本部分组成。

(2) 电路的结构形式和所能完成的任务是多种多样的,但其基本作用大致可分为两类:

① 实现电能的传输、分配和转换;

② 实现电信号的产生、传递和处理。

(3) 根据不同的工作条件,可以把一个实际电气器件用一个理想电路元件或几个理想电路元件的组合来模拟,从而把由实际电气器件连接成的实际电路转化为由理想电路元件组合而成的电路模型。

(4) 电压、电流的参考方向:电路图中电压电流标注的均是参考方向,并以参考方向为依据列写方程。电流的参考方向一般用箭头标注或用双下标来表示;电压的参考方向一般用参考极性"+"、"-"标注,或用箭头标注或用双下标来表示。当 $U>0$ 或 $I>0$ 时,表明实际方向与参考方向一致,否则相反。

(5) 关联参考方向和非关联参考方向:一个元件的电流或电压的参考方向可以独立的任意指定。如果指定元件上电流的参考方向是从电压的参考高电位("+"极性端)指向参考低电位("-"极性端)时,即两者参考方向一致时,则把电流和电压的这种参考方向称为关联参考方向;当两者不一致时,称为非关联参考方向。

(6) 功　率:功率是指单位时间内电路元件上能量的变化量,它是具有大小和正负值的物理量。功率的单位是瓦特(W)。在电路分析中,通常用电流 I 与电压 U 的乘积来描述功率。

当元件的 U、I 选择关联参考方向时,$P=UI$;

当元件的 U、I 选择非关联参考方向时,$P=-UI$。

若 $P>0$,则该元件吸收功率;若 $P<0$,则该元件发出功率。

(7) 额定值与实际值:额定值是制造厂为了使产品能在给定的工作条件下正常运行而规定的正常容许值。使用时,电压、电流和功率的实际值不一定等于它们的额定值。

(8) 欧姆定律:通常电阻两端的电压与流过电阻的电流成正比,这就是欧姆定律。

(9) 电路名词:支路、节点、回路、网孔。

(10) 基尔霍夫定律

KCL: $$\sum I = 0$$

以电流 I 的参考方向为依据列方程,流出节点的电流前面取"-"号,流入节点的电流前面取"+"号。

KVL： $\sum U = 0$

以电压 U 的参考方向和回路的绕行方向为依据列方程,当电压 U 的参考方向和回路的绕行方向一致时,电压前面取"＋"号,相反时取"－"号。

习 题

1-1 习题图 1.1 中,$U_{ab} = -5\ \text{V}$,求 a,b 两点哪点电位高?

1-2 习题图 1.2 中,$U_1 = -6\ \text{V}$,$U_2 = 4\ \text{V}$,试求 U_{ab} 等于多少伏?

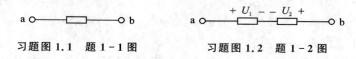

习题图 1.1　题 1-1 图　　　　　习题图 1.2　题 1-2 图

1-3 判断习题图 1.3 所示元件电压电流的实际方向,并判断参考方向是否关联。

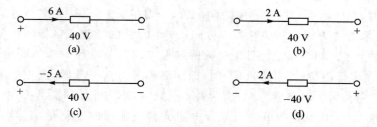

习题图 1.3　题 1-3 图

1-4 习题图 1.4 所示电路,已选定 o 点为电位参考点,已知 $V_a = 30\ \text{V}$,试求 b 点电位 V_b。

1-5 如习题图 1.5 所示,已知 $R_1 = 3\ \Omega$,$R_2 = 2\ \Omega$,$U_{S1} = 6\ \text{V}$,$U_{S2} = 14\ \text{V}$,$I = 3\ \text{A}$,求 a 点的电位。

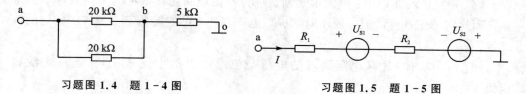

习题图 1.4　题 1-4 图　　　　　习题图 1.5　题 1-5 图

1-6 计算习题图 1.6 所示电路中的电压 U_{ab}、U_{bc}、U_{ca} 各等于多少伏?

1-7 计算习题图 1.7 所示电路中的电压 U_{ab} 等于多少伏?

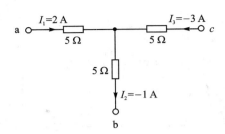
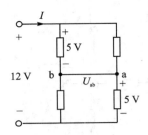

习题图 1.6　题 1-6 图　　　　习题图 1.7　题 1-7 图

1-8　求习题图 1.8 所示电路中各电压源、电流源及电阻的功率。

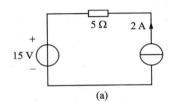
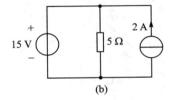

习题图 1.8　题 1-8 图

1-9　在习题图 1.9 所示的两个电路中，要使 6 V/50 mA 的电珠正常发光，应该采用哪一个连接电路？

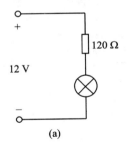
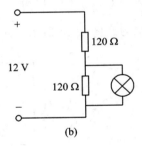

习题图 1.9　题 1-9 图

1-10　求习题图 1.10 所示电路中电流 I_5 的数值，已知 $I_1=4$ A，$I_2=-2$ A，$I_3=1$ A，$I_4=-3$ A。

1-11　在习题图 1.11 所示电路中，已知 $I_a=1$ mA，$I_b=10$ mA，$I_c=2$ mA，求电流 I_d。

1-12　电路如习题图 1.12 所示，计算电流 I、电压 U 和电阻 R。

1-13　求习题图 1.13 所示电路中的 U、I。

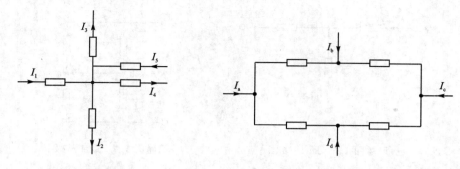

习题图 1.10　题 1-10 图　　　　习题图 1.11　题 1-11 图

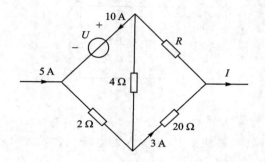
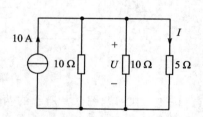

习题图 1.12　题 1-12 图　　　　习题图 1.13　题 1-13 图

1-14　求习题图 1.14 所示电路中的电流 I。

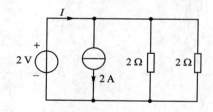

习题图 1.14　题 1-14 图

1-15　求习题图 1.15 所示电路中的电压 U。

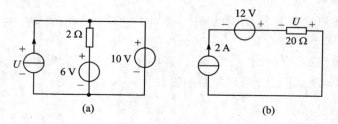

(a)　　　　　　　　　　(b)

习题图 1.15　题 1-15 图

拓展推广——导弹直流电源系统的发展概况

导弹主电源又称为一次电源,是指向导弹母线供电的电源,用来在飞行期间直接或间接向弹上用电设备连续供电。导弹上大部分用电设备主要由主电源直接供电,各系统所需其他类型的电源也由主电源变换而得,由主电源经过变换器变换得到的电源称为二次电源。

主电源可分为交流、直流发电机电源和化学能源两大类。目前,绝大多数导弹供电系统均采用直流电源供电体制,主电源以化学能源为主。直流发电机在导弹上也亦广泛应用,利用涡轮喷气发电机带动直流发电机,由直流发动机输出直流电,为弹上用电设备提供所需的能量。当弹上无涡轮动力能源时,不能使用发电机的情况下,一般采用化学电源即弹上电池进行供电。

伴随着国内外化学能源技术的不断发展,弹上电池经历了铅酸电池、锌银电池、热电池三个阶段。

早期的国外防空导弹,如苏联的 SA-2 防空导弹,电源是一次性使用的自动激活的铅-二氧化氯/氟硅酸电源,其额定电压为 26.5 V,电流 50 A,工作时间 1 min,激活时间小于 1.5 s。铅酸电池价格便宜,但体积比能量和质量比能量均较小,低温性能不好,现代防空导弹已很少采用。

锌银电池是在第二次世界大战后期随着导弹武器的出现应运发展起来的,锌银电池技术比较成熟,并且具有比能量高、内阻小、工作电压平稳、可大电流放电等优点,因此在直流供电体系的导弹上应用广泛,如美国的"爱国者"、法国的"响尾蛇"导弹均采用锌银电池。我国在 20 世纪 60 年代中期成功研制出锌银电池并应用到导弹主电源上。锌银电池又称锌-氧化银电池,它是以锌为负极,氧化银为正极,电解质为氢氧化钾水溶液的碱性电池,先后经历了电加热和化学加热自动激活两个阶段。锌银电池普遍存在低温性能欠佳、储存寿命短、成本价格高等缺点,在一定程度上限制了它的发展。

随着导弹武器的不断发展以及电源技术水平的持续提高,热电池技术应运而生。热电池最早是二战时期德国科学家 Erb 博士发明的,战后热电池技术传到美国,引起美国国家标准局和武器发展部的高度重视,成功研制出第一块热电池,并应用到武器的引信系统,随后一段时期内又成为核武器的主要电源。由于热电池相对银锌电池具有高的比能量和比功率、激活迅速可靠、储存时间长、生产成本低等优势,很快受到普遍关注,成为各国竞相研发的重点。国外将热电池技术成功应用于武器装备的国家主要有俄罗斯、美国、法国、英国等。俄罗斯研制生产的防空导弹大多采用热电池作为弹上主电源,如俄罗斯 SA-N-6 舰空导弹、SA-10 系列地空导弹使用的就是热电池。有资料可查,俄罗斯某型地空导弹武器系统配装的导弹储存 20 年后,弹上热电池仍能正常工作。我国热电池的研制是从 20 世纪 60 年代开始的,当时采用钙—铬酸钾电化学体系，多是功率小、工作时间短的热电池，主要用作空空导弹的引信电源和反坦克弹电源。20世纪70年代研制出大功率热电池，采用的是钙-铬酸钙电化学体系，但这种热电池较易发生电噪声和热失控，高速率放电性也不够理想，故在20世纪70年代末开始研制锂系热电池并于20世纪80年代开始小批量生产和使用。经过几十年的发展完善，先后解决了原材料、生产工艺、电极性等方面的技术难题，使得热电池产品的技术性能与世界先进水平相比也毫不逊色，已成功应用于导弹、核武器、火炮等武器装备。

思考题

(1) 导弹主电源主要分为哪两类？

(2) 弹上电池的发展经历了哪几个阶段？

第 2 章　线性电路分析方法

根据实际需要,电路的结构形式是多种多样的。利用第 1 章介绍的欧姆定律和基尔霍夫定律可以对电路进行求解计算,但对于复杂电路而言,求解过程往往极为繁琐、复杂。需要根据不同电路的结构特点选择合适简便的计算方法对其进行分析,方法选取得当,往往可以起到事半功倍的效果。本章以线性电阻电路为典型研究对象,介绍几种常用的线性电路分析方法和定理,包括等效变换法、支路电流法、网孔电流法、节点电压法、叠加定理、戴维宁定理和诺顿定理。

1. 应用实例之一:串联电路应用于串联报警电路

串联连接容易实现、操作简单,且具有如下特性:在同一电源下,串联元件越多,流过电路的电流越小,每个串联元件两端的电压也越小;如果串联连接中任何一个元件失效,则会破坏所有串联元件的响应;当串联电路中一个元件出现故障时,必须逐一检查所有元件方可故障定位。如应用实例图 1 所示为一个简单实用的串联报警电路。电路中电源是 5 V 直流电源,情况正常时所有传感器均接通,电路中产生的电流可以激活继电器,断开报警电路;如果任何一个传感器开路,电流中断,继电器动作使报警电路工作。需要注意的是上述报警电路适用于连接导线相对较短,传感器数量也不多的实际场合,因为必须考虑线路电压损耗的因素。

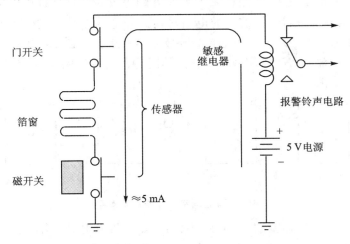

应用实例图 1　串联报警电路

2. 应用实例之二:并联电路应用于汽车照明系统

并联连接在住宅供电、汽车照明等场合应用广泛。并联连接具有如下特性:可以在任何时刻加入新的支路,并不影响已存在的支路情况;当某一支路出现问题时,剩余支路仍能正常工作。如应用实例图 2 所示为汽车照明系统简化框图。由图不难看出,当汽车的一个照明灯发生故障时,不会影响其余灯的正常工作。需要注意的是,刹车灯开关独立于前灯和尾灯,只有当驾驶员踩刹车时刹车灯开关才闭合。当闭合照明开关时,汽车前灯和尾灯亮,前灯亮时保证停车灯灭,反之亦然。

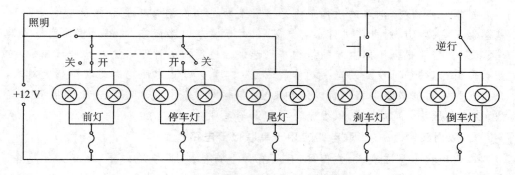

应用实例图 2　汽车照明系统简化框图

2.1　电阻电路的等效变换

由线性电阻和电源组成的电路称为电阻电路。分析计算简单电阻电路时通常运用等效变换方法。有结构、元件参数不同的两部分电路 A 与 B,如图 2.1.1 所示。若 A 与 B 具有相同的伏安关系,则称 A 与 B 是互相等效的。等效的两部分电路 A 与 B 在电路中可以相互代换,代换前后的电路对任意外电路 C 中的电压、电流和功率是等效的。图 2.1.1 中(a)与(b)图是互为等效变换电路。务必注意的是:"等效"是指对求解 C 中的电流、电压、功率效果而言是等同的;"变换"即指因 B 代换了 A 致使电路图形发生了变化。

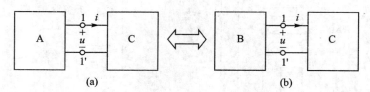

图 2.1.1　电路等效变换示意图

等效变换前后,电压电流保持不变的部分仅限于等效电路以外,这种等效是"对外等效"。等效变换的条件是相互代换的两部分电路具有相同的伏安特性。图 2.1.2 中端口 1—1′以右的部分具有相同的伏安特性,故图(a)中虚线框中几个电阻构成的电路与图(b)中的电阻 R 等效。

第 2 章 线性电路分析方法

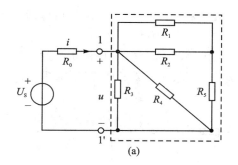
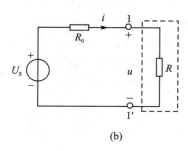

图 2.1.2 等效的概念

2.1.1 电阻的连接与等效变换

在电路中,电阻的连接形式是多种多样的,其中最简单和最常用的是串联与并联。

1. 电阻的串联

如果电路中有两个或多个电阻一个接一个地顺序相连,并且在这些电阻中流过同一电流,则这样的连接方式就称为电阻的串联。

图 2.1.3(a)所示是两个电阻串联的电路,可用一个等效电阻 R 来代替,如图 2.1.3(b)所示,等效的条件是在同一电压 U 的作用下,电流 I 保持不变。根据 KVL 得

$$U = U_1 + U_2 = R_1 I + R_2 I = RI \qquad (2.1.1)$$

式中,$R = R_1 + R_2$ 称为串联电路的等效电阻。

(a) 电阻的串联　　　　　(b) 等效电阻

图 2.1.3 电阻的串联

同理,当有 n 个电阻串联时,其等效电阻为

$$R = R_1 + R_2 + R_3 + \cdots + R_n \qquad (2.1.2)$$

电阻串联有分压关系。当两个电阻串联时,其分压公式为

$$\left. \begin{array}{l} U_1 = R_1 I = \dfrac{R_1}{R_1 + R_2} U \\ U_2 = R_2 I = \dfrac{R_2}{R_1 + R_2} U \end{array} \right\} \qquad (2.1.3)$$

可见,串联电阻上电压的分配与电阻成正比。电阻串联的实际应用很多。譬如当负载的额定电压低于电源电压时,通常需要给负载串联一个电阻,以降落部分电压。有时为了限制负载中通过的电流,也可给负载串联一个限流电阻。如果需要调

节电路中的电流,可以在电路中串联一个变阻器来进行调节。另外,还可以通过改变串联电阻的大小得到不同的输出电压。

【例 2.1.1】 如图 2.1.4 所示,在一个内阻 R_g 为 2 500 Ω,电流 I_g 为 100 μA 的表头里,现要求将表头电压量程扩大为 2.5 V、50 V、100 V 三挡,求所需串联的电阻 R_1、R_2、R_3 的阻值。

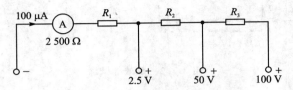

图 2.1.4 【例 2.1.1】图

解:(1) $R_1 = \dfrac{2.5 \text{ V}}{100 \text{ μA}} - 2\,500 \text{ Ω} = 25\,000 \text{ Ω} - 2\,500 \text{ Ω} = 22\,500 \text{ Ω}$

(2) $R_2 = \dfrac{50 \text{ V}}{100 \text{ μA}} - 2\,500 \text{ Ω} - R_1 = 500\,000 \text{ Ω} - 2\,500 \text{ Ω} - 22\,500 \text{ Ω}$
$= 475\,000 \text{ Ω}$

(3) $R_3 = \dfrac{100 \text{ V}}{100 \text{ μA}} - 2\,500 \text{ Ω} - R_1 - R_2 = 1\,000\,000 \text{ Ω} - 2\,500 \text{ Ω} - 22\,500 \text{ Ω}$
$- 475\,000 \text{ Ω} = 500\,000 \text{ Ω}$

2. 电阻的并联

如果电路中有两个或多个电阻连接在两个公共的节点之间,这样的连接法称为电阻的并联。各个并联电阻承受的电压相同。

图 2.1.5(a)所示是两个电阻并联的电路,可用一个等效电阻 R 来代替,而图 2.1.5(b)中,等效的条件是在同一电压 U 的作用下,电流 I 保持不变。根据 KCL 得

$$I = I_1 + I_2 = \frac{U}{R_1} + \frac{U}{R_2} = \frac{U}{R} \tag{2.1.4}$$

$$\frac{1}{R} = \frac{1}{R_1} + \frac{1}{R_2} \text{ 或 } R = \frac{R_1 R_2}{R_1 + R_2} \tag{2.1.5}$$

式中,R 称为并联电路的等效电阻。

式(2.1.5)也可写成 $G = G_1 + G_2$。并联电阻用电导表示,在分析计算并联电路时可以简便些。

同理,当有 n 个电阻并联时,其等效电阻的计算公式为

$$\frac{1}{R} = \frac{1}{R_1} + \frac{1}{R_2} + \frac{1}{R_3} + \cdots + \frac{1}{R_n} \tag{2.1.6}$$

若用电导表示,即

$$G = G_1 + G_2 + G_3 + \cdots + G_n \tag{2.1.7}$$

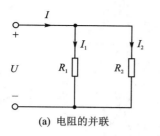 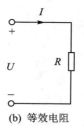

(a) 电阻的并联　　　　　(b) 等效电阻

图 2.1.5　电阻并联

并联电阻具有分流关系。当两个电阻并联时,其分流公式为

$$\left.\begin{array}{l} I_1 = \dfrac{R_2}{R_1+R_2}I \\ I_2 = \dfrac{R_1}{R_1+R_2}I \end{array}\right\} \quad (2.1.8)$$

可见,并联电阻上电流的分配与电阻成反比。通常负载都是并联运用的。负载并联运用时,它们接于同一电源下,任何一个负载的工作情况不受其他负载的影响。并联的负载电阻愈多,总电阻愈小,电路中总电流和总功率愈大。有时为了某种需要,可将电路中的某一段与电阻或变阻器并联,以起分流或调节电流的作用。

【例 2.1.2】　在图 2.1.6 所示的电路中,有一只内阻 $R_C=500\ \Omega$、满刻度电流为 $I_C=100\ \mu A$ 的电流表,若要将其改制成量程为 $I_X=1\ mA$ 的直流电流表,求应并联多大的分流电阻?

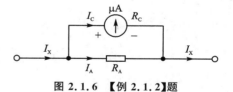

图 2.1.6　【例 2.1.2】题

解:根据 KCL, $I_A = I_X - I_C = 1\ 000\ \mu A - 100\ \mu A = 900\ \mu A$

$$I_A R_A = I_C R_C$$

$$R_A = \frac{I_C}{I_A} \times R_C = \frac{100\ \mu A}{900\ \mu A} \times 500\ \Omega \approx 55.56\ \Omega$$

故在表头两端并联一个 55.56 Ω 的分流电阻,可将电流表的量程扩大为 1 mA。

3. 电阻元件的星形连接和三角形连接的等效变换

在电路的基本连接中,除了串、并联外,还有星形(Y 形)连接和三角形(△形)连接。如图 2.1.7(a)所示,R_1、R_2、R_3 构成星形连接。如图 2.1.7(b)所示,R_{31}、R_{12}、R_{23} 构成三角形连接,它们均有 3 个端子与外部连接。在图 2.1.7(c)中 R_1、R_2、R_5 三个电阻和 R_3、R_4、R_5 三个电阻构成星形连接;R_1、R_3、R_5 三个电阻和 R_2、R_4、R_5 三个电阻构成三角形连接。

星形连接电阻和三角形连接电阻之间满足一定关系时,它们之间可以互相等效变换。等效的条件是它们的对应端间的电压(U_{12}、U_{23}、U_{31})一一相等,而流入对应端子的电流也应相等,即 $I_1 = I'_1$,$I_2 = I'_2$,$I_3 = I'_3$。经过等效变换后,不影响其他部分的电压和电流。

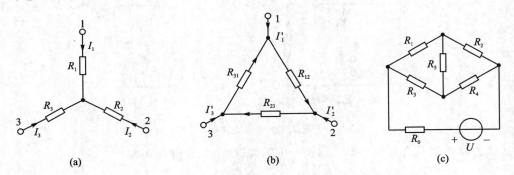

图 2.1.7 Y 形连接和△形连接及等效变换

可以证明将 Y 形连接变换为△形连接时

$$\left.\begin{array}{l} R_{12} = R_1 + R_2 + \dfrac{R_1 R_2}{R_3} \\[4pt] R_{23} = R_2 + R_3 + \dfrac{R_2 R_3}{R_1} \\[4pt] R_{31} = R_3 + R_1 + \dfrac{R_3 R_1}{R_2} \end{array}\right\} \tag{2.1.9}$$

将△形连接变换为 Y 形连接时

$$\left.\begin{array}{l} R_1 = \dfrac{R_{31} R_{12}}{R_{12} + R_{23} + R_{31}} \\[4pt] R_2 = \dfrac{R_{12} R_{23}}{R_{12} + R_{23} + R_{31}} \\[4pt] R_3 = \dfrac{R_{23} R_{31}}{R_{12} + R_{23} + R_{31}} \end{array}\right\} \tag{2.1.10}$$

若星形连接中的 3 个电阻相等,即 $R_1 = R_2 = R_3 = R_Y$,则等效变换后所得三角形连接中 3 个电阻也相等,有

$$R_\triangle = 3 R_Y \tag{2.1.11}$$

反之亦然,$R_Y = \dfrac{1}{3} R_\triangle$。

2.1.2 电源的等效变换

1. 理想电源的串联和并联

当 n 个理想电压源串联时,可用一个电压源等效替换(见图 2.1.8),等效电压源的电压可用 KVL 求得,即

$$U_S = U_{S1} + U_{S2} + \cdots + U_{Sn} = \sum_{k=1}^{n} U_{Sk} \tag{2.1.12}$$

第 2 章 线性电路分析方法

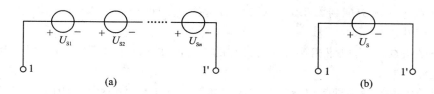

图 2.1.8 电压源的串联

当 U_{Sk} 的参考方向与图 2.1.8(b)中的 U_S 参考方向一致时,式(2.1.12)中 U_{Sk} 的前面取"+"号,否则取"-"号。

务必注意,只有电压相等且极性一致的电压源才允许并联,等效电路为其中任一电压源。

当理想电压源与理想电流源或电阻并联时,其端电压恒定不变,如图 2.1.9 所示。对端口 1—1′ 以外电路而言,此并联支路可用理想电压源等效替换。

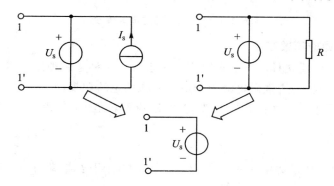

图 2.1.9 电压源并联等效

当 n 个电流源并联时,可用一个电流源等效替换,如图 2.1.10 所示,等效电流源的电流可用 KCL 求得,即

$$I_S = I_{S1} + I_{S2} + \cdots + I_{Sn} = \sum_{k=1}^{n} I_{Sk} \quad (2.1.13)$$

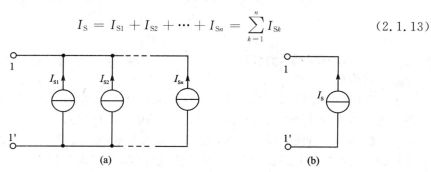

图 2.1.10 电流源的并联

当 I_{Sk} 的参考方向与图 2.1.10(b)中的 I_S 参考方向一致时,式(2.1.13)中 I_{Sk} 的前面取"+"号,否则取"−"号。

务必注意,只有电流相等且方向一致的电流源才允许串联,其等效电路为其中任一电流源。

当理想电流源与理想电压源或电阻串联时,其输出电流不变,如图 2.1.11 所示。对端口 1—1′以外电路而言,此串联组合可用这个理想电流源等效替代。

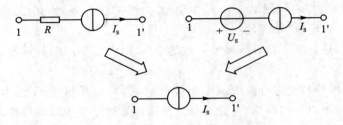

图 2.1.11 电流源的串联等效

2. 实际电源的等效变换

实际电源可以用两种不同的电路模型来表示。一种是用理想电压源与电阻串联的电压源模型,一种是用理想电流源与电阻并联的电流源模型。

图 2.1.12(a)所示为电压源 U_s 与电阻 R 的串联组合,在端子 1—1′处的电压与电流关系为

$$U = U_s - RI \tag{2.1.14}$$

图 2.1.12(c)所示为电流源 I_s 与电阻 R' 的并联组合,在端子 1—1′处的电压与电流关系为

$$I = I_s - \frac{U}{R'} \tag{2.1.15}$$

若令两种电源模型在端子 1—1′处的伏安关系完全相同,即

$$\left. \begin{array}{l} R = R' \\ U_s = I_s \times R' \end{array} \right\} \tag{2.1.16}$$

则电压源模型和电流源模型可以相互等效变换。式(2.1.16)就是这两种组合彼此对外等效需要满足的条件。

电压源模型与电流源模型的伏安特性曲线如图 2.1.12(b)和(d)所示,它们都是一条直线。当式(2.1.16)的条件满足时,它们的伏安特性相同。

电压源模型和电流源模型的等效关系只是对外电路而言的,至于电源内部,则是不等效的。当端口断开时,电压源模型不消耗电能,而电流源模型的电阻有电流流过,消耗电能;当端口短路时,电流源模型不消耗电能,而电压源模型的电阻有电流流过,消耗电能。

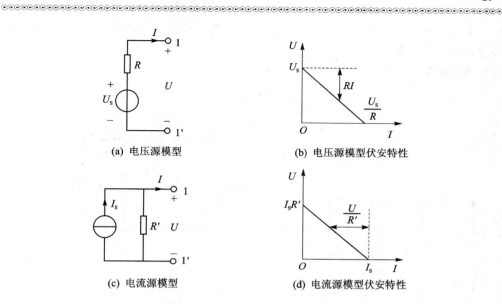

图 2.1.12 电源的两种电路模型及伏安特性

电源等效变换时务必注意理想电压源 U_s 和理想电流源 I_s 的参考方向。理想电流源 I_s 的参考方向由 U_s 的负极指向正极;I_s 流出端子为理想电压源的正极,详见图 2.1.13(a)和(b)。

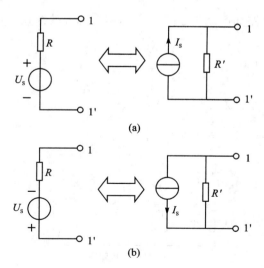

图 2.1.13 电源等效变换的参考方向示意图

理想电压源和理想电流源之间无法等效变换。因为对理想电压源,其内阻 $R=0$;对理想电流源,其内阻 $R'=\infty$,两者的内阻不可能相等,故两者之间无法满足等效变换的条件。

【例 2.1.3】 电路如图 2.1.14(a)所示,用电源等效变换法(见图 2.1.14(b))求 2 Ω 电阻上的电流 I。

解:变换过程如下:

$$I = \frac{\frac{2 \times 2}{2+2} \Omega \times 4 \text{ A}}{2 \Omega} = 2 \text{ A}$$

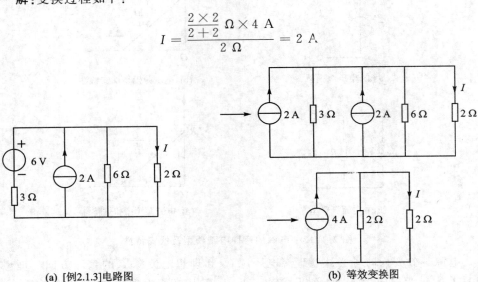

(a) [例2.1.3]电路图

(b) 等效变换图

图 2.1.14 【例 2.1.3】例题和等效图

【例 2.1.4】 电路如图 2.1.15(a)所示,用电源等效变换法(见图 2.1.15(b))求 5 Ω 电阻上的电流 I。

解:变换过程如下:

故 $I = \dfrac{\frac{5 \times 5}{5+5} \Omega \times 2.8 \text{ A}}{5 \Omega} = 1.4 \text{ A}$

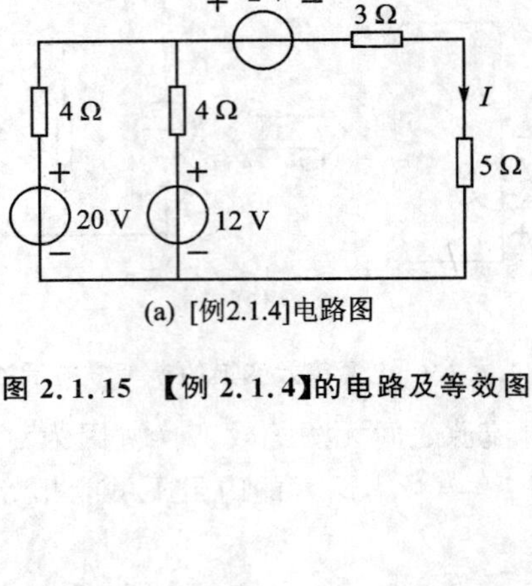

(a) [例2.1.4]电路图

图 2.1.15 【例 2.1.4】的电路及等效图

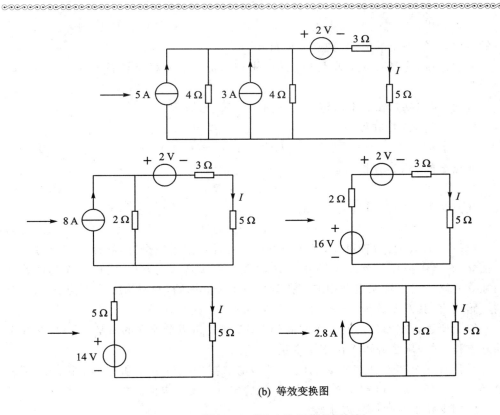

(b) 等效变换图

图 2.1.15 【例 2.1.4】的电路及等效图(续)

2.2 支路电流法

在计算复杂电路的各种方法中,以支路电流法最为基本。它是以支路电流作为电路变量,应用 KCL 和 KVL 分别对节点和回路列出所需要的电路方程组,然后解出各未知支路电流的方法。

列方程时,必须先在电路中选定未知支路电流以及电压的参考方向。以图 2.2.1 所示的电路为例来说明支路电流法的解题思路。电路中,支路数 $b=3$,节点数 $n=2$,支路电流数等于 3,故变量为 3 个,共需列出 3 个独立方程才能求解。

首先,对节点 a 列出 KCL 方程,有

$$I_1 + I_2 - I_3 = 0 \quad (2.2.1)$$

对节点 b 列出 KCL 方程,有

$$I_3 - I_1 - I_2 = 0 \quad (2.2.2)$$

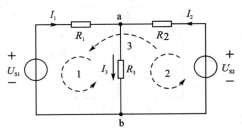

图 2.2.1 电路举例

不难看出,式(2.2.1)即为式(2.2.2),它是非独立的方程。因此,对具有两个节点的电路,能够列出的 KCL 独立方程只有一个。

一般地说,对具有 n 个节点的电路应用基尔霍夫电流定律只能得到 $(n-1)$ 个独立方程。

其次,应用基尔霍夫电压定律列出回路的 KVL 方程。

回路 1 的 KVL 方程

$$U_{S1} - I_1 R_1 - I_3 R_3 = 0 \tag{2.2.3}$$

回路 2 的 KVL 方程

$$-U_{S2} + I_2 R_2 + I_3 R_3 = 0 \tag{2.2.4}$$

回路 3 的 KVL 方程

$$U_{S1} - U_{S2} + I_2 R_2 - I_1 R_1 = 0 \tag{2.2.5}$$

比较三个 KVL 方程可知,任两个方程都可推导出第三个方程,即这三个方程不是独立的,当去掉任一个方程后,剩下的两个方程就是独立方程,它们对应的回路就叫独立回路。可以证明电路中的网孔就是一组独立回路,对具有 n 个节点、b 条支路的电路而言,其网孔数为 $b-n+1$,可得 $b-n+1$ 个独立方程。

综上所述,图(2.2.1)有一个独立的 KCL 方程和两个独立的 KVL 方程,共 3 个独立方程,联立求解即可求出三个变量 I_1、I_2、I_3。

对具有 n 个节点、b 条支路的电路应用基尔霍夫电流定律和电压定律一共可列出 $(n-1)+(b-n+1)=b$ 个独立方程,能解出 b 个支路电流。

应用支路电流法的一般步骤:

(1) 分析电路的结构,选取并标出各支路电流的参考方向,选定标出独立回路(网孔)的绕行方向;

(2) 根据 KCL 列出 $n-1$ 个独立的 KCL 方程;

(3) 根据 KVL 列出 $b-n+1$ 个独立回路(网孔)的 KVL 方程;

(4) 代入已知条件,联立方程解出各支路电流。

【例 2.2.1】 电路如图 2.2.2(a)所示,等效图如图(b)所示。已知 $R_1 = 10\ \Omega$,$R_2 = 5\ \Omega$,$R_3 = 5\ \Omega$,$U_{S1} = 13\ V$,$U_{S2} = 6\ V$,用支路电流法求电路的各支路电流。

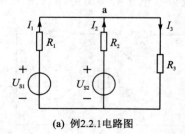

(a) 例2.2.1电路图

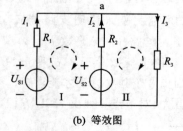

(b) 等效图

图 2.2.2 【例 2.2.1】例题图和等效图

解:选择回路绕行方向为顺时针方向。

根据 KCL 对节点 a 列写 KCL 方程
$$I_1 + I_2 - I_3 = 0$$

根据 KVL 分别对回路 I、回路 II 列写 KVL 方程
$$R_1I_1 - R_2I_2 + U_{S2} - U_{S1} = 0, \quad R_2I_2 + R_3I_3 - U_{S2} = 0$$

代入数据整理得
$$I_1 + I_2 - I_3 = 0, \quad 10I_1 - 5I_2 = 7 \text{ V}, \quad 5I_2 + 5I_3 = 6 \text{ V}$$

联立求解得
$$I_1 = 0.8 \text{ A}, \quad I_2 = 0.2 \text{ A}, \quad I_3 = 1 \text{ A}$$

【例 2.2.2】 电路如图 2.2.3(a)所示,图(b)是等效图。$I_{S1} = 7$ A, $E_1 = 90$ V, $R_1 = 20$ Ω, $R_2 = 5$ Ω, $R_3 = 6$ Ω。试用支路电流法求 I_3。

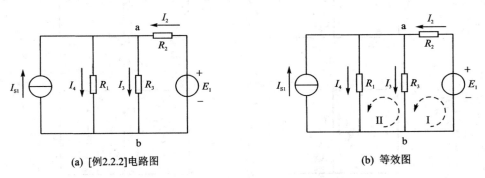

(a) [例2.2.2]电路图　　　　　　(b) 等效图

图 2.2.3 【例 2.2.2】例题图和等效图

解:选择各回路绕行方向为逆时针方向。

根据 KCL 对节点 a 列写 KCL 方程:
$$I_{S1} - I_4 - I_3 + I_2 = 0$$

根据 KVL 分别对回路 I、回路 II 列写 KVL 方程:
$$I_2R_2 + I_3R_3 - E_1 = 0, \quad I_4R_1 - I_3R_3 = 0$$

代入数据整理得
$$7 - I_4 - I_3 + I_2 = 0, \quad 5I_2 + 6I_3 - 90 = 0, \quad 20I_4 - 6I_3 = 0$$

联立求解得
$$I_2 = 6 \text{ A}, \quad I_3 = 10 \text{ A}, \quad I_4 = 3 \text{ A}$$

2.3 网孔电流法

图 2.3.1(a)是具有两个网孔的电路,忽略支路上的元件,支路电流之间关系如图(b)所示。

对节点 a 应用 KCL,有 $I_3 = I_1 - I_2$,即图(b)等效为图(c)。在图(c)中电流 I_1、

I_2可以看作分别在网孔1、2中连续流动,这种假想在每一网孔中流动着的独立电流称为网孔电流,如图(d)所示。图中的顺时针箭头既可以表示网孔电流的参考方向,也可表示回路绕行方向。根据网孔电流和支路电流的参考方向,可以得出它们之间的关系

$$\left.\begin{array}{l} I_1 = I_{m1} \\ I_2 = I_{m2} \\ I_3 = I_{m1} - I_{m2} \end{array}\right\} \quad (2.3.1)$$

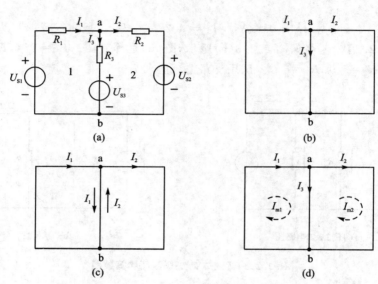

图 2.3.1 网孔电流

可见,支路电流是网孔电流的代数和,网孔电流自动满足 KCL 方程,所以,以网孔电流作为电路变量求解时只需列出 KVL 方程。全部网孔是一组独立回路,对应的网孔电压方程是独立的,这种以假想的网孔电流为电路变量,应用 KVL 列出各网孔的电压方程,联立求解出网孔电流的方法称为网孔电流法。

以图 2.3.1(a)所示电路为例对网孔 1 和 2 列写 KVL 方程

网孔 1: $\quad I_1 R_1 + I_3 R_3 - U_{S1} + U_{S3} = 0$

网孔 2: $\quad I_2 R_2 - I_3 R_3 + U_{S2} - U_{S3} = 0$

将式(2.3.1)代入网孔 1、2 的电压方程可得

$$\begin{cases} I_{m1} R_1 + (I_{m1} - I_{m2}) R_3 - U_{S1} + U_{S3} = 0 \\ I_{m2} R_2 - (I_{m1} - I_{m2}) R_3 + U_{S2} - U_{S3} = 0 \end{cases}$$

整理得

$$\left.\begin{array}{l} (R_1 + R_3) I_{m1} - R_3 I_{m2} = U_{S1} - U_{S3} \\ -R_3 I_{m1} + (R_2 + R_3) I_{m2} = -U_{S2} + U_{S3} \end{array}\right\} \quad (2.3.2)$$

(式 2.3.2)就是图 2.3.1(a)所示电路的网孔电流方程,一般形式可表示为

$$\left.\begin{array}{l}R_{11}I_{m1}+R_{12}I_{m2}=U_{S11}\\R_{21}I_{m1}+R_{22}I_{m2}=U_{S22}\end{array}\right\} \quad (2.3.3)$$

式中:$R_{11}=R_1+R_3$ 为网孔 1 的所有电阻之和;$R_{22}=R_2+R_3$ 为网孔 2 的所有电阻之和,分别称为网孔 1、2 的自阻,自阻总是正的。

$R_{12}=R_{21}=-R_3$ 代表相邻两网孔 1、2 之间公共支路的电阻,称为互阻。互阻的正负取决于流过公共支路的网孔电流的参考方向,相同为正,相反为负。

U_{S11}、U_{S22} 分别为网孔 1、2 中所有电压源的代数和,当电压源参考方向与网孔电流参考方向一致时,前面取"一"号,反之取"十"号。

应用网孔电流法求解电路的一般步骤:

(1) 简化电路。当有电流源并联电阻的电路时,把它变换为等效电压源串联电阻的支路,以减少网孔的数量;

(2) 确定网孔电流及网孔电流的参考方向;

(3) 列写网孔的 KVL 方程;

(4) 求解网孔的 KVL 方程得出各网孔电流;

(5) 由网孔电流求支路电流,再由此确定各支路电压或其他待求量。

【例 2.3.1】 用网孔电流法求解图 2.3.2 所示电路的各支路电流。

解:设支路电流分别为 I_1、I_2、I_3,各网孔电流分别为 I_{m1}、I_{m2},其参考方向如图 2.3.3 所示。

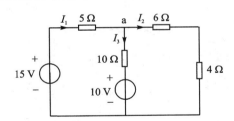
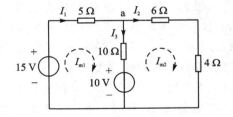

图 2.3.2 【例 2.3.1】电路图   图 2.3.3 【例 2.3.1】参考方向图

已知 $R_{11}=(5+10)\ \Omega=15\ \Omega$,$R_{12}=-10\ \Omega$,$R_{21}=-10\ \Omega$,$R_{22}=20\ \Omega$,可得网孔方程为

$$\begin{cases}15I_{m1}-10I_{m2}=-10+15\\-10I_{m1}+20I_{m2}=10\end{cases}$$

解得 $I_{m1}=1\ \text{A},\quad I_{m2}=1\ \text{A}$

所以 $I_1=I_{m1}=1\text{A},\quad I_2=I_{m2}=1\text{A},\quad I_3=I_{m1}-I_{m2}=0\ \text{A}$

【例 2.3.2】 用网孔电流法求解图 2.3.4 所示电路的各支路电流。

分析:图 2.3.4 所示电路共有三条支路、两个网孔,应列写两个网孔方程。但是 1 A 电流源在左网孔支路上,即其所在网孔电流已知,只需列写一个网孔方程即可。

解：设支路电流分别为 I_1、I_2、I_3，各网孔电流分别为 I_{m1}、I_{m2}，其参考方向如图 2.3.5 所示。

$$R_{22} = (5+5)\,\Omega = 10\,\Omega, \quad R_{21} = -5\,\Omega, \quad U_{S22} = 40\,\text{V}$$

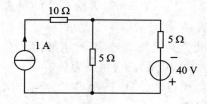

图 2.3.4 【例 2.3.2】电路图

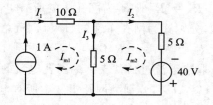

图 2.3.5 【例 2.3.2】参考方向图

可得网孔方程

$$\begin{cases} I_{m1} = 1 \\ -5I_{m1} + 10I_{m2} = 40 \end{cases}$$

解方程组可得

$$I_{m2} = 4.5\,\text{A}$$

所以 $I_1 = I_{m1} = 1\,\text{A}$，$I_2 = I_{m2} = 4.5\,\text{A}$，$I_3 = I_{m1} - I_{m2} = -3.5\,\text{A}$

2.4 节点电压法

图 2.4.1 所示电路中只有两个节点，任意选择其中一节点为参考点，如图 2.4.1 中 o 点，用"⊥"表示。其他节点与参考点之间的电压便是节点电压，如图 2.4.1 所示 a 点和 o 点之间电压就是节点电压，用 U 表示。节点电压的参考方向由 a 指向 o。

对节点 a 列写 KCL 方程

$$I_S + I_1 - I_2 - I_3 = 0 \quad (2.4.1)$$

另有

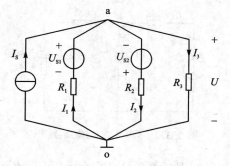

图 2.4.1 节点电压

$$U = U_{S1} - I_1 R_1, \quad I_1 = \frac{U_{S1} - U}{R_1} \quad (2.4.2)$$

$$U = -U_{S2} + I_2 R_2, \quad I_2 = \frac{U_{S2} + U}{R_2} \quad (2.4.3)$$

$$U = I_3 R_3, \quad I_3 = \frac{U}{R_3} \quad (2.4.4)$$

将式(2.4.2)、式(2.4.3)、式(2.4.4)代入式(2.4.1)可得

第 2 章 线性电路分析方法

$$I_S + \frac{U_{S1}-U}{R_1} - \frac{U_{S2}+U}{R_2} - \frac{U}{R_3} = 0 \qquad (2.4.5)$$

整理可得图 2.4.1 所示电路的节点电压方程

$$U = \frac{I_S + \frac{U_{S1}}{R_1} - \frac{U_{S2}}{R_2}}{\frac{1}{R_1}+\frac{1}{R_2}+\frac{1}{R_3}} = \frac{\sum I_{Si} + \sum \frac{U_{Si}}{R_i}}{\sum \frac{1}{R_i}} \qquad (2.4.6)$$

由式(2.4.6)可知,分母各项为各支路所含电阻的倒数之和,各项总为正;分子各项可以为正,也可为负;当电压源的参考方向与节点电压的参考方向相同时取正号,相反时取负号;电流源电流的参考方向流入节点 a 时取正号,流出节点 a 时取负号。

由式(2.4.6)求出节点电压后,即可根据式(2.4.2)、式(2.4.3)、式(2.4.4)计算出各支路电流,实现分析求解电路的目的,这种计算方法称为节点电压法。

【例 2.4.1】 电路如图 2.4.2 所示,$U_{S1} = 78$ V、$U_{S2} = 130$ V、$R_1 = 2$ Ω、$R_2 = 10$ Ω、$R_3 = 20$ Ω。求节点电压 U_{ao} 和各支路电流。

解:
$$U_{ao} = \frac{\frac{U_{S1}}{R_1}+\frac{U_{S2}}{R_2}}{\frac{1}{R_1}+\frac{1}{R_2}+\frac{1}{R_3}} = \left(\frac{\frac{78}{2}+\frac{130}{10}}{\frac{1}{2}+\frac{1}{10}+\frac{1}{20}}\right) \text{V} = 80 \text{ V}$$

$$I_1 = \frac{U_{ao}-U_{S1}}{R_1} = \frac{80 \text{ V} - 78 \text{ V}}{2 \text{ Ω}} = 1 \text{ A}$$

$$I_2 = \frac{U_{ao}-U_{S2}}{R_2} = \frac{80 \text{ V} - 130 \text{ V}}{10 \text{ Ω}} = -5 \text{ A}$$

$$I_3 = \frac{U_{ao}}{R_3} = \frac{80 \text{ V}}{20 \text{ Ω}} = 4 \text{ A}$$

【例 2.4.2】 电路如图 2.4.3 所示,$I_{S1} = 7$ A、$U_{S1} = 90$ V、$R_1 = 20$ Ω、$R_2 = 5$ Ω、$R_3 = 6$ Ω,求节点电压 U_{ao}。

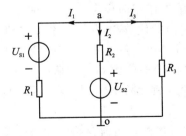

图 2.4.2 【例 2.4.1】题图

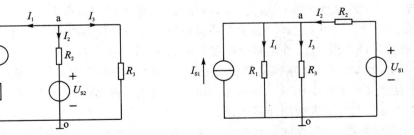

图 2.4.3 【例 2.4.2】题图

解:
$$U_{ao} = \frac{I_{S1}+\frac{U_{S1}}{R_2}}{\frac{1}{R_1}+\frac{1}{R_2}+\frac{1}{R_3}} = \left(\frac{7+\frac{90}{5}}{\frac{1}{20}+\frac{1}{5}+\frac{1}{6}}\right) \text{V} = 60 \text{ V}$$

2.5 叠加定理

叠加定理是线性电路的一个重要定理,就其本质而言反映了线性电路的可加性。在图 2.5.1(a)所示电路中有两个电源,求解电路中的电流 I_1。可用支路电流法求解,即应用基尔霍夫定律列出方程组

$$\left.\begin{array}{r} -I_1 - I_S + I_3 = 0 \\ I_1 R_1 + I_3 R_3 - U_{S1} = 0 \end{array}\right\} \quad (2.5.1)$$

解方程组得

$$I_1 = \frac{R_3}{R_1 + R_3} I_S + \frac{1}{R_1 + R_3} U_{S1} \quad (2.5.2)$$

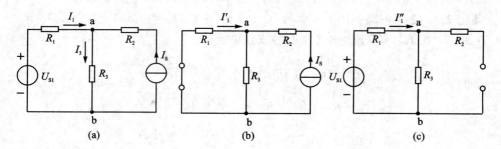

图 2.5.1 叠加定理

式(2.5.2)中,I_1 是 U_{S1} 和 I_S 的线性组合,可以改写为

$$I_1 = I'_1 + I''_1 \quad (2.5.3)$$

式(2.5.3)中,$I'_1 = -\dfrac{R_3}{R_1 + R_3} I_S = I_1 |_{U_{S1}=0}$,$I''_1 = \dfrac{1}{R_1 + R_3} U_{S1} = I_1 |_{I_S=0}$。

可见,I'_1 为将原电路电压源置零,电流源 I_S 单独作用时产生的电流,如图 2.5.1(b)所示;I''_1 为将原电路电流源置零,电压源 U_S 单独作用时电路中产生的电流,如图 2.5.1(c)所示。原电路的电流为相应分电路中电流的代数和,此即为叠加定理。

叠加定理指出:当线性电路中有多个电源共同作用时,各支路的电流(或电压)等于各个电源单独作用时在该支路产生的电流(或电压)的代数和。所谓电源单独作用,就是使其他电源不作用,即将不作用的电源置零,通常将不作用的电压源用短路代替,不作用的电流源处用开路代替。

从数学角度上讲,叠加定理体现了线性方程的可加性。前面介绍的支路电流法、网孔电流法和节点电压法得出的都是线性代数方程,所以支路电流或电压都可用叠加定理来求解。但功率的计算不能使用叠加定理,因为功率不是电压或电流的一次函数,它们之间不是线性关系。以图 2.5.1(a)中电阻 R_1 的功率为例,显然

$$P_1 = R_1 I_1^2 = R_1 (I'_1 + I''_1)^2 \neq R_1 I'^2_1 + R_1 I''^2_1$$

叠加定理只适用于线性电路,应用叠加定理时,原电路支路电流(或支路电压)为

相应分电路中支路电流(或支路电压)的代数和。各分电路中支路电流(或支路电压)参考方向与原电路一致时,取"+";相反时,取"-"。

应用叠加定理解决电路问题的实质是将复杂问题简单化,即把含有多个电源的复杂电路分解为多个仅含一个电源的简单电路,简化为研究一个单电源电路的分析和计算。应用叠加定理对电路分析,可以分别看出各个电源对电路的影响,尤其交直流共同存在的电路。

【例 2.5.1】 试用叠加定理求图 2.5.2 所示电路中的电压 U。

解:(1) 设电压源单独作用,此时电路如图 2.5.3 所示。

$$U' = \frac{6}{10+4+6} \times 10 \text{ V} = 3 \text{ V}$$

(2) 设电流源单独作用,此时电路图如图 2.5.4 所示。

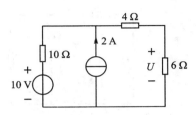

图 2.5.2 【例 2.5.1】题图

$$I'' = \frac{10}{10+4+6} \times 2 \text{ A} = 1 \text{ A}, \quad U'' = 6 \times I'' = 6 \times 1 \text{ V} = 6 \text{ V}$$

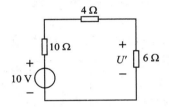

图 2.5.3 【例 2.5.1】简化图(一)

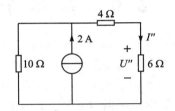

图 2.5.4 【例 2.5.1】简化图(二)

(3) 由叠加定理可得

$$U = U' + U'' = (3+6) \text{ V} = 9 \text{ V}$$

【例 2.5.2】 试用叠加定理求图 2.5.5 所示电路中的电流 I。

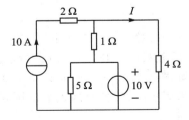

图 2.5.5 【例 2.5.2】电路图

解:(1) 设电流源单独作用,此时电路如图 2.5.6 所示。电流源单独作用时电流

$$I' = \frac{1}{1+4} \times 10 \text{ A} = 2 \text{ A}$$

(2) 设电压源单独作用,此时电路如图 2.5.7 所示。

电压源单独作用时电流 $I'' = \dfrac{10 \text{ V}}{1 \text{ }\Omega + 4 \text{ }\Omega} = 2 \text{ A}$

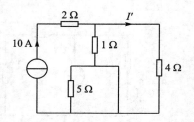 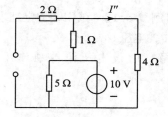

图 2.5.6 【例 2.5.2】单独电流源作用图　　图 2.5.7 【例 2.5.2】单独电压源作用图

(3) 由叠加定理可得 $I = I' + I'' = 2 \text{ A} + 2 \text{ A} = 4 \text{ A}$

2.6　戴维宁定理与诺顿定理

凡是具有两个引出端与外电路相连的部分电路均可称为二端网络或一端口网络。对一个二端网络来说,从一个端子流入的电流一定等于从另一个端子流出的电流,其图形符号如图 2.6.1 所示。二端网络根据内部是否含有独立电源分为有源二端网络和无源二端网络。

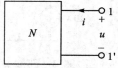

图 2.6.1　二端网络

任一有源二端网络,无论其简繁程度如何,对与其连接的其他支路而言,这个有源二端网络均可化简为一个等效电源。由于电源有电压源和电流源两种表达方式,所以等效电源定理分为戴维宁定理与诺顿定理。

1. 戴维宁定理

戴维宁定理指出:任何一个线性有源二端网络(见图 2.6.2(a))都可以用一理想电压源和电阻的串联组合来等效代替,如图 2.6.2(b)所示。电压源的电压就是有源二端网络的开路电压 U_{OC},如图 2.6.2(c)所示;电阻 R_{eq} 即为将有源二端网络中所有电源均置零(将各个理想电压源短路,将各个理想电流源开路)后得到的无源网络的等效电阻,如图 2.6.2(d)所示。

图 2.6.2(b)所示的等效电路,可用下式计算电流

$$I = \frac{U_{OC}}{R_{eq} + R_L} \qquad (2.6.1)$$

【例 2.6.1】　用戴维宁定理求图 2.6.3 所示电路中的电流 I。

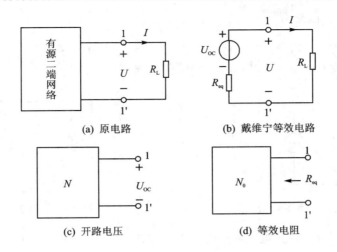

(a) 原电路　　　　(b) 戴维宁等效电路

(c) 开路电压　　　　(d) 等效电阻

图 2.6.2　戴维宁定理

解:(1) 求开路电压 U_{oc},电路如图 2.6.4 所示。

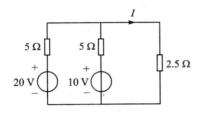

图 2.6.3　【例 2.6.1】电路图

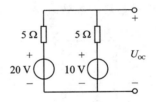

图 2.6.4　求开路电压图

开路后的电流　　　$I' = \dfrac{20\ \text{V} - 10\ \text{V}}{5\ \Omega + 5\ \Omega} = \dfrac{10\ \text{V}}{10\ \Omega} = 1\ \text{A}$

开路后的电压　　　$U_{oc} = 5 \times I' + 10\ \text{V} = 15\ \text{V}$

(2) 求等效电阻 R_{eq},电路如图 2.6.5 所示。

等效电阻为　　　$R_{eq} = \dfrac{5 \times 5}{5 + 5} = 2.5\ \Omega$

(3) 得到戴维宁等效电路,如图 2.6.6 所示。

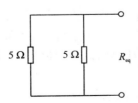

图 2.6.5　求等效电阻图

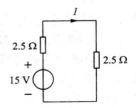

图 2.6.6　戴维宁等效电路

图 2.6.3 电路的电流为 $I = \dfrac{15\text{ V}}{2.5\text{ }\Omega + 2.5\text{ }\Omega} = 3\text{ A}$

【**例 2.6.2**】 用戴维宁定理求图 2.6.7 所示电路中的电流 I。

解：(1) 求开路电压 U_{oc}，电路如图 2.6.8 所示。

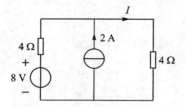
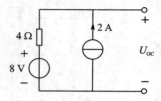

图 2.6.7 【例 2.6.2】电路图　　　　　图 2.6.8　求开路电压图

由于是单回路电路，电流源的电流即为回路电流，则开路电压 U_{oc}

$$U_{oc} = 4\text{ }\Omega \times 2\text{ A} + 8\text{ V} = 16\text{ V}$$

(2) 求等效电阻 R_{eq}，电路如图 2.6.9 所示。等效电阻为

$$R_{eq} = 4\text{ }\Omega$$

(3) 得到戴维宁等效电路，如图 2.6.10 所示。

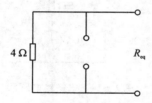
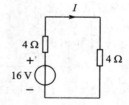

图 2.6.9　求等效电阻图　　　　　图 2.6.10　戴维宁等效电路

因此，图 2.6.7 电路的电流为

$$I = \dfrac{16\text{ V}}{4\text{ }\Omega + 4\text{ }\Omega} = 2\text{ A}$$

2. 诺顿定理

诺顿定理指出：任何一个线性有源二端网络(见图 2.6.11(a))都可以用一个理想电流源和电阻的并联组合来等效代替，如图 2.6.11(b)所示。电流源的电流就是有源二端网络的短路电流 I_{SC}，如图 2.6.11(c)所示；电阻 R_{eq} 即为将有源二端网络中所有电源均置零(将各个理想电压源短路，将各个理想电流源开路)后所得无源网络的等效电阻，如图 2.6.11(d)所示。

可用下式计算图 2.6.11(b)所示等效电路的电流

$$I = \dfrac{R_{eq}}{R_{eq} + R_{L}} I_{SC} \tag{2.6.2}$$

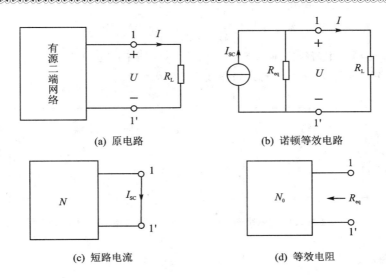

(a) 原电路　　　　　　　(b) 诺顿等效电路

(c) 短路电流　　　　　　(d) 等效电阻

图 2.6.11　诺顿定理

【例 2.6.3】 用诺顿定理求图 2.6.12 所示电路中的电流 I。

解: (1) 求短路电流 I_{sc}，电路如图 2.6.13 所示。

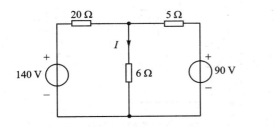

图 2.6.12　【例 2.6.3】电路图

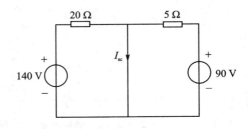

图 2.6.13　求短路电流图

短路电流为
$$I_{sc} = \frac{140\ \text{V}}{20\ \Omega} + \frac{90\ \text{V}}{5\ \Omega} = 25\ \text{A}$$

(2) 求等效电阻 R_{eq}，电路如图 2.6.14 所示。

等效电阻为
$$R_{eq} = \frac{20 \times 5}{20 + 5} = 4\ \Omega$$

(3) 得到诺顿等效电路，电路如图 2.6.15 所示。

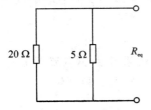

图 2.6.14　求等效电阻图

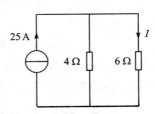

图 2.6.15　诺顿等效电路图

图 2.6.13 的电流 I 为 $\quad I = \dfrac{4\ \Omega}{4\ \Omega + 6\ \Omega} \times 25\ \text{A} = 10\ \text{A}$

【例 2.6.4】 用诺顿定理求图 2.6.16 所示电路中的电流 I。

解:(1) 求短路电流 I_{sc},电路如图 2.6.17 所示。

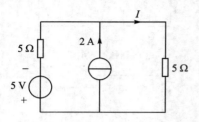

图 2.6.16 【例 2.6.3】电路图　　图 2.6.17 求短路电流图

短路电流为 $\quad I_{sc} = 2\ \text{A} - \dfrac{5\ \text{V}}{5\ \Omega} = 1\ \text{A}$

(2) 求等效电阻 R_{eq},电路如图 2.6.18 所示。

等效电阻为 $\quad R_{eq} = 5\ \Omega$

(3) 得到诺顿等效电路,电路如图 2.6.19 所示。

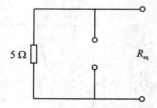 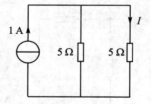

图 2.6.18 求等效电阻图　　图 2.6.19 诺顿等效电路图

图 2.6.16 电路的电流为 $\quad I = \dfrac{5\ \Omega}{5\ \Omega + 5\ \Omega} \times 1\ \text{A} = 0.5\ \text{A}$

本章小结

1. 电路的等效变换

(1) 电阻串联时,电流处处相等,总电压等于各个电阻上的电压之和,总电阻等于各个串联电阻之和,即

$$R = R_1 + R_2 + R_3 + \cdots + R_n$$

(2) 电阻并联时,各并联电阻两端的电压相等,电路总电流等于各个并联电阻上的电流之和,总电阻的倒数等于各个并联电阻的倒数之和,即

$$\dfrac{1}{R} = \dfrac{1}{R_1} + \dfrac{1}{R_2} + \dfrac{1}{R_3} + \cdots + \dfrac{1}{R_n}$$

(3) 当理想电压源与任意支路并联时,等效为此理想电压源。
(4) 当理想电流源与任意支路串联时,等效为此理想电流源。
(5) 电源的电压源模型和电流源模型之间可以相互转换,转换公式为
$$R = R', U_S = I_S \times R'$$
电流源 I_S 的参考方向由 U_S 的负极指向正极;I_S 流出端子为电压源的正极。

2. 支路电流法

支路电流法是以支路电流作为电路变量,应用 KCL 和 KVL 分别对节点和回路列出方程求解的一种方法。

3. 网孔电流法

网孔电流法是以假想的网孔电流为电路变量,应用 KVL 列出各网孔的电压方程进行求解的方法。其一般式为
$$\begin{cases} R_{11}I_{m1} + R_{12}I_{m2} = U_{S11} \\ R_{21}I_{m1} + R_{22}I_{m2} = U_{S22} \end{cases}$$

4. 节点电压法

节点电压法是以节点电压为电路变量,应用 KCL 列出节点的电流方程进行求解的方法。其一般式为
$$U = \frac{\sum I_{Si} + \sum \dfrac{U_{Si}}{R_i}}{\sum \dfrac{1}{R_i}}$$

5. 叠加定理

叠加定理是线性电路的基本定理。当线性电路中有几个电源共同作用时,各支路的电流(或电压)等于各个电源单独作用时在该支路产生的电流(或电压)的代数和。

所谓电路中只有一个电源单独作用,就是在分电路中将其他电源置零,即将电压源用短路代替,将电流源用开路代替。

功率的计算不能使用叠加定理。

6. 戴维宁定理和诺顿定理

戴维宁定理和诺顿定理统称为等效电源定理。两者只是表现形式不同,但含义相同,可以相互转换。

戴维宁定理:任何一个线性有源二端网络都可以用一理想电压源 U_{OC} 和电阻 R_{eq} 的串联组合来等效代替。U_{OC} 等于该二端网络的开路电压,R_{eq} 等于将该二端网络去掉电源后的等效电阻。

诺顿定理:任何一个线性有源二端网络都可以用一理想电流源 I_{SC} 和电阻 R_{eq} 的并联组合来等效代替。I_{SC} 等于该二端网络的短路电流,R_{eq} 等于将该二端网络去掉电源后的等效电阻。

习 题

2-1 如习题图 2.1 所示，用已知内阻为 $R_g = 20\ \text{k}\Omega$，额定电流 $I_g = 50\ \mu\text{A}$ 的表头制作多量程的电压表，若在 1 时量程为 10V，在 2 时量程为 50V，则 R_1、R_2 分别为多大？

2-2 如习题图 2.2 所示，用已知内阻为 $R_g = 20\ \text{k}\Omega$，额定电流 $I_g = 50\ \mu\text{A}$ 的表头制作多量程的电流表，若在 1 时可测量 10mA，在 2 时可测量 50mA，则 R_1、R_2 分别为多大？

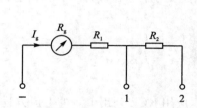
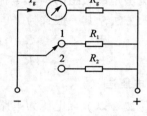

习题图 2.1 题 2-1 电路图　　习题图 2.2 题 2-2 电路图

2-3 求习题图 2.3 所示电路中的 R_{ab}。

2-4 在习题图 2.4 所示的电阻 R_1 和 R_2 并联的电路中，支路电流 I_2 为多少？

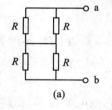
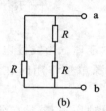
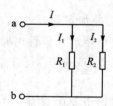

习题图 2.3 题 2-3 电路图　　习题图 2.4 题 2-4 电路图

2-5 将习题图 2.5(a)、(b) 所示电路中的电压源与电阻串联组合等效变换为电流源与电阻的并联组合；将图 2.5(c)、(d) 所示电路中的电流源与电阻的并联组合等效变换为电压源与电阻的串联组合。

2-6 利用电源等效变换的方法求习题图 2.6 所示电路中流过 3Ω 的电流 I。

2-7 利用电源等效变换的方法求习题图 2.7 所示电路中流过 5Ω 的电流 I。

2-8 利用支路电流法求习题图 2.8 所示电路中的电流 I。

2-9 利用支路电流法求习题图 2.9 所示电路中的 I_2、I_3、R_3，已知 $U_{S1} = 12\ \text{V}$、$U_{S2} = 10\ \text{V}$、$R_1 = 2\ \Omega$、$R_2 = 1\ \Omega$、$I_1 = 5\ \text{A}$。

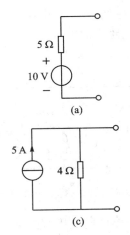
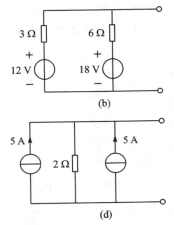

习题图 2.5　题 2-5 电路图

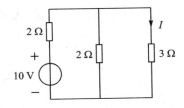
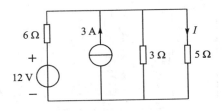

习题图 2.6　题 2-6 电路图　　　　习题图 2.7　题 2-7 电路图

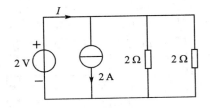
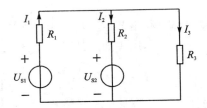

习题图 2.8　题 2-8 电路图　　　　习题图 2.9　题 2-9 电路图

2-10　求解习题图 2.10 所示电路中的电压 U。

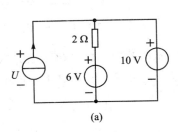
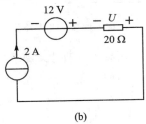

习题图 2.10　题 2-10 电路图

2-11 利用网孔电流法求习题图 2.11 所示电路中各支路电流。

2-12 利用网孔电流法求习题图 2.12 所示电路中的电流 I_1 和 I_2。

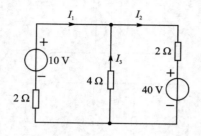

习题图 2.11 题 2-11 电路图

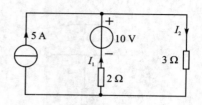

习题图 2.12 题 2-12 电路图

2-13 利用节点电压法求习题图 2.13 所示电路中的电压 U_{ao}。

2-14 利用节点电压法求习题图 2.14 所示电路中流过 5Ω 电阻的电流 I。

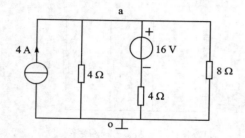

习题图 2.13 题 2-13 电路图

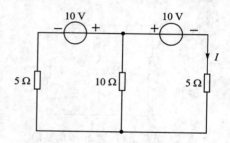

习题图 2.14 题 2-14 电路图

2-15 利用节点电压法求习题图 2.15 所示电路中流过 2Ω 电阻的电流 I。

2-16 利用叠加原理求习题图 2.16 所示电路中流过 10Ω 电阻的电流 I。

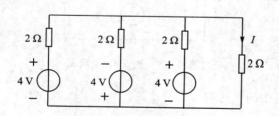

习题图 2.15 题 2-15 电路图

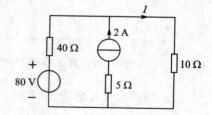

习题图 2.16 题 2-16 电路图

2-17 利用叠加定理求习题图 2.17 所示电路中 2Ω 电阻两端的电压 U。

2-18 利用叠加定理求习题图 2.18 所示电路中流过 2Ω 电阻的电流 I。

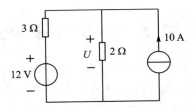
习题图 2.17　题 2-17 电路图

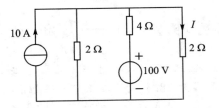
习题图 2.18　题 2-18 电路图

2-19　利用戴维宁定理求习题图 2.19 所示电路中流过 6 Ω 电阻的电流 I。

2-20　利用戴维宁定理求习题图 2.20 所示电路中 1Ω 电阻两端的电压 U。

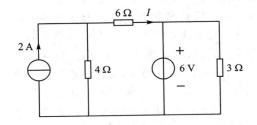
习题图 2.19　题 2-19 电路图

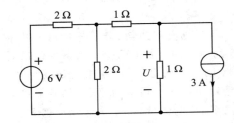
习题图 2.20　题 2-20 电路图

2-21　利用戴维宁定理求习题图 2.21 所示电路中流过 4 Ω 电阻的电流 I。

2-22　利用诺顿定理求习题图 2.22 所示电路中流过 4Ω 电阻的电流 I。

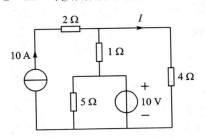
习题图 2.21　题 2-21 电路图

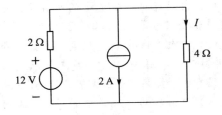
图 2.22　题 2-22 电路图

2-23　利用诺顿定理求习题图 2.23 所示电路中流过 2 Ω 电阻的电流 I。

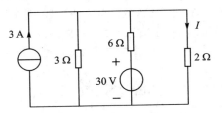
习题图 2.23　题 2-23 电路图

拓展推广——飞机直流电源系统的发展概况

20世纪40年代以前的飞机上,普遍采用6 V或12 V的直流电源系统,随后逐渐发展成为28.5 V的低压直流供电系统并采用航空蓄电池作为应急电源。低压直流供电系统的主电源由航空发电机直接传动的直流发电机和相应的电压调节、控制保护装置等组成。该系统的突出优点是结构简单,可采用启动发电机以减轻设备的重量,并联、控制、保护都比较方便易行;缺点主要是直流发电机的电刷与换向器限制了电机转速,进而限制了电机的最大容量。

随着飞机用电设备和用电功率的大幅增加,电源的安装容量可达几十甚至几百千瓦。如果继续沿用28.5 V低压直流供电系统,系统的容量和体积将增加很多。以飞机供电电网为例,若低压传输大功率电流,将导致电网导线很粗很重。对于有刷直流发电机来说,由于受换向条件的限制,电压不能过高,导致重量也比较大,例如功率为18 kW的ZF-18航空直流发电机,重量为41 kg,而相同功率的交流发电机的重量则小很多。因此,现役飞机多采用交流电源系统,飞机上的直流电源主要由变压整流器、控制保护器、直流电源控制盒、直流电流电压指示器、地面电源插座和告警灯等部分组成,用来实现将115 V/400 Hz的三相交流电变换为28.5 V的直流电。

随着现代科学技术的高速发展,发达国家的飞机制造公司提出了发展飞机高压直流供电系统的方案。该系统由于电压得以提高,使得配电系统重量减轻,同时还保留了低压直流供电系统的许多优点,能够适应机电作动系统和全电飞机发展的需求。

根据美国海军的研究成果,飞机高压直流与传统的400 Hz交流相比,具有以下优点:

(1) 由变速交流发电机的交流输出电源转换为270 V直流,技术上并不复杂,并且实现较小尺寸和重量以及更高的效率,综合的效果是减少燃料消耗。

(2) 一个双导线直流配电系统比一个3相115/200 V交流、400 Hz类型重量更轻,并且对电磁脉冲(EMP)更不敏感。

(3) 由于提高了电压调节的效率,高压直流更适于用电设备电力供应。

(4) 使用反向电流二极管模块并联的直流系统,能够更可靠、较简单地获得不间断电源。通过研究发现,就人身安全方面而言,相比与传统的400 Hz交流系统,270 V直流更为安全。

20世纪70年代末期,某些国外飞机制造公司在新型飞机上采用了270 V高压直流电/恒频变流电/变频变流电的混合电系统。例如F-22战斗机上就使用了这种电源系统,其270 V直流电由2台65 kW高压直流发电机提供;115 V/200 V恒频交流电由2台6 kV·A的DC/AC变换器提供;28 V低压直流由4台2.1 kW的DC/DC变换器提供。

思考题

(1) 简述飞机直流电源的发展趋势?

(2) 高压直流与传统的400 Hz相比,其优点有哪些?

第3章 一阶动态电路

本章从电感和电容的基本特征以及一阶动态电路的过渡过程等概念出发,对 RC 和 RL 电路进行分析,说明电路过渡过程产生的原因。重点讲述换路定则、一阶动态电路的零输入响应、零状态响应、全响应以及三要素法。

1. 应用实例之一:汽车点火电路

汽车点火系统是基于 RLC 电路暂态响应的原理工作的。汽车点火系统如应用实例图 1 所示。核心器件为火花塞装置,基本构成是一个由空气间隔隔开的电极对,基本原理为通过电极间施加高电压产生电火花,点燃燃气缸中的油气混合物。高电压是如何产生的呢?通过开关动作在点火电感线圈中产生一个快速变化的电流,由于电感两端的电压是 $u = L\dfrac{\mathrm{d}i}{\mathrm{d}t}$,故当开关打开瞬间时,电感两端产生高电压,在空气间隙中引起电火花或电弧。

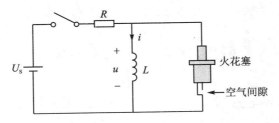

应用实例图 1　汽车点火系统电路

2. 应用实例之二:闪光灯电路

电子闪光单元是 RC 电路的一个常用实例。闪光单元的应用场合十分广泛,如照相机在光线较暗条件下照相,某些特殊场合使用闪光灯作为危险警告灯,如应用实例图 2 所示,为闪关灯简化电路。电路中的闪关灯当两端电压达到 $U_{\max}$ 时导通,可等效为一个电阻;当两端电压低于 $U_{\min}$ 时截止,处于开路状态。工作过程简要描述如下:首先,当闪关灯开路时,直流电源通过电阻给电容器充电,当闪关灯两端电压升

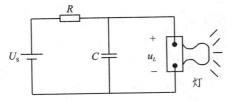

应用实例图 2　闪光灯电路

至 U_{max} 时,闪光灯导通,电容器通过闪光灯放电;当闪光灯两端电压降至 U_{min} 时,闪光灯开路,电容又重新开始充电。

3.1 电路的基本元件

3.1.1 电阻元件

1. 电阻元件

物体对电流的阻碍作用,称为该物体的电阻。电阻用符号 R 表示,单位是 Ω(欧姆)。电阻元件的图形符号如图 3.1.1 所示。

电阻的倒数称为电导,是表征材料导电能力的一个参数,用符号 G 表示,即

$$G = \frac{1}{R} \tag{3.1.1}$$

电导的单位是 S(西门子,简称西)。R 和 G 都是电阻元件的参数。

2. 电阻元件上电压、电流的关系

根据电阻元件上电压和电流参考方向是否关联,在欧姆定律的表达式中可带有正号或负号。当 u、i 为关联参考方向如图 3.1.1(a)所示时,则

$$u = Ri \tag{3.1.2}$$

当 u、i 为非关联参考方向时,如图 3.1.1(b)所示,则

$$u = -Ri \tag{3.1.3}$$

图 3.1.1 电阻元件的图形符号

在任何时刻,两端电压与其流过电流的关系都服从欧姆定律的电阻元件叫做线性电阻元件。由于电压单位是伏特,电流单位是安培,所以,线性电阻元件上电压与电流关系常称为伏安特性。线性电阻元件的伏安特性曲线是一条通过坐标原点的直线,如图 3.1.2 所示。

一个线性电阻元件的端电压不论为何值,流过它的电流恒为零值,就把它称为"开路"。开路的伏安特性曲线在 $u-i$ 平面上与电压轴重合,它相当于 $R=\infty$ 或 $G=0$,如图 3.1.3(a)所示。如果电路的一对端子 1—1′ 之间成断开状态(见图 3.1.3(c)),这相当于 1—1′ 接有 $R=\infty$ 的电阻,此时称 1—1′ 处于

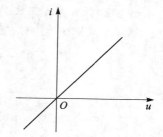

图 3.1.2 电阻元件的伏安特性

"开路"。

一个线性电阻元件的电流不论为何值,其端电压恒为零值,就把它称为"短路"。短路的伏安特性曲线在 u—i 平面上与电流轴重合,它相当于 $R=0$ 或 $G=\infty$,如图 3.1.3(b) 所示。如果电路的一对端子 1—$1'$ 用理想导线连接起来(见图 3.1.3(d)),称端子 1—$1'$ 被"短路"。

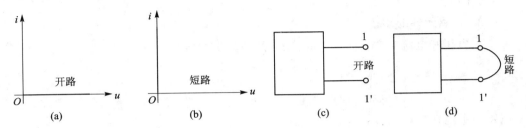

图 3.1.3 开路和短路的伏安特性曲线

3. 电阻元件的功率

若 u、i 为关联参考方向,则电阻 R 上消耗的功率为

$$p = ui = (Ri)i = Ri^2 \tag{3.1.4}$$

若 u、i 为非关联参考方向,则

$$p = -ui = (-Ri)i = Ri^2 \tag{3.1.5}$$

电阻元件的功率恒为非负值,说明电阻总是消耗功率,而与其上的电流、电压方向无关。电阻元件是一种耗能元件。

3.1.2 电感元件

1. 电感元件

导线绕制的线圈在工程上广泛应用,例如,在电子电路中常用的空心或带有铁芯的高频线圈,电磁铁或变压器含有在铁芯上绕制的线圈等。当一个线圈通入交流电流后,产生随时间变化的磁场,变化的磁场在线圈中就产生感应电压。电感元件是实际线圈的一种理想化模型,其元件特性是磁通链与电流的线性关系,即

$$\Psi = Li$$

电感用大写字母 L 表示,其图形符号如图 3.1.4 所示。电感的国际单位为 H(亨利,简称亨)。实际应用中常用 mH 和 μH 等。

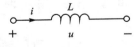

图 3.1.4 电感的图形符号

2. 电感元件上电压、电流的关系

当磁通链随时间变化时,在线圈的端子间产生感应电压,其大小为

$$u = \frac{d\Psi}{dt} = L\frac{di}{dt} \tag{3.1.6}$$

式(3.1.6)中,电压 u 与磁通链 Ψ 成右手螺旋关系。电感元件的伏安关系式为

$$u = L \frac{di}{dt} \tag{3.1.7}$$

电感的端电压和流过电感的电流的变化率成正比。当流过电感的电流发生变化时,电感上才会产生电压。当流过电感的电流不随时间变化时,电压为零。在直流情况下电感电流恒定,其电压为零,相当于短路,或者说电感起导通直流电流(简称导直)的作用。

3. 电感元件的功率

当电压和电流参考方向关联时,电感元件吸收的功率为

$$p = ui = Li \frac{di}{dt} \tag{3.1.8}$$

若 $p > 0$,则电感元件吸收能量;若 $p < 0$,则电感元件发出能量。电感在直流电路中不消耗功率。

电感元件吸收的能量为

$$W_L = \int_0^t p\,dt = \int_0^t Li\,\frac{di}{dt} = \frac{1}{2}Li^2 \tag{3.1.9}$$

电感元件吸收的能量以磁场能量的形式储存在元件中。当电感元件上的电流增大时,磁场能量增大,电感元件从电源取用能量(充电);当电流降低时,磁场能量减小,即电感元件向电源返还能量(放电)。电感元件在充电时储存起来的能量一定在放电完毕时全部释放,它不消耗能量,所以电感是储能元件。同时,电感元件不会释放出多于它吸收或储存的能量,所以它也是一种无源元件。

3.1.3 电容元件

1. 电容元件

电容器是一种能储存电荷或者储存电场能量的器件。电容器虽然品种、规格各异,但就其构成原理来说,都是由间隔不同绝缘介质(云母、绝缘纸、空气等)的两块金属板组成。当通过电源给两极板加上电压后,两极板上分别聚集起等量的正、负电荷,并在介质中建立电场而具有电场能。将电源移去后,电荷可继续聚集在极板上,电场继续存在。电容元件就是电容器的电路模型。

电容的大小与电容器存储的电荷 q 以及电容器两端的电压 u 有关,即

$$q = Cu \tag{3.1.10}$$

电容用大写字母 C 表示,其图形符号如图 3.1.5 所示。电容的单位为 F(法拉),实际应用中常用 μF(微法)和 pF(皮法)等。

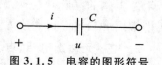

图 3.1.5 电容的图形符号

2. 电容元件上电压、电流的关系

当电容元件上电荷 q 或电压 u 发生变化时,则在电路中引起电流

$$i = \frac{dq}{dt} = C\frac{du}{dt} \tag{3.1.11}$$

式(3.1.11)是在 u、i 参考方向关联(见图 3.1.5)的情况下得出的。若 u、i 参考方向非关联,则电容元件的伏安关系为

$$i = -C\frac{du}{dt} \tag{3.1.12}$$

流过电容的电流和电容电压的变化率成正比。当电容的端电压发生变化时,电容上才会有电流流过;当电压不随时间变化时,电流为零。在直流情况下电容的端电压恒定,电流为零,相当于开路,或者说电容起隔断直流电流(简称隔直)的作用。

3. 电容元件的功率

当电压和电流参考方向关联时,电容元件吸收的功率为

$$p = ui = Cu\frac{du}{dt} \tag{3.1.13}$$

若 $p > 0$,则电容元件吸收能量,即充电过程;若 $p < 0$,则电容元件发出能量,即放电过程。电容元件在直流电路中不消耗功率。

电容元件吸收的能量为

$$W_C = \int_0^t p\,dt = \int_0^t Cu\frac{du}{dt} = \frac{1}{2}Cu^2 \tag{3.1.14}$$

电容元件吸收的能量以电场能量的形式储存在元件中。当电容元件上的电压增高时,电场能量增大,电容元件从电源取用能量(充电);当电压降低时,电场能量减小,即电容元件向电源返还能量(放电)。电容元件在充电时储存起来的能量一定在放电完毕时全部释放,它不消耗能量,所以电容是储能元件。同时,电容元件不会释放出多于它吸收或储存的能量,所以它也是一种无源元件。

3.2 换路定则

第 1 章中介绍的电阻电路,在电路接通、断开电源或者电路的结构及某些参数发生变化时,电路立即处于稳定状态(简称稳态)。但如果电路中包含电容、电感元件时,一旦出现了上述电路变化,电路需要经过一定的过渡时间才能达到新的稳态。本章就是讨论这种含有电容元件或电感元件的动态电路。研究动态电路就是分析电路在过渡过程中电路中电流、电压的变化情况。在认识和掌握了这种客观物理现象之后,才能充分利用它的特性,例如利用动态电路来产生锯齿波、三角波等特定的波形信号。同时,也可以避免动态过程中产生的危害,例如动态过程中产生的过电压或过电流对电气设备造成的损害。

换路是由于电路的接通、断开、短路、电压改变或参数改变所引起的,换路之后,动态电路的工作状态就发生了变化,将从一个稳态经过一段时间的过渡过程达到另一个稳态。那么,动态电路为什么会出现过渡过程呢?这是因为电容元件或电感元

件都是储能元件,换路之后电路中的能量发生了变化,根据 $p = \dfrac{dW}{dt}$,能量是不能跃变的,能量的变化总是需要一定的时间来完成,否则功率将达到无穷大,这是与实际相悖的。因此,电感元件中储有的磁场能 $\dfrac{1}{2}Li_L^2$ 不能跃变,表现为电感元件中的电流 i_L 不能跃变;电容元件中储有的电能 $\dfrac{1}{2}Cu_C^2$ 不能跃变,表现为电容元件上的电压 u_C 不能跃变。可见,电路的暂态过程是由于储能元件的能量不能跃变而产生的。

定义 $t = 0$ 时刻为换路瞬间,而以 $t = 0_-$ 表示换路前的最终时刻(这时电路仍处于换路前的稳定状态,换路即将发生),$t = 0_+$ 表示换路后的初始瞬间。0_- 和 0_+ 在数值上都等于 0,但是,前者是指 t 从负值趋近于零,后者是指 t 从正值趋近于零。从 $t = 0_-$ 到 $t = 0_+$ 瞬间,电感元件中的电流和电容元件上的电压不能跃变,这称为换路定则。如用公式表示,则为

$$\left. \begin{array}{l} i_L(0_+) = i_L(0_-) \\ u_C(0_+) = u_C(0_-) \end{array} \right\} \qquad (3.2.1)$$

需要注意的是:

(1) 换路定则仅适用于换路瞬间,可根据它来确定 $t = 0_+$ 时电路中电压和电流,即暂态过程的初始值;

(2) 只有电容两端的电压 u_C 与电感上的电流 i_L 不能跃变。

【例 3.2.1】 如图 3.2.1(a)所示的电路,开关 S 原处于闭合状态,电路已达稳态,求开关 S 打开后各电压、电流的初始值。

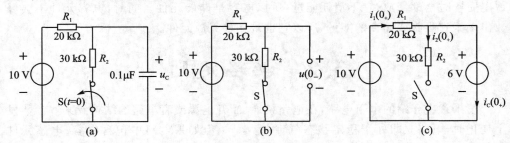

图 3.2.1 【例 3.2.1】的电路

解: 图 3.2.1(b)所示为 $t = 0_-$ 时的等效电路图。在 $t = 0_-$ 时,电路仍处于开关打开前的稳态,电容元件可视作开路,$U_C(0_-)$ 为

$$u_C(0_-) = \dfrac{10 \text{ V}}{30 \text{ k}\Omega + 20 \text{ k}\Omega} \times 30 \text{ k}\Omega = 6 \text{ V}$$

根据换路定则可得

$$u_C(0_+) = u_C(0_-) = 6 \text{ V}$$

图 3.2.1(c)所示为 $t = 0_+$ 时的等效电路图。电容元件可视为 6 V 的恒压源。

$$i_2(0_+) = 0 \text{ A}$$

$$i_1(0_+) = i_C(0_+) = \frac{10 \text{ V} - 6 \text{ V}}{20 \text{ k}\Omega} = 0.2 \text{ mA}$$

$$u_{R1}(0_+) = R_1 i_1(0_+) = 4 \text{ V}$$

【例 3.2.2】 如图 3.2.2（a）所示的电路，已知在开关闭合前，电路已处于稳态。求在开关闭合后，各电压、电流的初始值。

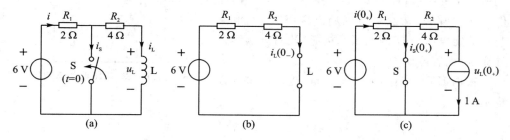

图 3.2.2 【例 3.2.2】的电路

解：图 3.2.2（b）所示为 $t = 0_-$ 时的等效电路图。在 $t = 0_-$ 时，电路仍处于开关闭合前的稳态，电感元件可视作短路，则

$$i_L(0_-) = \frac{6 \text{ V}}{2 \text{ }\Omega + 4 \text{ }\Omega} = 1 \text{ A}$$

根据换路定则可得

$$i_L(0_+) = i_L(0_-) = 1 \text{ A}$$

图 3.2.2（c）所示为 $t = 0_+$ 时的等效电路图。电感元件可视为 1 A 的恒流源。

$$i(0_+) = \frac{6 \text{ V}}{2 \text{ }\Omega} = 3 \text{ A}, \quad i_S(0_+) = 3 \text{ A} - 1 \text{ A} = 2 \text{ A}$$

$$u_L(0_+) = -1 \times 4 \text{ V} = -4 \text{ V}$$

由以上两例可以看出，换路前后只有电容电压和电感电流不发生跃变，其余初始值均可能发生跃变，具体要通过 $t = 0_+$ 时刻的电路进行分析。

确定初始条件的步骤为：

(1) 画出 $t = 0_-$ 时刻的等效电路图，求解 $u_C(0_-)$、$i_L(0_-)$。

(2) 根据换路定则确定出 $u_C(0_+)$、$i_L(0_+)$。

(3) 根据已求得的 $u_C(0_+)$ 和 $i_L(0_+)$，画出 $t = 0_+$ 时的等效电路。即将电容元件用电压等于 $u_C(0_+)$ 的电压源替代（未储能时则相当于短路），电感元件用电流等于 $i_L(0_+)$ 的电流源替代（未储能时则相当于开路），求解该直流电阻电路，从而确定其余相关的初始条件。

3.3 一阶 RC 电路的响应

一阶 RC 电路的响应实际上就是研究一阶 RC 电路的暂态过程，即根据激励，通过求解电路的微分方程得出电路的响应。

3.3.1 一阶 RC 电路的零状态响应

RC 电路的零状态,是指换路前电容元件未储有能量,$u_C(0_-) = 0$ V。在此条件下,由电源激励所产生的响应,称为 RC 电路的零状态响应,如图 3.3.1 所示。在 $t = 0$ 时将开关 S 闭合,电路与一恒定电压为 U 的电压源接通,开始对电容元件充电,电容电压为 u_C。

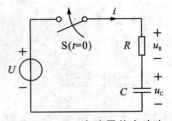

图 3.3.1 RC 电路零状态响应

根据 KVL 定律,列出 $t \geqslant 0$ 时电路的微分方程为

$$U = Ri + u_C = RC\frac{du_C}{dt} + u_C \tag{3.3.1}$$

该方程为一阶线性非齐次常系数微分方程。方程的解有两个部分:一个是特解 u'_C,一个是补函数(通解) u''_C。

特解 u'_C 取电路的稳态值,即 $u'_C = u_C(\infty) = U$,称为稳态分量。

通解 u''_C 是齐次微分方程 $RC\frac{du_C}{dt} + u_C = 0$ 的通解,即 $u''_C = Ae^{pt}$,称为暂态分量。

代入上式,得特征方程

$$RCp + 1 = 0 \tag{3.3.2}$$

其根为

$$p = -\frac{1}{RC} = -\frac{1}{\tau} \tag{3.3.3}$$

式中,$\tau = RC$ 具有时间的量纲,单位为 s,称为 RC 电路的时间常数。

式(3.3.1)的通解为

$$u_C = u'_C + u''_C = U + Ae^{-\frac{t}{\tau}} \tag{3.3.4}$$

电容电压初始值 $u_C(0_+) = 0$ V,则 $A = -U$,于是有

$$u_C = U - Ue^{-\frac{t}{\tau}} = U(1 - e^{-\frac{t}{\tau}}) \tag{3.3.5}$$

其随时间的变化曲线如图 3.3.2(a)所示。

从指数曲线可以看出,开始变化较快,而后逐渐缓慢。所以,实际上经过 $t = 5\tau$ 的时间,就可认为到达稳态了,见表 3.3.1 所列。时间常数 τ 愈大,u_C 增长愈慢。因此,改变电路的时间常数,即改变 R 或 C 的数值,就可以改变电容元件充电的快慢。

电容元件的电流 i 为

$$i = C\frac{du_C}{dt} = \frac{U}{R}e^{-\frac{t}{\tau}} \tag{3.3.6}$$

电阻元件 R 上的电压为

$$u_R = Ri = Ue^{-\frac{t}{\tau}} \tag{3.3.7}$$

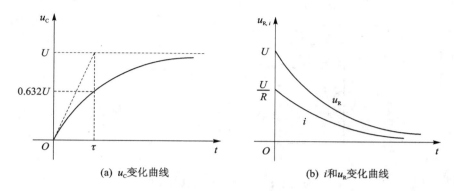

(a) u_C 变化曲线　　　　(b) i 和 u_R 变化曲线

图 3.3.2　RC 电路的零状态响应曲线

i 和 u_R 随时间变化的曲线如图 3.3.2(b)所示。

表 3.3.1　$e^{-\frac{t}{\tau}}$ 随时间而衰减

时间常数	τ	2τ	3τ	4τ	5τ	6τ
指数	e^{-1}	e^{-2}	e^{-3}	e^{-4}	e^{-5}	e^{-6}
U_C	0.368	0.135	0.050	0.018	0.007	0.002

【例 3.3.1】 在图 3.3.3 所示的电路中，$u_C(0_-) = 0$ V。试求：$t \geqslant 0$ 时的 $u_C(t)$。

解：根据换路定则得

$$u_C(0_+) = u_C(0_-) = 0 \text{ V}$$
$$u_C(\infty) = U_S = 10 \text{ V}$$

等效电阻　$R_{eq} = 10 \text{ }\Omega$

$$\tau = R_{eq}C = 10 \text{ }\Omega \times 1 \times 10^{-6} \text{ s} = 10^{-5} \text{ s}$$
$$u_C(t) = U_S(1 - e^{-\frac{t}{\tau}})$$
$$= 10(1 - e^{-\frac{t}{10^{-5}}}) \text{ V} = (10 - 10e^{-\frac{t}{10^{-5}}}) \text{ V}$$

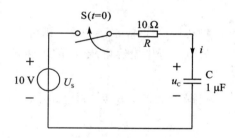

图 3.3.3　【例 3.3.1】电路图

3.3.2　一阶 RC 电路的零输入响应

一阶 RC 电路的零输入响应是指无电源激励时，也即输入信号为零，仅由电容元件的初始储能所产生的电路响应。图 3.3.4(a)所示的 RC 电路，换路前电路已经处于稳态。在 $t = 0$ 时开关 S 由 1 合到 2，具有初始电压 U_0 的电容 C 通过电阻 R 进行放电如图 3.3.4(b)所示。

根据 KVL 可得

$$u_R - u_C = 0 \qquad\qquad (3.3.8)$$

$u_R = Ri$，$i = -\dfrac{du_C}{dt}$，电路的微分方程为

$$RC\frac{du_C}{dt} + u_C = 0 \tag{3.3.9}$$

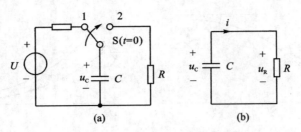

图 3.3.4 RC 电路的零输入响应

初始条件 $u_C(0_+) = u_C(0_-) = U_0$，此方程的通解为 $u_C = Ae^{pt}$，代入式(3.3.9)可得

$$(RCp + 1)Ae^{pt} = 0 \tag{3.3.10}$$

相应的特征方程为

$$RCp + 1 = 0 \tag{3.3.11}$$

特征根为：

$$p = -\frac{1}{RC} \tag{3.3.12}$$

将初始值代入 $u_C = Ae^{pt}$，则可求得积分常数 $A u_C(0_+) = U_0$。

放电过程中电容电压 u_C 的表达式为

$$u_C = u_C(0_+)e^{-\frac{1}{RC}t} = U_0 e^{-\frac{1}{RC}t} \tag{3.3.13}$$

根据图 3.3.4(b) 可知，电路中的电流和电阻上的电压分别为

$$i = \frac{u_R}{R} = \frac{U_0}{R}e^{-\frac{t}{RC}} \tag{3.3.14}$$

$$u_R = u_C = U_0 e^{-\frac{1}{RC}t} \tag{3.3.15}$$

电压 u_R、u_C 和电流 i 都是按照同样的指数规律衰减的。它们衰减的快慢取决于时间常数 $\tau = RC$ 的大小，即取决于电路的结构和元件的参数。τ 越大，衰减就越慢；τ 越小，衰减就越快。

引入 τ 后，电压 u_C、u_R 和电流 i 可以分别表示为

$$u_C = u_R = U_0 e^{-\frac{t}{\tau}} \tag{3.3.16}$$

$$i = \frac{U_0}{R}e^{-\frac{t}{\tau}} \tag{3.3.17}$$

u_C、u_R 和 i 随时间变化的曲线如图 3.3.5 (a)、(b) 所示。

【例 3.3.2】 电路如图 3.3.6 所示，开关 S 闭合前电路已处于稳定状态。在 $t = 0$ 时，将开关闭合，试求 $t \geq 0$ 时电压 $u_C(t)$。

解：开关闭合之前，电路已经处于稳定状态。

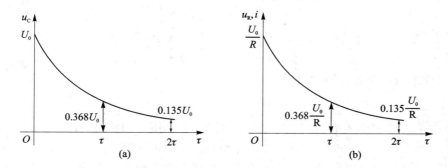

图 3.3.5 RC 电路的零输入响应曲线

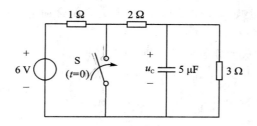

图 3.3.6 【例 3.3.2】的电路

$$u_C(0_-) = \frac{6\text{ V}}{1\text{ }\Omega + 2\text{ }\Omega + 3\text{ }\Omega} \times 3\text{ }\Omega = 3\text{ V}$$

根据换路定则可得

$$u_C(0_+) = u_C(0_-) = 3\text{ V}$$

换路以后($t \geqslant 0$),6 V 电压源与 1 Ω 电阻串联的支路被开关短路,对右边的电路不起作用。这时,电容器经两支路放电。

$$R_{eq} = \frac{2 \times 3}{2+3}\text{ }\Omega = \frac{6}{5}\text{ }\Omega$$

时间常数为

$$\tau = \frac{6}{5} \times 5 \times 10^{-6}\text{ s} = 6 \times 10^{-6}\text{ s}$$

所以

$$u_C(t) = 3 \times e^{-\frac{10^6}{6}t}\text{ V} = 3 \times e^{-1.7 \times 10^5 t}\text{ V}$$

3.3.3 一阶 RC 电路的全响应

RC 电路的全响应,是指电源激励和电容元件的初始状态 $u_C(0_+)$ 均不为零时电路的响应,也就是零输入响应和零状态响应两者的叠加。

在图 3.3.1 所示的电路中,已知电源电压为 U,电容电压初始值 $u_C(0_-) = U_0$。$t \geqslant 0$ 时电路的微分方程与式(3.3.1)相同,由此可得

$$u_C = u'_C + u''_C = U + A e^{-\frac{1}{RC}t} \tag{3.3.18}$$

在 $t = 0_+$ 时,$u_C(0_+) = U_0$,则 $A = U_0 - U$。所以

$$u_C = U + (U_0 - U)e^{-\frac{t}{\tau}} \tag{3.3.19}$$

式中，U 为稳态分量；$(U_0 - U)e^{-\frac{t}{\tau}}$ 为暂态分量。于是全响应可以表示为

$$全响应 = 稳态分量 + 暂态分量$$

式(3.3.19)经过改写后可得

$$u_C = U_0 e^{-\frac{t}{\tau}} + U(1 - e^{-\frac{t}{\tau}}) \tag{3.3.20}$$

式中，$U_0 e^{-\frac{t}{\tau}}$ 是零输入响应；$U(1 - e^{-\frac{t}{\tau}})$ 是零状态响应。于是全响应可以表示为：

$$全响应 = 零输入响应 + 零状态响应$$

因此，全响应可以看做是零输入响应与零状态响应两者的叠加；也可以看成是稳态分量与暂态分量两者的叠加。

【例 3.3.3】 电路如图 3.3.7 所示，在开关 S 闭合前电路已经处于稳定状态，求开关闭合后的电压 $u_C(t)$。

解：方法一：全响应 = 稳态分量 + 暂态分量，即

$$u_C(0_+) = u_C(0_-) = 54 \text{ V}$$

换路后的稳态分量为 $\dfrac{54 \text{ V}}{6 \text{ k}\Omega + 3 \text{ k}\Omega} \times 3 \text{ k}\Omega = 18 \text{ V}$

等效电阻为 $R_{eq} = \dfrac{6 \text{ k}\Omega \times 3 \text{ k}\Omega}{6 \text{ k}\Omega + 3 \text{ k}\Omega} = 2 \text{ k}\Omega$

时间常数为 $\tau = R_{eq}C = 2 \text{ k}\Omega \times 2 \times 10^{-6} \mu\text{F} = 4 \text{ ms}$

暂态分量为 $(54 - 18)e^{-\frac{t}{\tau}} = 36 e^{-\frac{t}{0.004 \text{ s}}} = 36 e^{-250 t} \text{ V}$

全响应为 $u_C(t) = (18 + 36 e^{-250 t}) \text{ V}$

方法二：全响应 = 零输入响应 + 零状态响应，即

$$u_C(0_+) = u_C(0_-) = 54 \text{ V}$$

时间常数为 $\tau = R_{eq}C = 2 \text{ k}\Omega \times 2 \times 10^{-6} \mu\text{F} = 4 \text{ ms}$

零输入响应为 $54 e^{-\frac{t}{\tau}} = 54 e^{-\frac{t}{0.004 \text{ s}}} = 54 e^{-250 t} \text{ V}$

换路后根据戴维宁定理可得如图 3.3.8 所示电路，零状态响应为

$$18(1 - e^{-250 t}) \text{ V}$$

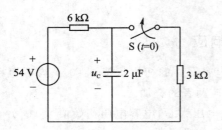
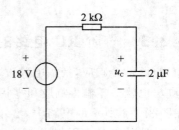

图 3.3.7 【例 3.3.3】的电路　　　　图 3.3.8

全响应为　$u_C(t) = 54 e^{-250 t} \text{ V} + 18(1 - e^{-250 t}) \text{ V} = 54 e^{-250 t} \text{ V} + (18 - 18 e^{-250 t}) \text{ V}$

$= (18 + 36\,\mathrm{e}^{-250\,t})$ V。

3.4 一阶 RL 电路的响应

一阶 RL 电路的响应实际上就是研究一阶 RL 电路的暂态过程，即根据激励，通过求解电路的微分方程得出电路的响应。

3.4.1 一阶 RL 电路的零状态响应

RL 电路的零状态，是指换路前电感元件未储有能量，$i_L(0_-) = 0$ A。在此条件下，由电源激励所产生的响应，称为 RL 电路的零状态响应。

图 3.4.1 所示是一 RL 串联电路，换路前电感元件未储能。在 $t = 0$ 时将开关 S 合到位置 1 上，电路即与一恒定电压为 U 的电压源接通，开始对电感元件充电，流过电感的电流为 i_L。

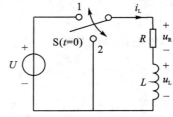

图 3.4.1 RL 电路的零状态响应

根据 KVL 定律，列出 $t \geqslant 0$ 时电路的微分方程

$$U = Ri + L\frac{\mathrm{d}i_L}{\mathrm{d}t} \tag{3.4.1}$$

采用与 3.3.1 节同样的求解方法，可得到通解为

$$i_L = \frac{U}{R} - \frac{U}{R}\mathrm{e}^{-\frac{R}{L}t} = \frac{U}{R}(1 - \mathrm{e}^{-\frac{t}{\tau}}) \tag{3.4.2}$$

从式(3.4.2)可以看出，i_L 是由稳态分量和暂态分量相加而得。电路的时间常数为：$\tau = \dfrac{L}{R}$，单位是 s。i_L 随时间变化的曲线如图 3.4.2(a)所示。

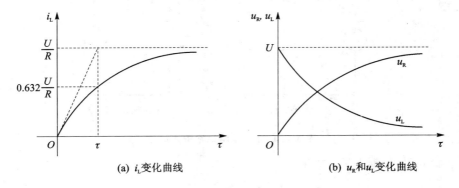

(a) i_L 变化曲线 (b) u_R 和 u_L 变化曲线

图 3.4.2 RL 电路的零状态响应曲线

由式(3.4.2)可得出 $t \geqslant 0$ 时电阻元件和电感元件上的电压分别为

$$u_R = Ri_L = U(1-e^{-\frac{t}{\tau}}) \qquad (3.4.3)$$

$$u_L = L\frac{di_L}{dt} = Ue^{-\frac{t}{\tau}} \qquad (3.4.4)$$

它们随时间变化的曲线如图3.4.2(b)所示。

【例3.4.1】 电路如图3.4.3所示,试求 $t \geqslant 0$ 时的电流 i_L。开关闭合前电感未储能。

解:根据换路定则可知

$$i_L(0_+) = i_L(0_-) = 0 \text{ A}$$

换路后电路达到稳态时

$$i_L(\infty) = \frac{15}{3}\text{A} = 5 \text{ A}$$

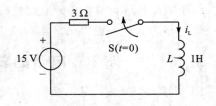

图3.4.3 【例3.4.1】电路

时间常数为

$$\tau = \frac{L}{R} = \frac{1\text{ H}}{3\text{ }\Omega} = \frac{1}{3}\text{s}$$

根据零状态响应公式　$i_L(t) = 5 \times \left(1-e^{-\frac{t}{\frac{1}{3}}}\right) \text{ A} = 5 \times (1-e^{-3t}) \text{ A}$

3.4.2　一阶RL电路的零输入响应

RL电路的零输入是指没有电源激励,输入信号为零。在此条件下,由电感元件的初始状态 $i_L(0_+)$ 所产生的响应,称为RL电路的零输入响应。

图3.4.4(a)所示为一阶RL电路,换路前电路已经处于稳态,电路接通电源后,电感电流的初始值为 $i_L(0_+) = I_0 = \frac{U}{R_0}$。在 $t=0$ 时开关S由1合到2,具有初始电流 I_0 的电感 L 通过电阻 R 进行放电,如图3.4.4(b)所示。

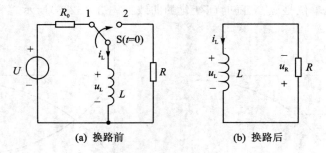

(a) 换路前　　　　　　　　(b) 换路后

图3.4.4　RL电路的零输入响应

$t \geqslant 0$ 时,根据KVL可得

$$u_R + u_L = 0 \qquad (3.4.5)$$

$u_R = Ri_L, u_L = L\frac{di_L}{dt}$,电路的微分方程为

$$Ri_L + L\frac{di_L}{dt} = 0 \tag{3.4.6}$$

参照 3.3.2 节的求解方法,通过类比可知

$$i_L = i_L(0_+)e^{-\frac{R}{L}t} = I_0 e^{-\frac{R}{L}t} \tag{3.4.7}$$

式中 $\tau = \dfrac{L}{R}$,则

$$i_L = I_0 e^{-\frac{t}{\tau}} \tag{3.4.8}$$

τ 称为 RL 电路的时间常数,τ 的单位为 s。

电阻和电感上电压分别为

$$u_R = Ri_L = RI_0 e^{-\frac{t}{\tau}} \tag{3.4.9}$$

$$u_L = L\frac{di_L}{dt} = -RI_0 e^{-\frac{t}{\tau}} \tag{3.4.10}$$

图 3.4.5 所示曲线分别为 i_L、u_L 和 u_R 随时间变化的曲线。

【例 3.4.2】 电路如图 3.4.6 所示,换路前电路已处于稳态。试求 $t \geqslant 0$ 时的电流 i_L。

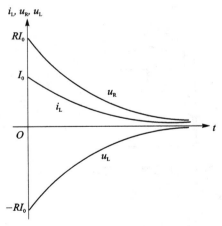

图 3.4.5 RL 电路的零输入响应曲线

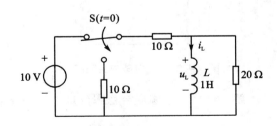

图 3.4.6 【例 3.4.2】电路

解: 换路以前电路已处于稳定状态,则

$$i_L(0_-) = \frac{10\text{ V}}{10\text{ }\Omega} = 1\text{ A}$$

根据换路定则可得出 $i_L(0_+) = i_L(0_-) = 1\text{ A}$

等效电阻为 $R_{eq} = (10\text{ }\Omega + 10\text{ }\Omega)//20\text{ }\Omega = \dfrac{(10\text{ }\Omega + 10\text{ }\Omega) \times 20\text{ }\Omega}{10\text{ }\Omega + 10\text{ }\Omega + 20\text{ }\Omega} = 10\text{ }\Omega$

时间常数为 $\tau = \dfrac{L}{R_{eq}} = \dfrac{1\text{ H}}{10\text{ }\Omega} = 0.1\text{ s}$

根据零输入响应公式 $i_L(t) = 1 \times e^{-\frac{t}{0.1}}$ A $= e^{-10t}$ A

3.4.3 一阶 RL 电路的全响应

RL 电路的全响应，是指电源激励和电感元件的初始状态 $i_L(0_+)$ 均不为零时电路的响应，也就是零输入响应和零状态响应两者的叠加。

电路如图 3.4.7 所示，电源电压为 U，$i_L(0_-) = I_0$。

$$i_L = \frac{U}{R} + \left(I_0 - \frac{U}{R}\right)e^{-\frac{R}{L}t} \tag{3.4.11}$$

式中：右边第一项 $\frac{U}{R}$ 为稳态分量；第二项 $\left(I_0 - \frac{U}{R}\right)e^{-\frac{R}{L}t}$ 为暂态分量。

式(3.4.11)经改写后可得

$$i_L = I_0 e^{-\frac{R}{L}t} + \frac{U}{R}(1 - e^{-\frac{R}{L}t}) \tag{3.4.12}$$

式中：右边第一项 $I_0 e^{-\frac{R}{L}t}$ 为零输入响应；第二项 $\frac{U}{R}(1 - e^{-\frac{R}{L}t})$ 为零状态响应。

【例 3.4.3】 电路如图 3.4.8 所示，在电路达到稳定状态时 R_1 被开关 S 短路，求开关闭合后流过电感的电流 $i_L(t)$。

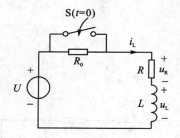
图 3.4.7 RL 电路的全响应

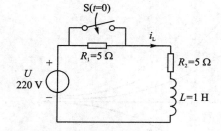
图 3.4.8 【例 3.4.3】的电路

解：方法一：全响应＝稳态分量＋暂态分量

$$i_L(0_+) = i_L(0_-) = \frac{U}{R_1 + R_2} = \frac{220 \text{ V}}{5 \text{ Ω} + 5 \text{ Ω}} = 22 \text{ A}$$

换路后的稳态分量为 $i_L(\infty) = \frac{U}{R_2} = \frac{220 \text{ V}}{5 \text{ Ω}} = 44 \text{ A}$

等效电阻为 $R_{eq} = R_2 = 5 \text{ Ω}$

时间常数为 $\tau = \frac{L}{R_{eq}} = \frac{1}{5} \text{ s} = 0.2 \text{ s}$

暂态分量为 $(22 - 44)e^{-\frac{t}{0.2}}$ A $= -22 e^{-5t}$ A

全响应为 $i_L(t) = (44 - 22e^{-5t})$ A

方法二： 全响应＝零输入响应＋零状态响应

第 3 章 一阶动态电路

$$i_L(0_+) = i_L(0_-) = \frac{U}{R_1+R_2} = \frac{220\text{ V}}{5\text{ }\Omega+5\text{ }\Omega} = 22\text{ A}$$

时间常数为 $\tau = \dfrac{L}{R_{eq}} = \dfrac{1}{5}\text{ s} = 0.2\text{ s}$

零输入响应为 $22\text{e}^{-\frac{t}{0.2}} = 22\text{e}^{-5t}\text{ A}$

零状态响应为 $44(1-\text{e}^{-\frac{t}{0.2}}) = 44(1-\text{e}^{-5t})\text{ A}$

全响应为 $i_L(t) = 22\text{e}^{-5t} + 44(1-\text{e}^{-5t}) = (44-22\text{e}^{-5t})\text{ A}$

3.5 一阶线性电路暂态分析的三要素法

只含有一个储能元件的线性电路,不论是简单的还是复杂的,它的微分方程都是一阶常系数线性微分方程。这种电路称为一阶线性电路。通过 3.3 节和 3.4 节的分析可以看出,一阶线性电路的响应由稳态分量(包括零值)和暂态分量相加而成。写成一般式为

$$f(t) = f'(t) + f''(t) = f(\infty) + A\text{e}^{-\frac{t}{\tau}} \tag{3.5.1}$$

式中:$f(t)$ 是电路中的电压或电流,$f(\infty)$ 是稳态分量(即稳态值),$A\text{e}^{-\frac{t}{\tau}}$ 是暂态分量。若初始值为 $f(0_+)$,则得 $A = f(0_+) - f(\infty)$。于是

$$f(t) = f(\infty) + [f(0_+) - f(\infty)]\text{e}^{-\frac{t}{\tau}} \tag{3.5.2}$$

一阶线性电路的零输入响应、零状态响应及全响应均满足式(3.5.2)。所以在求解一阶线性电路的电压或电流时,只要求得 $f(0_+)$、$f(\infty)$ 和 τ 这三个"要素",就能直接写出电路的响应。它不仅适用于求解电容电压和电感电流,也适用于求解电路中的其他响应。

【例 3.5.1】 电路如图 3.5.1 所示,试用三要素法计算 $t \geqslant 0$ 时电容两端的电压 $u_C(t)$。

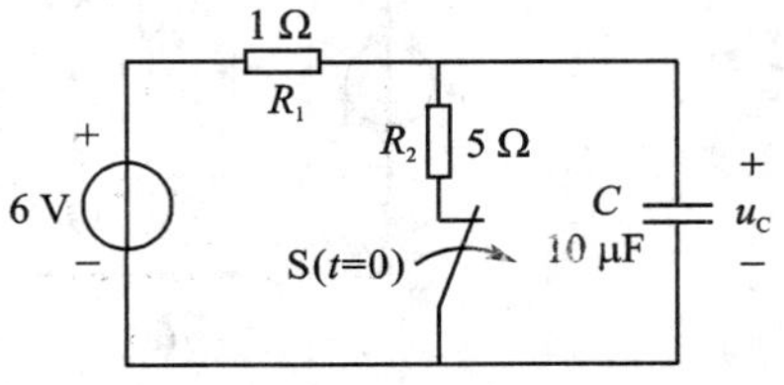

解:$u_C(0_+) = u_C(0_-) = \dfrac{R_2 U}{R_1+R_2}$
$= \dfrac{5\text{ }\Omega \times 6\text{ V}}{1\text{ }\Omega + 5\text{ }\Omega} = 5\text{ V}$

$u_C(\infty) = 6\text{ V}$

$\tau = R_{eq}C = R_1 C = 1 \times 10 \times 10^{-6}\text{ s} = 10^{-5}\text{ s}$

图 3.5.1 【例 3.5.1】的电路图

由三要素法可知,当 $t \geqslant 0$ 时,

$u_C(t) = u_C(\infty) + [u_C(0_+) - u_C(\infty)]\text{e}^{-\frac{t}{\tau}} = [6 + (5-6)\text{e}^{-10^5 t}]\text{ V} = (6 - \text{e}^{-10^5 t})\text{ V}$

【例 3.5.2】 电路如图 3.5.2 所示,$U_1 = 24\text{ V}, U_2 = 20\text{ V}, R_1 = 60\text{ }\Omega, R_2 = 120\text{ }\Omega, R_3 = 40\text{ }\Omega, L = 4\text{ H}$。换路前电路已处于稳定状态,试求换路后的电流 $i_L(t)$。

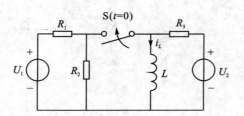

图 3.5.2 【例 3.5.2】的电路图

解：开关 S 闭合前电路已经处于稳定状态，则由换路定则可得

$$i_L(0_+) = i_L(0_-) = \frac{U_2}{R_3} = \frac{20 \text{ V}}{40 \text{ }\Omega} = 0.5 \text{ A}$$

$$i_L(\infty) = \frac{U_1}{R_1} + \frac{U_2}{R_3} = \left(\frac{24 \text{ V}}{60 \text{ }\Omega} + \frac{20 \text{ V}}{40 \text{ }\Omega}\right) = 0.9 \text{ A}$$

$$\tau = \frac{L}{R_{eq}} = \frac{L}{(R_1 // R_2 // R_3)} = \frac{4 \text{ H}}{\dfrac{1}{60 \text{ }\Omega} + \dfrac{1}{120 \text{ }\Omega} + \dfrac{1}{40 \text{ }\Omega}} \text{ s} = 0.2 \text{ s}$$

由三要素法可知，当 $t \geq 0$ 时，

$$i_L(t) = i_L(\infty) + [i_L(0_+) - i_L(\infty)]e^{-\frac{t}{\tau}}$$
$$= [0.9 + (0.5 - 0.9)e^{-5t}] \text{ A} = (0.9 - 0.4e^{-5t}) \text{ A}$$

【例 3.5.3】 电路如图 3.5.3(a)所示，u 为一阶跃电压，如图 3.5.3(b)所示，$u_C(0_-) = 1$ V，试求 $u_C(t)$。

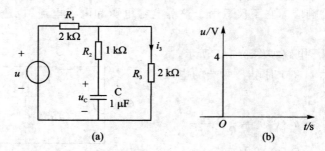

图 3.5.3 【例 3.5.3】题图

解：电压 u 在 $t = 0$ 的阶跃变化即为电路的换路，由换路定则可得

$$u_C(0_+) = u_C(0_-) = 1 \text{ V}$$

$$u_C(\infty) = \frac{R_3 \cdot u}{R_1 + R_2} = \frac{2000 \text{ }\Omega}{2000 \text{ }\Omega + 2000 \text{ }\Omega} \times 4 \text{ V} = 2 \text{ V}$$

$$\tau = R_{eq}C = (R_2 + R_1 // R_3)C = \left(1000 + \frac{2000 \times 2000}{2000 + 2000}\right) \times 1 \times 10^{-6} \text{ s} = 2 \times 10^{-3} \text{ s}$$

根据三要素法可得

$$u_C(t) = u_C(\infty) + [u_C(0_+) - u_C(\infty)]e^{-\frac{t}{\tau}} = [2+(1-2)e^{-\frac{t}{2\times 10^{-3}}}] \text{ V} = (2-e^{-500t}) \text{ V}$$

利用三要素法求解一阶动态电路的响应,解题步骤如下:

(1) 求解初始值 $f(0_+)$。

(2) 求解稳态值 $f(\infty)$,画出稳态时的等效电路,稳态时,电容相当于开路,电感相当于短路。求解该直流稳态电路,确定稳态值。

(3) 求时间常数 τ。

(4) 代入三要素公式求得一阶电路的响应。

本章小结

(1) 电阻元件是耗能元件;电感和电容元件是储能元件。

(2) 换路是由于电路的接通、断开、短路、电压改变或参数改变所引起的,当含有储能元件的电路发生换路时,电路将从一个稳定状态过渡到另一个稳定状态。换路瞬间,电容上的电压不跃变,$u_C(0_+) = u_C(0_-)$;电感上的电流不跃变,$i_L(0_+) = i_L(0_-)$。

(3) 一阶线性电路的响应分为零输入响应、零状态响应和全响应。其中零输入响应是由储能元件的初始储能产生的响应;零状态响应是由外施激励引起的响应;全响应是储能元件的初始值和外施激励共同引起的响应,它可以看做是零输入响应和零状态响应的叠加。全响应也可以看做是暂态分量和稳态分量两者的叠加。

(4) 一阶线性电路的响应都是按照指数规律变化的。变化的快慢由时间常数 τ 决定。其中,RC 电路的时间常数为 $\tau = RC$;RL 电路的时间常数为 $\tau = \frac{L}{R}$。时间常数的单位为秒。其中,R 为电路换路后的等效电阻(即将换路后的电路中的电源都除去,电压源用短路代替,电流源用开路代替)。当电路较为复杂时,可以应用戴维宁定理(诺顿定理)将换路后的电路化简后再求解。

(5) 只含有一个储能元件或可等效为一个储能元件的线性电路,不论是简单的还是复杂的,它的微分方程都是一阶常系数线性微分方程。一阶线性电路响应的一般表达式可写为:$f(t) = f(\infty) + [f(0_+) - f(\infty)]e^{-\frac{t}{\tau}}$。初始值 $f(0_+)$、稳态值 $f(\infty)$ 和时间常数 τ 称为一阶电路的三要素。所以在求解一阶线性电路的电压或电流时,只要求得 $f(0_+)$、$f(\infty)$ 和 τ 这三个"要素",就能直接写出电路的响应。它不仅适用于求解电容电压和电感电流,也适用于求解电路中的其他响应。

(6) 一阶线性电路的各个响应归纳如表 3.4.1 所列。

表 3.4.1 一阶线性电路的各个响应特征

一阶动态电路	零输入响应	零状态响应	全响应	时间常数
一阶 RC 电路	$U_C = U_C(0_+) e^{-\frac{t}{\tau}}$	$U_C = U_C(\infty)\left(1 - e^{-\frac{t}{\tau}}\right)$	$U_C = U_C(0_+) e^{-\frac{t}{\tau}} + U_C(\infty)\left(1 - e^{-\frac{t}{\tau}}\right)$	$\tau = RC$
一阶 RL 电路	$i_L = i_L(0_+) e^{-\frac{t}{\tau}}$	$i_L = i_L(\infty)\left(1 - e^{-\frac{t}{\tau}}\right)$	$i_L = i_L(0_+) e^{-\frac{t}{\tau}} + i_L(\infty)\left(1 - e^{-\frac{t}{\tau}}\right)$	$\tau = \dfrac{L}{R}$

习 题

3-1 换路定则的数学表达式为：_____和_____。

3-2 全响应既可分解为_____和_____之和，又可分解为_____和_____之和。当_____趋向于零时，过渡过程结束。

3-3 一阶线性电路暂态分析的三要素法中的三要素指的是_____、_____和_____。

3-4 已知电路的全响应为 $u = 5 + 5e^{-2t}$ V，则 $u(0_+) =$ _____，$u(\infty) =$ _____，$\tau =$ _____。零状态响应为_____，零输入响应为_____。

3-5 在电路的暂态过程中，电路的时间常数τ愈大，则电流和电压的增长或衰减就（   ）。

A. 愈快　　　　　　B. 愈慢　　　　　　C. 无影响

3-6 电路的暂态过程从 $t=0$ 大致经过（   ）时间，就可认为到达稳定状态了。

A. τ　　　　　　B. $(3\sim5)\tau$　　　　　　C. 10τ

3-7 在习题图 3.1 所示电路中，试确定在开关 S 断开后初始瞬间的电压 u_C 和电流 i_C、i_1、i_2 之值。S 断开前电路已处于稳定状态。

3-8 在习题图 3.2 所示电路中，换路前已经处于稳定状态，试求换路后电流 i 的初始值 $i(0_+)$。

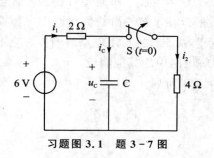

习题图 3.1　题 3-7 图

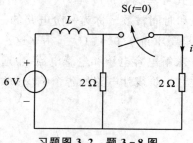

习题图 3.2　题 3-8 图

3-9 习题图3.3所示电路开关闭合前电容电压 u_C 为零,在 $t=0$ 时 S 闭合,求换路后的 u_C 和 i_C。

3-10 如习题图3.4所示电路,已知 $I_S = 9 \text{ mA}, R_1 = 6 \text{ k}\Omega, R_2 = 3 \text{ k}\Omega, C = 2 \text{ μF}$。在开关闭合前电路已处于稳态,求开关闭合后的电压 u_C。

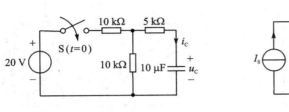
习题图3.3 题3-9图

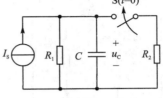
习题图3.4 题3-10图

3-11 如习题图3.5所示电路原已处于稳态。已知 $U_S = 60 \text{ V}, R_1 = 100 \text{ }\Omega, R_2 = 150 \text{ }\Omega, R_3 = 100 \text{ }\Omega, C = 10 \text{ μF}$。若 $t=0$ 时刻将开关闭合,求换路后的电流 i。

3-12 电路如习题图3.6所示,试求 $t \geq 0$ 时的电流 i_L。开关闭合前电感未储能。

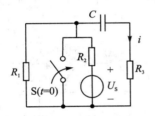
习题图3.5 题3-11图

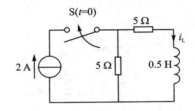
习题图3.6 题3-12图

3-13 习题图3.7所示电路原已处于稳态。已知 $I_S = 5 \text{ A}, R_1 = 20 \text{ }\Omega, R_2 = 5 \text{ }\Omega, L = 10 \text{ H}$。若 $t=0$ 时刻将开关闭合,求换路后的电流 i_2 以及电感电压 u_L。

3-14 习题图3.8所示电路开关闭合前电路已处于稳态。已知 $U_S = 10 \text{ V}, I_S = 2 \text{ A}, R_1 = 2 \text{ }\Omega, R_2 = 3 \text{ }\Omega, R_3 = 5 \text{ }\Omega, L = 0.2 \text{ H}$。若 $t=0$ 时刻将开关闭合,求开关闭合后电感上的电流 $i_L(t)$。

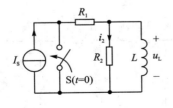
习题图3.7 题3-13图

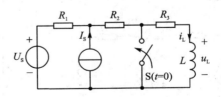
习题图3.8 题3-14图

3-15 电路如习题图3.9所示,换路前已处于稳态。已知 $I_S = 1 \text{ mA}, U_S = 10 \text{ V}, R_1 = 10 \text{ k}\Omega, R_2 = 10 \text{ k}\Omega, R_3 = 20 \text{ k}\Omega, C = 10 \text{ μF}, t=0$ 时 S 闭合。试求换路

后的 u_C。

3-16 在习题图 3.10 所示电路中，$U_{S1} = 24$ V，$U_{S2} = 20$ V，$R_1 = 60$ Ω，$R_2 = 120$ Ω，$R_3 = 40$ Ω，$L = 4$ H。换路前电路已处于稳态，$t = 0$ 时 S 闭合。试求换路后的电流 i_L。

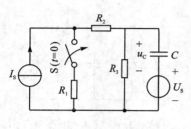
习题图 3.9　题 3-15 图

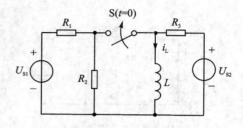
习题图 3.10　题 3-16 图

3-17 电路如习题图 3.11 所示，开关 S 在 $t = 0$ 时由 1 打到 2，用三要素法求 $u_C(t)$。

3-18 电路如习题图 3.12 所示，开关 S 原在位置 1 已久，$t = 0$ 时合向位置 2，求 $u_C(t)$。

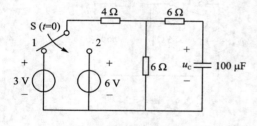
习题图 3.11　题 3-17 图

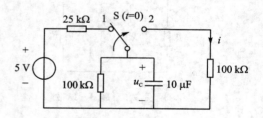
习题图 3.12　题 3-18 图

3-19 电路如习题图 3.13 所示，开关 S 原在位置 1 已久，$t = 0$ 时合向位置 2，求换路后的 $i_L(t)$。

3-20 电路如习题图 3.14 所示，电路中各参数已经给定，开关 S 打开前电路为稳定状态。$t = 0$ 时开关 S 打开，求开关打开后电流 $i_L(t)$。

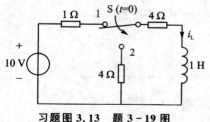
习题图 3.13　题 3-19 图

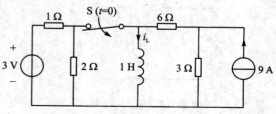
习题图 3.14　题 3-20 图

拓展推广——一阶电路在飞机交流发电机电压自动调节系统中的应用

飞机同步发电机的转速、负载(负载大小或功率因数)变化时,其电压也随之变化。为保证用电设备正常工作,需通过改变励磁机的励磁电流来调节同步发电机的电压。

目前先进的飞机交流电源系统普遍采用晶体管式的电压调节器。它的特点是调压精度高,调压误差为 $\pm 0.5\% \sim \pm 1\%$,老式的炭片调压器和磁放大器式调压器的调压误差分别为 $\pm 5\%$ 和 $\pm 2\%$;此外,它还具有重量轻、体积小、寿命长、维护方便、反应快等突出优点。

晶体管电压调节器的基本原理可用拓展推广图 1 来加以说明。图中大功率晶体管串联在励磁机励磁线圈 R_{jj} 电路中,用来控制励磁机的励磁电流。大功率晶体管通常工作在开关状态,在忽略其饱和压降与穿透电流的情况下,可将晶体管 BG 看成是一个开关 S,开关频率不宜过高,否则功耗将增大,开关频率一般取 $1 \sim 3$ kHz。图中 D 为续流二极管,在功率管截止期间,续流二极管可为励磁电流提供续流通路,以防止功率管由导通转为截止时,励磁绕组中产生过高的自感电势将其击穿。同时,可使励磁电流平滑。在功率管的控制下,励磁电流是不断变化的,功率管导通期间励磁电流将要增大,截止期间励磁电流将要衰减。

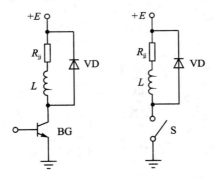

拓展推广图 1 晶体管电压调节器简单原理图

设 R_{jj} 和 L 为励磁绕组的电阻和电感,E 为电源电压,t_1 为功率管导通时间,导通期间的电流为 i_{on},t_2 为功率管截止时间,截止期间的电流为 i_{off},则功率管导通与截止期间的电压平衡方程式为

$$i_{on} R_{jj} + L \frac{di_{on}}{dt} = E \tag{1}$$

$$i_{off} R_{jj} + L \frac{di_{off}}{dt} = 0 \tag{2}$$

式(1)、式(2)的解分别为

$$i_{on} = \frac{E}{R_{jj}} - A e^{-\frac{t}{\tau}} \qquad 0 \leqslant t \leqslant t_1$$

$$i_{\text{off}} = B\mathrm{e}^{-\frac{(t-t_1)}{\tau}} \qquad t_1 \leqslant t \leqslant T$$

式中：$T = t_1 + t_2$；$\tau = \dfrac{L}{R_{jj}}$；A、B 为积分常数。

为从边界条件确定积分常数 A 和 B，还必须建立下式

$$i_{\text{on}} = \frac{E}{R_{jj}} - A\mathrm{e}^{-\frac{(t-T)}{\tau}} \qquad T \leqslant t \leqslant T + t_1$$

边界条件是 $t = t_1$ 时，$i_{\text{on}} = i_{\text{off}}$；$t = T$ 时，$i_{\text{on}} = i_{\text{off}}$。

联立求解上述方程可得

$$i_{\text{on}} = \frac{E}{R_{jj}}\left(1 - \frac{1 - \mathrm{e}^{-\frac{(T-t_1)}{\tau}}}{1 - \mathrm{e}^{-\frac{T}{\tau}}} \cdot \mathrm{e}^{-\frac{t}{\tau}}\right) \tag{3}$$

$$i_{\text{off}} = \frac{E}{R_{jj}} \cdot \frac{1 - \mathrm{e}^{-\frac{t_1}{\tau}}}{1 - \mathrm{e}^{-\frac{T}{\tau}}} \cdot \mathrm{e}^{-\frac{(t-t_1)}{\tau}} \tag{4}$$

式(3)、式(4)给出了发电机励磁电流的变化规律。在功率管的控制下，由于励磁绕组存在电感，使得励磁电流按指数规律变化。功率管导通时，励磁电流按照指数规律增大；功率管截止时，励磁电流按照指数规律衰减。可见，励磁电流增大和衰减是围绕某一平均值 I_{jj} 脉动的，如拓展推广图 2 所示。

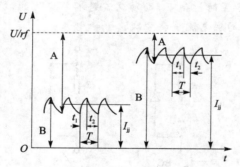

拓展推广图 2　励磁电流的变化

通过计算可得平均值 I_{jj} 为

$$I_{jj} = \frac{E}{R_{jj}} \cdot \sigma$$

式中，σ 为大功率晶体管的导通比，$\sigma = \dfrac{t_1}{T}$。

可见，在功率管的控制下，励磁电流的平均值 I_{jj} 与功率管的导通比 σ 成正比。只要使功率管导通比 σ 随发电机工作状态的变化作相应的改变，就可控制励磁机的励磁电流。

思考题

(1) 晶体管电压调节器的特点是什么？

(2) 晶体管电压调节器的基本工作原理是什么？

第 4 章 正弦交流电路

正弦交流电路,是以正弦交流电源为激励,电路中各部分响应均按正弦规律变化的电路。

正弦交流电路的核心是正弦交流电,正弦交流电在电工技术中有着极为广泛的应用。强电方面,正弦交流电是电力系统的基本存在形式,也是多数电气设备的供电形式,并且多数直流电路的电源,也是将交流电源整流变换后得到的;弱电方面,正弦交流电是各类电子线路中电信号的基本形式。

由于正弦交流电的特殊性,正弦交流电路在分析、计算方面与以往大有不同。正弦交流电路的分析过程更深地借助了数学工具,采用了特有的表现形式,以简化分析过程,提高分析效率。因为在分析过程中使用了许多专有概念与专用表示符号,所以在学习本章内容时,务必要加强对基本概念的理解掌握。

应用实例:高频感应加热

高频感应加热,是目前对金属材料加热效率最高、速度最快、最节能环保的加热方法。高频感应加热装置包括高频电炉、高频焊接机等,可对金属进行热处理、熔炼、焊接,应用十分广泛。

工作原理:在铜质环形加热线圈内通入高频率、高强度的交变电流,就会在此线圈内产生高速变化的强磁通。处在线圈内部的金属体受到强交变磁通的影响,就会在其内部产生强大的涡电流,电流作用于金属电阻使金属体迅速升温,从而达到加热金属材料的目的。

4.1 正弦电压与电流

分析直流电阻电路时,电路中的电压与电流是大小和方向都不随时间变化的恒定值。而在工程实际中,多数电路中都存在随时间做周期性变化的电压和电流。

大小和方向随时间做周期性变化的电压、电流和电动势,均称为交流电,如图 4.1.1 所示。大小和方向均按正弦规律变化的交流电,称为正弦交流电。

含有正弦交流电源(激励),且电路中各部分产生的电压和电流(响应)均按正弦规律变化的电路,称之为正弦交流电路。

正弦电压、电流和电动势等物理量,统称为正弦量。用正弦函数表示为

$$u = U_m \sin(\omega t + \theta_u) \quad (4.1.1)$$

$$i = I_m \sin(\omega t + \theta_i) \quad (4.1.2)$$

其波形如图 4.1.1(a)所示。

要完整地描述一个正弦量,必须有大小、变化快慢及初始值三方面的特征,分别由正弦量的最大值(或有效值)、频率(或周期)和初相位来确定。因而,频率、最大值和初相位也被称为正弦量的三要素。

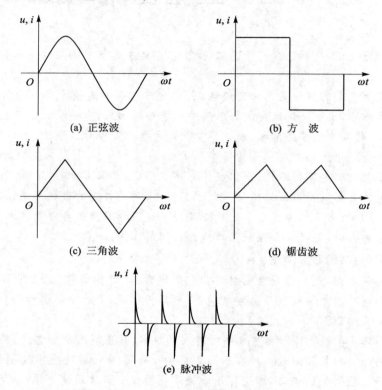

图 4.1.1 常见交流电波形

4.1.1 正弦量的周期、频率和角频率

正弦量完整变化一次所需的时间称为正弦量的周期(T/s);一秒钟内正弦量变化的次数称为正弦量的频率(f/Hz);一秒钟内正弦量相位的变化量称为正弦量的角频率(ω/rad·s^{-1})。

频率与周期互为倒数,即

$$f = \frac{1}{T} \tag{4.1.3}$$

电力标准频率是电力系统发电、传输、供电的标准频率,也是绝大多数交流电源和交流电器设备的额定频率。由于在民用及工业上应用广泛,也被称为工频。目前常用的正弦交流电频率多为 50 Hz 与 60 Hz。我国与欧洲国家采用 50 Hz 作为电力标准频率;美国采用 60 Hz;而日本以东西部分界,同时使用两个频率:东部使用 50 Hz,西部使用 60 Hz。

工频只是一个基本的供电频率,适用于绝大多数的交流电气设备。但在不同的技术领域中,会根据实际需要,使用不同频率的正弦交流电。例如,飞机上采用 400 Hz 的中频交流电以减小发电机与电动机的体积和重量;高速交流电动机采用 150~2 000 Hz 的交流电以提高转速;工业用工频炉采用 200~300 kHz 的高频交流电以产生高能涡流用来冶炼金属。无线通信设备中使用的交流电频率更高,收音机的常用中波段频率为 530~1 600 kHz,短波段频率为 2.3~23 MHz;移动通信的频率为 900 MHz 和 1 800 MHz;无线通信设备使用的最高频率可达 300 GHz。

角频率也是表征正弦量变化快慢的常用参数。其与周期和频率的关系为

$$\omega = 2\pi f = \frac{2\pi}{T} \qquad (4.1.4)$$

周期、频率、角频率可完全等同地表征正弦量的变化快慢。知其一,即可知其余。

4.1.2 正弦量的瞬时值、最大值和有效值

为了能够在不同情况下对正弦量的大小做出准确表示,关于正弦量的大小描述有多种定义。

正弦量表达式为 $u = U_m \sin(\omega t + \theta_u)$,$i = I_m \sin(\omega t + \theta_i)$

描述正弦量的正弦函数是随时间不断做周期性变化的,是关于时间 t 的函数,表达了正弦量在任意时刻的大小。因而描述正弦量的正弦函数也被称为正弦量的瞬时值,用小写字母表示。u,i 即为正弦电压与正弦电流的瞬时值。

式中,U_m、I_m 为正弦量在周期性变化中所能达到的最大值,也称幅值,用带下标 m 的大写字母表示。

由于正弦量是不断变化的,所以无论是瞬时值还是最大值,都无法描述正弦交流电的作用效果。因此,正弦交流电中引入了有效值的概念。

交流电的有效值根据电流的热效应定义:若交流电流 i 在一个周期 T 内通过电阻 R 所产生的热量,与直流电流 I 在同样时间内通过同样大小的电阻所产生的热量相同,则正弦电流 i 的有效值在数值上等于 I。

有效值与最大值之间的关系为

$$I = \frac{I_m}{\sqrt{2}} \qquad (4.1.5)$$

同理,对于正弦交流电压,有

$$U = \frac{U_m}{\sqrt{2}} \qquad (4.1.6)$$

正弦量有效值用大写字母表示,与直流表示符号相同。

用有效值表示的正弦量表达式为

$$u = \sqrt{2} U \sin(\omega t + \theta_u) \qquad (4.1.7)$$

$$i = \sqrt{2} I \sin(\omega t + \theta_i) \qquad (4.1.8)$$

正弦量的瞬时值、最大值和有效值分别表征了正弦量不同方面的大小特征。使用时要严格区分，不得混用。

4.1.3 正弦量的初相位与相位关系

正弦量初始值是正弦量在 $t=0$ 时刻的瞬时值。其大小由正弦量的初相位表征。以正弦电流为例

$$i = I_m \sin(\omega t + \theta)$$

式中，$(\omega t + \theta)$ 称为正弦量的相位角或相位，描述正弦量的变化进程。$t=0$ 时刻正弦量的相位角 θ 称为正弦量的初相位角，简称初相。初相位角确定了正弦量的初始值，其波形如图 4.1.2 所示。

因 ωt 的单位为弧度，所以正弦量初相位角理应使用弧度为单位，通常规定其范围在 $[-\pi,\pi]$。但习惯上也常使用度为单位，范围在 $[-180°,180°]$。

在同一个正弦交流电路中，所有正弦量的频率一定相同，但正弦量的相位却各不相同。两个同频率正弦量的相位之差称为相位差，用 φ 表示。

如正弦电压、电流

$$u = U_m \sin(\omega t + \theta_u), \quad i = I_m \sin(\omega t + \theta_i)$$

其相位差为

$$\varphi = (\omega t + \theta_u) - (\omega t + \theta_i) = \theta_u - \theta_i \tag{4.1.9}$$

要求相位差 φ 必须在区间 $[-\pi,\pi]$ 之内，如果计算结果超出此范围，必须调整。

相位差实际上就是同频率正弦量的初相位之差，如图 4.1.3 所示。

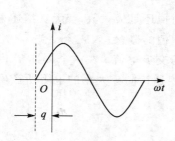

图 4.1.2 初相位不为零的正弦量

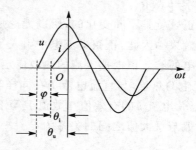

图 4.1.3 正弦量的相位差

若

$$\varphi = \theta_u - \theta_i > 0 \tag{4.1.10}$$

且

$$-\pi < \varphi < \pi \tag{4.1.10}$$

则称电压 u 在相位上超前电流 i 角 φ，或电流 i 在相位上滞后电压 u 角 φ。

所谓超前和滞后，是指同频率的正弦量之间，到达同一周期内对应值的先后。例如图 4.1.3 中所示，正弦电压 u 到达最大值的时刻早于正弦电流 i，即称 u 超前于 i。

正弦量的超前或滞后关系,可通过相位差的正负直接判断。要求相位差必须在$[-\pi,\pi]$区间内,也是为了保证能够正确判断出正弦量间的超前滞后关系。

一些相位差为特殊值的超前滞后关系,会使用特定的称谓,如同相($\varphi=0$),反相($|\varphi|=\pi$),正交$\left(|\varphi|=\dfrac{\pi}{2}\right)$,如图 4.1.4 所示。

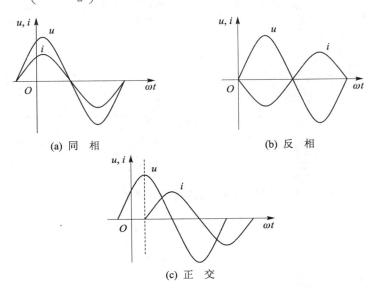

图 4.1.4 正弦量的同相、反相与正交

正弦量之间的超前和滞后关系,是描述正弦交流电路特性的最关键特征。无论是单一元件的参数,还是电路的整体特性,均以正弦量间的相位关系为根本表征。

【例 4.1.1】 指出正弦电流 $i=100\sin\left(314t+\dfrac{\pi}{6}\right)$ mA 的周期、频率、角频率、有效值、最大值和初相位。

解: 由于 $I_m=100$ mA,$\omega=314$ rad/s,$\theta_i=\dfrac{\pi}{6}$,故

$$I=\dfrac{I_m}{\sqrt{2}}=50\sqrt{2}\text{ mA},\ f=\dfrac{\omega}{2\pi}=50\text{ Hz},\ T=\dfrac{1}{f}=0.02\text{ s}$$

【例 4.1.2】 指出下列正弦量的初相位和超前滞后关系。

$$i_1=220\sin 100t\text{A},\quad i_2=110\sin\left(100\pi t+\dfrac{\pi}{4}\right)\text{ A}$$

解: 由题可知,$\theta_1=0$,$\theta_2=\dfrac{\pi}{4}$,由于 i_1 与 i_2 为不同频率的正弦量,所以 i_1 与 i_2 间不存在超前滞后关系。

【例 4.1.3】 已知正弦电压 $u_1=U_{m1}\sin\left(\omega t+\dfrac{2\pi}{3}\right)$ V。另有同频率正弦电流

$i_2 = I_{m2}\sin(\omega t + \theta_2)$ A。试在 θ_2 分别为 $\frac{\pi}{3}$,0,$-\frac{\pi}{3}$ 和 $-\frac{2\pi}{3}$ 时,比较电压与电流间的相位关系,并画出波形图。

解:

(1) 当 $\theta_2 = \frac{\pi}{3}$ 时,由于 $\varphi = \theta_1 - \theta_2 = \frac{\pi}{3} > 0$,故电压 u_1 超前电流 i_2,其波形如图 4.1.5 所示。

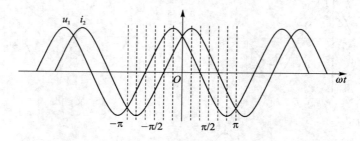

图 4.1.5 电压 u_1 超前电流 i_2

(2) 当 $\theta_2 = 0$ 时,由于 $\varphi = \theta_1 - \theta_2 = \frac{2\pi}{3} > 0$,故电压 u_1 超前电流 i_2,其波形如图 4.1.6 所示。

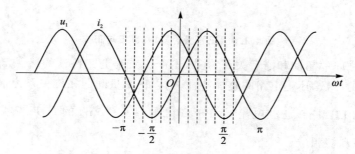

图 4.1.6 电压 u_1 超前电流 i_2

(3) 当 $\theta_2 = -\frac{\pi}{3}$ 时,由于 $\varphi = \theta_1 - \theta_2 = \pi$,故 u_1 与 i_2 反相,其波形如图 4.1.7 所示。

(4) 当 $\theta_2 = -\frac{2\pi}{3}$ 时,由于 $\varphi = \theta_1 - \theta_2 = \frac{4\pi}{3} > 0$,$\varphi = \frac{4\pi}{3} > \pi$,故调整 $\varphi = \frac{4\pi}{3} - 2\pi = -\frac{2\pi}{3} < 0$,电压 u_1 滞后于电流 i_2,其波形如图 4.1.8 所示。

[例 4.1.3] 清晰直观地体现出了正弦量之间相位关系判别的根据。

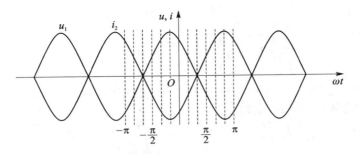

图 4.1.7　电压 u_1 与电流 i_2 反相

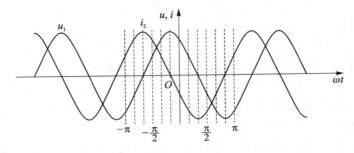

图 4.1.8　电压 u_1 滞后电流 i_2

4.2　正弦量的相量表示法

正弦量均由正弦函数表示。由于正弦函数直接参与运算不方便，所以在电工学中引入复数，作为数学工具代替正弦量进行运算。

4.2.1　复数的基本特性

复数有多种表示方法，由实部和虚部结合而成的复数，是复数的最基本形式，称为复数的代数形式，即

$$A = a + jb \tag{4.2.1}$$

通常借助复平面分析复数。如图 4.2.1 所示，任意复数在复平面上均存在与其对应的矢量。其长度 r 称为复数的模，与实轴间的夹角 θ 称为复数的幅角。

复数与其模和幅角之间的关系为

$$\left.\begin{array}{l} a = r\cos\theta \\ b = r\sin\theta \end{array}\right\} \tag{4.2.2}$$

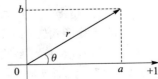

图 4.2.1　复平面中的复数

$$\left. \begin{array}{l} r = \sqrt{a^2 + b^2} \\ \theta = \arctan \dfrac{b}{a} \end{array} \right\} \tag{4.2.3}$$

因此
$$A = r\cos\theta + jr\sin\theta = r(\cos\theta + j\sin\theta) \tag{4.2.4}$$

式(4.2.4)称为复数的三角函数形式。

根据欧拉公式
$$e^{jx} = \cos x + j\sin x$$

可得复数的指数形式
$$A = re^{j\theta} \tag{4.2.5}$$

进一步简化为复数的极坐标形式
$$A = r\angle\theta \tag{4.2.6}$$

综上可知,一个复数可以由模和幅角两个特征量确定。

在正弦交流电路中,同一电路内的所有正弦量均为同频率的正弦量。因此,在分析正弦交流电路时,可忽略各正弦量中频率因素的影响。也就是说,一个正弦量可由最大值和初相位两个特征量表征。

正弦量与复数均可由两个特征量确定。由此,在正弦交流电路中,用复数表示正弦量,代替正弦量参与计算。

【例 4.2.1】 将下列代数形式的复数转化为极坐标形式。

$A_1 = 2 + j2\sqrt{3}$, $A_2 = 2 - j2\sqrt{3}$, $A_3 = -2 + j2\sqrt{3}$, $A_4 = -2 - j2\sqrt{3}$

解: $A_1 = 2 + j2\sqrt{3} = \sqrt{2^2 + (2\sqrt{3})^2} \angle \arctan\dfrac{2\sqrt{3}}{2} = 4\angle 60°$

$A_1 = 2 - j2\sqrt{3} = \sqrt{2^2 + (2\sqrt{3})^2} \angle \arctan\dfrac{-2\sqrt{3}}{2} = 4\angle -60°$

$A_3 = -2 + j2\sqrt{3} = \sqrt{2^2 + (2\sqrt{3})^2} \angle \left(180° + \arctan\dfrac{2\sqrt{3}}{-2}\right) = 4\angle 120°$

$A_4 = -2 - j2\sqrt{3} = \sqrt{2^2 + (2\sqrt{3})^2} \angle \left(-180° + \arctan\dfrac{-2\sqrt{3}}{-2}\right) = 4\angle -120°$

由例[4.2.1]的求解过程可知,在求解复数的幅角时,反三角函数并不完全适用。因为反正切函数的取值范围只有$\left[-\dfrac{\pi}{2}, \dfrac{\pi}{2}\right]$,而复数的幅角可在$[-\pi, \pi]$之间取值。所以,一旦幅角值超出了反正切函数的取值范围,就必须加以调整。

将复数的代数形式转化为极坐标形式的过程中,直观上可通过复平面图辅助求解。如图 4.2.2 所示,可对复数的幅角做直观判断。

【例 4.2.2】 已知复数 $A = 6 - j8$, $B = 4 + j3$。求 $A+B, A-B, A \cdot B$ 和 A/B。

解:
$A + B = (6+4) + j(-8+3) = 10 - j5$

$A - B = (6-4) + j(-8-3) = 2 - j11$

由于 $A = 6-\text{j}8$
$$= \sqrt{6^2+8^2}\angle\arctan\left(-\frac{8}{6}\right)$$
$$= 10\angle-53°$$
$B = 4+\text{j}3 = \sqrt{4^2+3^2}\angle\arctan\dfrac{3}{4} = 5\angle37°$

故 $A \cdot B = 10\angle-53° \cdot 5\angle37°$
$$= 50\angle-16°, A/B$$
$$= \dfrac{10\angle-53°}{5\angle37°} = 2\angle-90°$$

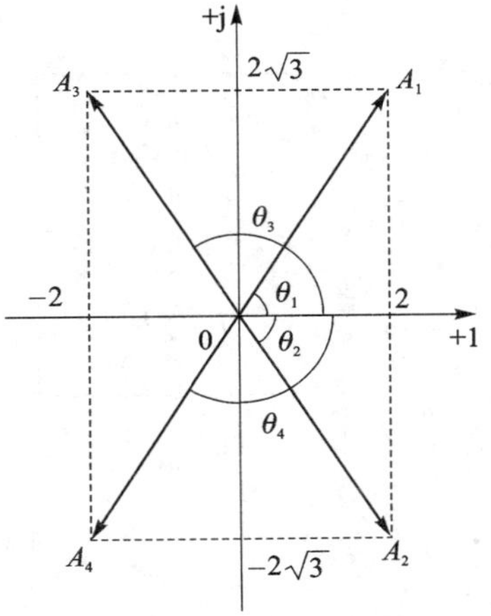

图 4.2.2 【例 4.2.1】复平面图

4.2.2 正弦量的相量表示法

表示正弦量的复数称为相量,符号为顶端加点的大写字母,如 $\dot{U}$、$\dot{I}$。相量是电工学中特有的概念。

使用复数表示正弦量时,将正弦量的有效值作为相量的模,将正弦量的初相位角作为相量的幅角,称为有效值相量;若将正弦量的最大值作为相量的模,则称为最大值相量。

如正弦电流
$$i = \sqrt{2}I\sin(\omega t + \theta_\text{i})$$

其有效值相量为
$$\dot{I} = I\angle\theta_\text{i} \tag{4.2.7}$$

为方便运算,使用相量参与加减运算时,多采用相量的代数形式;做乘除运算时,多用相量的极坐标形式。

将同频率的正弦量,按照大小与相位关系在复平面中画出的相量图形,称为相量图。相量图能够形象直观地表现电路中各个正弦量间的相互关系,还可直接进行相量间的加减运算。如相量图 4.2.3(b)即为图 4.2.3(a)所示并联交流电路的电流关系相量图。

注意:相量仅仅只是表示正弦量,而不是等于正弦量;只有正弦量才能使用相量法表示,其余非正弦周期量不能使用相量表示。

【**例 4.2.3**】 将下列正弦量用相量表示。
$$u_1 = 120\sin 314t \text{ V}, \quad u_2 = 220\sqrt{2}\sin(100t+120°)\text{V}$$
$$i_1 = 380\sin\left(314t-\dfrac{\pi}{6}\right)\text{A}$$

解:$\dot{U}_1 = \dfrac{120}{\sqrt{2}}\angle 0°\text{V} = 60\sqrt{2}$ V, $\dot{U}_2 = \dfrac{220\sqrt{2}}{\sqrt{2}}\angle 120°\text{V} = 220\angle 120°\text{V}$, $\dot{I}_1 = \dfrac{380}{\sqrt{2}}\angle$

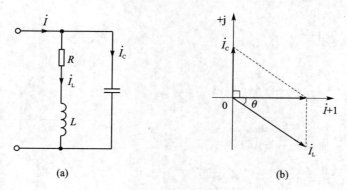

图 4.2.3 电流关系相量图

$-\frac{\pi}{6}$ A $= 190\sqrt{2} \angle -\frac{\pi}{6}$ A

【例 4.2.4】 将下列相量转化为正弦量。设角频率为 ω。

$$\dot{I}_1 = 100\angle -90° \text{A}, \quad \dot{U}_1 = 220\angle \frac{\pi}{3} \text{V}$$

$$\dot{I}_2 = (-16+\text{j}12)\text{A}, \quad \dot{U}_2 = (-5-\text{j}5) \text{V}$$

解:$i_1 = 100\sqrt{2}\sin(\omega t - 90°)$ A, $u_1 = 220\sqrt{2}\sin\left(\omega t + \frac{\pi}{3}\right)$ V

由于 $\dot{I}_2 = (-16+\text{j}12)$ A $= 20\angle 143°$ A,故 $i_2 = 20\sqrt{2}\sin(\omega t + 143°)$ A

由于 $\dot{U}_2 = (-5-\text{j}5)$ V $= 5\sqrt{2}\angle -135°$ V,故 $u_2 = 10\sin(\omega t - 135°)$ V

【例 4.2.5】 已知电压 $u_1 = 100\sin(\omega t + 60°)$ V,$u_2 = 100\sin\omega t$ V。求 $u_1 + u_2$。

解:由于 $\dot{U}_1 = 50\sqrt{2}\angle 60°$ V,$\dot{U}_2 = 50\sqrt{2}\angle 0°$ V,故

$$\dot{U}_1 + \dot{U}_2 = \left(50\sqrt{2}\angle 60° + 50\sqrt{2}\angle 0°\right) \text{V}$$

$$= \left[50\sqrt{2}\left(\frac{1}{2} + \text{j}\frac{\sqrt{3}}{2}\right) + 50\sqrt{2}\right] \text{V} = 50\sqrt{6}\left(\frac{\sqrt{3}}{2} + \text{j}\frac{1}{2}\right) \text{V}$$

$$= 50\sqrt{6}\angle 30° \text{V}$$

$$u_1 + u_2 = 100\sqrt{3}\sin(\omega t + 30°) \text{V}$$

[例 4.2.5]的求解方式,表示了相量法参与正弦量计算的基本方式。即先将正弦量转化为相量,然后通过相量完成计算,再将所得的相量结果转化为正弦量。

4.3 单一参数的交流电路

分析计算电路的目的是要确定电路中电压与电流间的关系,以及电路的功率问题。按照由简入繁,先局部后整体的规律,首先需要了解构成电路的每种单一参数元件的性质。正弦交流电路也不例外,首先来看电阻、电感、电容各种单一参数元件的

交流电路特性。

4.3.1 单一参数交流电路的伏安关系

单一参数元件交流电路中电压电流关系的基本分析,均在电压、电流为关联方向的前提下进行。

1. 纯电阻电路

纯电阻元件的交流电路如图 4.3.1 所示。

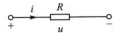

图 4.3.1 电阻电路

线性电阻元件上的电压与电流,在任何条件下均满足欧姆定律,即

$$u = Ri \tag{4.3.1}$$

令流过电阻的电流为

$$i = I_m \sin(\omega t + \theta)$$

则

$$u = R \cdot I_m \sin(\omega t + \theta) = U_m \sin(\omega t + \theta)$$

由上式可知,在正弦交流电路中,电阻元件两端的电压与流过电阻元件的电流是同频率、同相位的正弦量。有

$$U_m = RI_m \tag{4.3.2}$$

$$U = RI \tag{4.3.3}$$

用相量表示电压电流关系为

$$\dot{I} = I\angle\theta, \quad \dot{U} = U\angle\theta, \quad \dot{U} = R\dot{I} \tag{4.3.4}$$

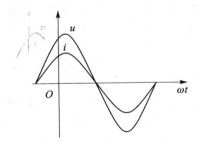
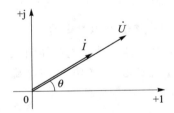

图 4.3.2 电阻电路中电压与电流的波形图和相量图

其波形图与相量图如图 4.3.2 所示。

2. 单一参数的电感电路

纯电感元件的交流电路如图 4.3.3 所示。线性电感元件上的电压与电流关系为

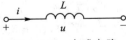

图 4.3.3 电感电路

$$u = L\frac{di}{dt} \tag{4.3.5}$$

令流过电感的电流为

$$i = I_m \sin(\omega t + \theta)$$

则有

$$u = \omega L I_m \cos(\omega t + \theta) = \omega L I_m \sin(\omega t + \theta + 90°) = U_m \sin(\omega t + \theta + 90°)$$

由上式可知,在正弦交流电路中,电感元件两端的电压与流过电感元件的电流是同频率的正弦量,且电压相位超前电流 90°。有

$$U_m = \omega L I_m \tag{4.3.6}$$

$$U = \omega L I \tag{4.3.7}$$

用相量表示电压电流关系为

$$\dot{I} = I \angle \theta, \quad \dot{U} = U \angle (\theta + 90°), \quad \dot{U} = j\omega L \dot{I} \tag{4.3.8}$$

其波形图与相量图如图 4.3.4 所示。

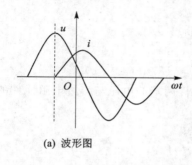
(a) 波形图

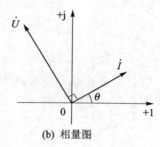
(b) 相量图

图 4.3.4　电感电路中电压与电流的波形图和相量图

在正弦交流电路中,引入感抗的概念表示电感元件对电流的阻碍作用。感抗的大小为电压幅值(有效值)与电流幅值(有效值)的比值,单位为欧姆,用 X_L 表示。即

$$X_L = \omega L = 2\pi f L \tag{4.3.9}$$

3. 单一参数的电容电路

纯电容元件的交流电路如图 4.3.5 所示。

线性电容元件上的电压与电流关系为

图 4.3.5　电容电路

$$i = C \frac{du}{dt} \tag{4.3.10}$$

令电容两端的电压为

$$u = U_m \sin(\omega t + \theta)$$

则有

$$i = \omega C U_m \cos(\omega t + \theta) = \omega C U_m \sin(\omega t + \theta + 90°) = I_m \sin(\omega t + \theta + 90°)$$

由上式可知,在正弦交流电路中,流过电容元件的电流与电容元件的端电压是同频率的正弦量,且电流相位超前电压 90°。有

$$U_m = \frac{1}{\omega C} I_m \tag{4.3.11}$$

$$U = \frac{1}{\omega C} I \qquad (4.3.12)$$

用相量表示电压电流关系为

$$\dot{U} = U\angle\theta, \quad \dot{I} = I\angle(\theta + 90°), \quad \dot{U} = -\mathrm{j}\frac{1}{\omega C}\dot{I} \qquad (4.3.13)$$

其波形图与相量图如图 4.3.6 所示。

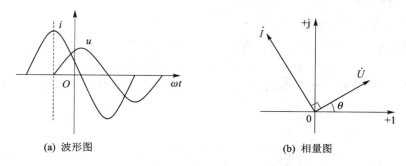

(a) 波形图　　　　　　　　　　(b) 相量图

图 4.3.6　电容电路中电压与电流的波形图和相量图

在正弦交流电路中,使用容抗的概念表示电容元件对电流的阻碍作用。容抗的大小为电压幅值(有效值)与电流幅值(有效值)的比值,单位为欧姆,用 X_C 表示。即

$$X_\mathrm{C} = \frac{1}{\omega C} = \frac{1}{2\pi f C} \qquad (4.3.14)$$

4.3.2　单一参数交流电路的功率

功率是衡量电能变化快慢的物理量。正弦交流电路中的电压与电流均为不断变化的正弦量,其功率同样随时间不断变化,称为瞬时功率 p。

$$p = ui \qquad (4.3.15)$$

设正弦交流电路的电压、电流为

$$u = U_\mathrm{m}\sin(\omega t + \theta_\mathrm{u}), \quad i = I_\mathrm{m}\sin(\omega t + \theta_\mathrm{i})$$

则瞬时功率为

$$p = U_\mathrm{m}\sin(\omega t + \theta_\mathrm{u}) \cdot I_\mathrm{m}\sin(\omega t + \theta_\mathrm{i})$$
$$= UI\cos\varphi[1 - \cos(2\omega t + 2\theta_\mathrm{i})] + UI\sin\varphi\sin(2\omega t + \theta_\mathrm{i})$$

上式中第一项 $UI\cos\varphi[1-\cos(2\omega t+2\theta_\mathrm{i})]$ 始终大于零,是瞬时功率不可逆的部分,为该电路吸收的功率,不再返回外部电路;第二项 $UI\sin\varphi\sin(2\omega t+\theta_\mathrm{i})$ 是瞬时功率的可逆部分,为该电路与外电路进行交换的瞬时功率。

在描述正弦交流电路的功率时,多使用有功功率的概念。有功功率 P,也称为平均功率,是元件在一个周期内消耗电能的平均值。

$$P = \frac{1}{T}\int_0^T p\,\mathrm{d}t = UI \cdot \cos(\theta_\mathrm{u} - \theta_\mathrm{i}) = UI \cdot \cos\varphi \qquad (4.3.16)$$

式中,φ 为电压与电流的相位差。

有功功率单位为 W(瓦),常用单位有 kW(千瓦)。

为衡量交流电路中储能元件与外电路交换功率的规模,引入无功功率的概念。无功功率 Q,其大小是瞬时功率可逆部分的振幅,即

$$Q = UI\sin\varphi \tag{4.3.17}$$

无功功率单位为 var(乏),或 kvar(千乏)。

1. 单一参数电阻电路的功率

电阻元件上电压与电流同相,即 $\varphi=0$。其瞬时功率

$$p = UI[1 - \cos 2(\omega t + \theta_i)] \geqslant 0$$

可见,电阻元件只能吸收(消耗)功率,为耗能元件。瞬时功率波形如图 4.3.7 所示。

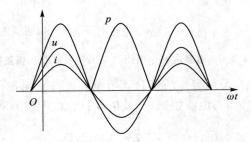

图 4.3.7 电阻电路瞬时功率波形

电阻元件的有功功率为

$$P = UI \cdot \cos\varphi \tag{4.3.18}$$

$$P = UI = I^2 R = \frac{U^2}{R} \tag{4.3.19}$$

2. 单一参数电感电路的功率

电感元件上电压超前电流 $90°$,即 $\varphi=90°$。其瞬时功率

$$p = UI \cdot \cos 90° - UI \cdot \cos[2(\omega t + \theta_i) + 90°]$$
$$= UI \cdot \sin 2(\omega t + \theta_i)$$

电感元件的瞬时功率为一双倍频率的正弦函数,只有可逆分量,其值按正弦规律变化。当电感的瞬时功率 $p>0$ 时,吸收功率,储存磁能;当电感的瞬时功率 $p<0$ 时,发出功率,释放磁能,瞬时功率波形如图 4.3.8 所示。

电感元件的有功功率为

$$P = UI \cdot \cos\varphi = 0 \tag{4.3.20}$$

由图 4.3.8 也可看出,电感元件在一个周期内吸收与发出的功率相当,有功功率为零。

综上可知,在正弦交流电路中,电感元件并不消耗能量,只存在与电源间的能量

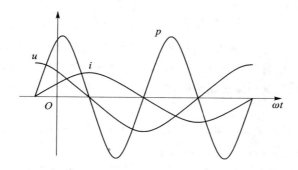

图 4.3.8 电感电路瞬时功率波形

互换,属于储能元件。用无功功率来表征这种能量互换规模的大小,即

$$Q = UI \cdot \sin\varphi = UI = I^2 X_L = \frac{U^2}{X_L} \quad (4.3.21)$$

3. 单一参数电容电路的功率

电容元件上电压滞后电流 90°,即 $\varphi = -90°$,其瞬时功率表达式为

$$p = UI \cdot \cos(-90°) - UI \cdot \cos[2(\omega t + \theta_i) - 90°]$$
$$= -UI \cdot \sin2(\omega t + \theta_i)$$

电容元件的瞬时功率同样为一双倍频率正弦函数,只有可逆分量,其值按正弦规律变化。当电容的瞬时功率 $p>0$ 时,吸收功率,电容充电;当电容的瞬时功率 $p<0$ 时,发出功率,电容放电。瞬时功率波形如图 4.3.9 所示。

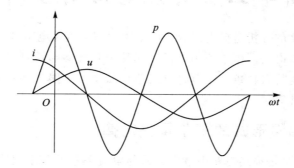

图 4.3.9 电容电路瞬时功率波形

电容元件的有功功率为

$$P = UI \cdot \cos\varphi = 0 \quad (4.3.22)$$

由图 4.3.9 也可看出,电容元件在一个周期内吸收与发出的功率相当,有功功率为零。

综上可知,在正弦交流电路中,电容元件并不消耗能量,只存在与电源间的能量互换。与电感一样,属于储能元件。用无功功率 Q 表征能量互换规模的大小,即

$$Q = UI \cdot \sin\varphi = -UI = -I^2 X_C = \frac{U^2}{X_C} \quad (4.3.23)$$

比较式(4.3.21)与式(4.3.23)可知,电感元件、电容元件这两者与电源间的能量互换的进程不同。相同条件下,电感、电容的能量互换进程刚好相反。即电感吸收功率时,电容发出功率;电感发出功率时,电容吸收功率。能量在电感与电容间互换,减轻了电源负担。

【例 4.3.1】 $R = 80\ \Omega$ 的电阻,流过 $i = 20\sin(314t + 60°)$ mA 的正弦电流。试求电阻的端电压 U 与 u,以及电阻的功率。

解: $u = Ri = 80 \times 20\sin(314t + 60°) \times 10^{-3}$ V $= 1.6\sin(314t + 60°)$ V

$$U = \frac{1.6}{\sqrt{2}} = 0.8\sqrt{2}\ \text{V} \quad P = I^2 R = \left(\frac{20}{\sqrt{2}} \times 10^{-3}\right)^2 \times 80\ \text{W} = 1.6 \times 10^{-2}\ \text{W}$$

【例 4.3.2】 将大小为 $0.2\ \mu F$ 的电容与 $0.5\ mH$ 的电感并联连接在正弦电压源 $u = 5\sin(10^5 t + 60°)$ V 的两端。试求电感与电容的功率。

解: $X_C = \dfrac{1}{\omega C} = \dfrac{1}{10^5 \times 0.2 \times 10^{-6}}\ \Omega = 50\ \Omega$

$X_L = \omega L = 10^5 \times 0.5 \times 10^{-3}\ \Omega = 50\ \Omega$

由于 $U = \dfrac{5}{\sqrt{2}}$ V,故 $Q_C = -\dfrac{U^2}{X_C} = -0.25$ var,$Q_L = \dfrac{U^2}{X_L} = 0.25$ var

4.4 简单正弦交流电路的分析与计算

正弦稳态电路的分析遵循电路分析的基本原理。直流电阻电路中的分析方法均可应用于正弦交流电路。由于使用了相量代替正弦量参与计算,使得正弦交流电路的分析求解方法也另有特色。本节将以简单正弦交流电路为研究对象,介绍正弦稳态电路的分析与计算。

4.4.1 相量形式的基尔霍夫定律

基尔霍夫定律,是描述电路中电压关系与电流关系的基本定律。不仅适用于直流电路,同样适用于交流电路。

在正弦交流电路中

$$\sum i = 0 \quad (4.4.1)$$

$$\sum u = 0 \quad (4.4.2)$$

以相量表示正弦电流和正弦电压,可得正弦交流电路中基尔霍夫定律的相量形式

$$\sum \dot{I} = 0 \quad (4.4.3)$$

$$\sum \dot{U} = 0 \tag{4.4.4}$$

4.4.2 RLC 串联电路的分析

1. RLC 串联电路的电压电流关系

RLC 串联电路,是正弦交流电路中最简单、最基本的电路构成,如图 4.4.1 所示。各元件流过同一电流,电路端电压与各元件电压间的关系由基尔霍夫定律可得

$$u = u_R + u_L + u_C \tag{4.4.5}$$

其相量形式为

$$\dot{U} = \dot{U}_R + \dot{U}_L + \dot{U}_C = R \cdot \dot{I} + jX_L \cdot \dot{I} - jX_C \cdot \dot{I} = [R + j(X_L - X_C)] \cdot \dot{I} \tag{4.4.6}$$

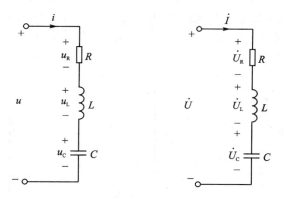

图 4.4.1 RLC 串联正弦交流电路

将式(4.4.6)两边同除以电流相量可得

$$\frac{\dot{U}}{\dot{I}} = R + j(X_L - X_C) \tag{4.4.7}$$

直流电路中,电压与电流的比值称为直流电路的电阻;正弦交流电路中,电压相量与电流相量的比值,称为正弦交流电路的复阻抗,简称阻抗,用符号 Z 表示,且有

$$Z = R + j(X_L - X_C) = R + jX \tag{4.4.8}$$

阻抗是一个复数。其实部 $\text{Re}[Z] = R$ 称为(交流)电阻,虚部 $\text{Im}[Z] = X$ 称为电抗。

阻抗也可由复数的极坐形式表示,即

$$Z = |Z| \angle \varphi = \sqrt{R^2 + X^2} \angle \arctan \frac{X}{R} = \sqrt{R^2 + (X_L - X_C)^2} \angle \arctan \frac{X_L - X_C}{R} \tag{4.4.9}$$

式中:$|Z|$ 称为复阻抗 Z 的阻抗模;φ 称为复阻抗 Z 的阻抗角。则式(4.4.7)可写为

$$\frac{\dot{U}}{\dot{I}} = \frac{U\angle\theta_u}{I\angle\theta_i} = \frac{U}{I}\angle(\theta_u - \theta_i) = |Z|\angle\varphi \qquad (4.4.10)$$

所以

$$|Z| = \frac{U}{I} \qquad (4.4.11)$$

$$\varphi = \theta_u - \theta_i \qquad (4.4.12)$$

阻抗模等于电压有效值与电流有效值的比值；阻抗角等于电压与电流的相位差。阻抗角不仅反映了交流电路中电压与电流间的相位关系，也反映了正弦交流电路的基本特性。

RLC 串联电路中，若 $X_L > X_C$，即 $(X_L - X_C) > 0$，则电压超前电流，阻抗角 $\varphi > 0$。此时，电路呈现电感性，其相量关系如图 4.4.2(a) 所示。若 $X_L < X_C$，即 $(X_L - X_C) < 0$，则电压滞后电流，阻抗角 $\varphi < 0$。电路呈现电容性，如图 4.4.2(b) 所示。

若 $X_L = X_C$，即 $(X_L - X_C) = 0$，则电压电流同相，阻抗角 $\varphi = 0$。电路呈现纯电阻性，如图 4.4.2(c) 所示。

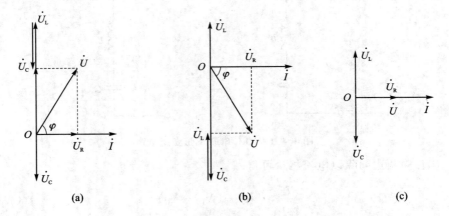

图 4.4.2 RLC 串联正弦交流电路相量图

正弦交流电路中各元件的具体参数共同决定了电路的整体特性。

另外需要注意的是，虽然正弦交流电路的阻抗同样以复数形式存在，但由于阻抗不是正弦量，所以不能用相量表示。

【例 4.4.1】 一个 RC 串联电路，其中 $R = 4\ \Omega$，$X_C = 3\ \Omega$，电源电压 $U = 10$ V。求电路电流 $\dot{I}$。

解：令电源电压 $\dot{U} = 10\angle 0°$ V

$$Z = R + jX_C = (4 - j3)\ \Omega = 5\angle -37°\ \Omega,\ 故\ \dot{I} = \frac{\dot{U}}{Z} = \frac{10\angle 0°}{5\angle -37°}A = 2\angle 37°\ A.$$

使用相量法计算交流电路时,必须至少已知电路中一个正弦量的初相位角,作为电路中各相量的参考。如果电路中没有任何正弦量的初相位已知,就必须假设某一正弦量的初相位角为参考。作为参考的正弦量不固定,通常在串联电路中会假设电流相量为参考,在并联电路中则假设电压相量为参考。也可根据实际情况假设其他参考量。假设的参考相量的初相位角一般取为 0°。

【例 4.4.2】 某电感线圈在施加 220 V 的工频电压时,流过 0.5 A 电流,且在相位上滞后电压 45°。试求电感线圈串联形式的等效参数。

解: $|Z| = \dfrac{U}{I} = \dfrac{220}{0.5}\ \Omega = 440\ \Omega$

由于电压超前电流 45°,故

$$Z = |Z|\angle\varphi = 440\angle 45°\ \Omega = (220\sqrt{2} + \text{j}220\sqrt{2})\ \Omega$$

$$R = \text{Re}[Z] = 220\sqrt{2}\ \Omega,\quad X_L = \text{Im}[Z] = 220\sqrt{2}\ \Omega$$

$$L = \dfrac{X_L}{2\pi f} = \dfrac{220\sqrt{2}}{2\pi \times 50}\ \text{H} = 1\ \text{H}$$

2. RLC 串联电路的功率

4.3.2 节中介绍的正弦交流电路的有功功率及无功功率计算公式为

$$P = UI \cdot \cos\varphi \tag{4.4.13}$$

$$Q = UI \cdot \sin\varphi \tag{4.4.14}$$

由于正弦交流电路中能够产生有功功率的只有电阻元件,所以,正弦交流电路的有功功率等于电路中所有电阻元件的有功功率之和,即

$$P = \sum P_R \tag{4.4.15}$$

正弦交流电路的无功功率,等于电路中所有电感、电容元件的无功功率之和,即

$$Q = \sum Q_L + \sum Q_C \tag{4.4.16}$$

计算正弦电路总的有功与无功时,多使用式(4.4.13)和式(4.4.14)。而计算单一元件的有功与无功时,多使用公式(4.3.19)、式(4.3.21)和式(4.3.23)。

除有功功率和无功功率外,正弦交流电路中还使用视在功率的概念来表示电源提供的总功率。视在功率 S 等于电路电压有效值与电流有效值的乘积,即

$$S = UI \tag{4.4.17}$$

视在功率单位为 V·A(伏·安),常用单位有 kV·A(千伏·安)。

三种功率之间存在一定的的联系,有

$$S = \sqrt{P^2 + Q^2} \tag{4.4.18}$$

令

$$\lambda = \dfrac{P}{S} = \cos\varphi \tag{4.4.19}$$

这称为电路的功率因数。

【例 4.4.3】 RLC 串联电路中，$R = 40\ \Omega, L = 223\ \text{mH}, C = 80\ \mu\text{F}$。电源电压 $u = 100\sin(314t + 90°)\text{V}$。试求：

(1) 电路中各元件的端电压；

(2) 各元件的功率与电路的总功率。

解：(1) $X_L = \omega L = (314 \times 223 \times 10^{-3})\ \Omega = 70\ \Omega$

$X_C = \dfrac{1}{\omega C} = \dfrac{1}{314 \times 80 \times 10^{-6}}\ \Omega = 40\ \Omega$

故 $Z = R + jX_L - jX_C = (40 + j30)\ \Omega = 50\angle 37°\ \Omega$

$\dot{I} = \dfrac{\dot{U}}{Z} = \dfrac{50\sqrt{2}\angle 90°}{50\angle 37°}\text{A} = \sqrt{2}\angle 53°\ \text{A}, U_R = R \cdot I = 40\sqrt{2}\ \text{V},$

$U_L = X_L \cdot I = 70\sqrt{2}\ \text{V}, \quad U_C = X_C \cdot I = 40\sqrt{2}\ \text{V}$

(2) $P_R = U_R \cdot I = 40\sqrt{2} \times \sqrt{2}\ \text{W} = 80\ \text{W}$

$Q_L = U_L \cdot I = 70\sqrt{2} \times \sqrt{2}\ \text{var} = 140\ \text{var}$

$Q_C = -U_C \cdot I = -40\sqrt{2} \times \sqrt{2}\ \text{var} = -80\ \text{var}$

$P = UI\cos\varphi = 50\sqrt{2} \times \sqrt{2} \times \cos 37°\ \text{W} = 80\ \text{W}$

$Q = UI\sin\varphi = 50\sqrt{2} \times \sqrt{2} \times \sin 37°\ \text{var} = 60\ \text{var}$

4.4.3 阻抗的串联与并联

阻抗的串联与并联是正弦交流电路中最常见的阻抗连接形式，也是构成复杂电路的基本连接形式。

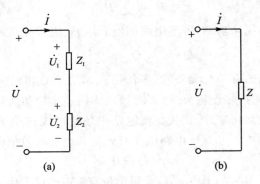

图 4.4.3 阻抗串联等效电路

1. 阻抗的串联

以两个阻抗的串联为例，如图 4.4.3(a) 所示。根据基尔霍夫电压定律可得

$$\dot{U} = \dot{U}_1 + \dot{U}_2 = Z_1\dot{I} + Z_2\dot{I} = (Z_1 + Z_2)\dot{I}$$

串联等效阻抗如图 4.4.3(b) 所示，有

$$\dot{U} = Z\dot{I}$$

比较两式可得串联等效阻抗为

$$Z = Z_1 + Z_2 \tag{4.4.20}$$

串联阻抗具有分压作用，每个阻抗的端电压为

$$\left.\begin{aligned}\dot{U}_1 &= \frac{Z_1}{Z_1 + Z_2} \cdot \dot{U} \\ \dot{U}_2 &= \frac{Z_2}{Z_1 + Z_2} \cdot \dot{U}\end{aligned}\right\} \tag{4.4.21}$$

串联阻抗分压的大小与自身阻抗大小成正比。

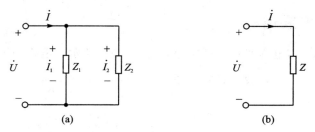

图 4.4.4 阻抗并联等效电路

2. 阻抗的并联

以两个阻抗的并联为例，如图 4.4.4(a)所示。根据基尔霍夫电流定律可得

$$\dot{I} = \dot{I}_1 + \dot{I}_2 = \frac{\dot{U}_1}{Z_1} + \frac{\dot{U}_2}{Z_2} = \left(\frac{1}{Z_1} + \frac{1}{Z_2}\right) \cdot \dot{U}$$

并联等效阻抗如图 4.4.4(b)所示，有

$$\dot{I} = \frac{\dot{U}}{Z}$$

比较两式可得并联等效阻抗为

$$\frac{1}{Z} = \frac{1}{Z_1} + \frac{1}{Z_2} \tag{4.4.22}$$

常写为

$$Z = \frac{Z_1 Z_2}{Z_1 + Z_2} \tag{4.4.23}$$

并联阻抗具有分流作用，流过每个阻抗的电流为

$$\left.\begin{aligned}\dot{I}_1 &= \frac{Z_2}{Z_1 + Z_2} \cdot \dot{I} \\ \dot{I}_2 &= \frac{Z_1}{Z_1 + Z_2} \cdot \dot{I}\end{aligned}\right\} \tag{4.4.24}$$

并联阻抗分流的大小与自身阻抗大小成反比。

4.5 谐振电路

含有电阻、电感、电容元件的正弦交流电路,在特定频率下出现电感、电容作用相互抵消,电路端电压与电流同相,电路呈纯电阻性的现象,称为谐振。

谐振主要用于选频,尤在电子技术领域中应用广泛。电子设备有时需要使用具有谐振功能的电路来提取某一频率的电信号,同时抑制其他频率的信号,以完成通信功能。但在电力系统中,谐振现象却有可能对电气设备造成危害。要真正了解谐振现象的本质和特点才能够扬长避短、趋利避害。

4.5.1 串联谐振

电感线圈 RL 与电容器 C 串联电路,如图 4.5.1 所示。电路的等效阻抗为

$$Z = R + j(X_L - X_C) = R + j\left(\omega L - \frac{1}{\omega C}\right)$$

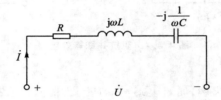

图 4.5.1 串联谐振电路

当 $X_L = X_C$,即

$$\omega L = \frac{1}{\omega C} \quad (4.5.1)$$

有

$$Z = R \quad (4.5.2)$$

$$\varphi = \arctan\frac{X_L - X_C}{R} = 0 \quad (4.5.3)$$

此时,电路的端电压与电流同相,电路呈现纯电阻性,RLC 电路发生串联谐振。

电路发生谐振时的频率称为电路的谐振频率。由式(4.5.1)可知,电路的谐振角频率为

$$\omega_0 = \frac{1}{\sqrt{LC}} \quad (4.5.4)$$

谐振频率为

$$f_0 = \frac{1}{2\pi\sqrt{LC}} \quad (4.5.5)$$

电路的谐振频率由电路自身的参数决定,反映了电路的固有特性,因此也称为电

路的固有频率。通过改变电路参数,即可控制电路在某一频率下发生谐振,或避免谐振。

在串联谐振状态下,电路有如下特性:

(1) 谐振时,电路的总阻抗最小,总电流最大,即

$$I = \frac{U}{R}$$

L、C 两端的等效阻抗为零,相当于短路。

(2) 谐振时,感抗等于容抗,感性无功功率等于容性无功功率,电路的无功功率为零。电源能量全被电阻消耗,能量的互换只发生在电感与电容之间。

(3) 谐振时,由于 $X_L = X_C$,所以有 $\dot{U}_L = -\dot{U}_C$,即 $\dot{U}_L + \dot{U}_C = 0$。电感电压与电容电压相互抵消,电源电压全部作用于电阻,$\dot{U}_R = \dot{U}$。

必须注意的是,虽然串联谐振时电感电压与电容电压之和为零,但两者自身的端电压并不为零,并且可能高出电源电压许多倍,有

$$U_L = I \cdot X_L = \frac{U}{R} X_L = \frac{X_L}{R} \cdot U \tag{4.5.6}$$

$$U_C = I \cdot X_C = \frac{U}{R} X_C = \frac{X_C}{R} \cdot U \tag{4.5.7}$$

如果 $X_L = X_C \gg R$,则 $U_L = U_C \gg U$,这种情况称为过电压现象。在无线通信中,经常利用串联谐振获取几十、乃至几百倍的过电压,以提取、放大特定频率的信号;在电力系统中,通常要求避免发生串联谐振,以防止过电压击穿电感线圈或电容器的绝缘保护。

U_L、U_C 与电源电压 U 的比值,称为品质因数 Q,有

$$Q = \frac{U_L}{U} = \frac{\omega_0 L}{R} = \frac{1}{R}\sqrt{\frac{L}{C}} \tag{4.5.8}$$

$$Q = \frac{U_C}{U} = \frac{\omega_0 C}{R} = \frac{1}{R}\sqrt{\frac{L}{C}} \tag{4.5.9}$$

无线电通信中接收信号的选择是串联谐振最典型的应用。图 4.5.2 所示为典型的接收机输入电路。该电路的作用就是从天线接收到的众多频率的信号中,将所需的电磁波信号拣选出来,同时抑制其他干扰信号。

接收机输入电路的主体部分包括天线线圈 L_1 和由电感线圈 L、可变电容器 C 构成的串联谐振电路。电感线圈 L 自身存在电阻性,电阻为 R。天线接收到的各个频率的信号都会在 LC 电路中产生相应频率的感应电动势 $e_1, e_2, \cdots, e_i$,如图 4.5.3 所示。调节可变电容 C,可将电路的谐振频率锁定为所需信号的频率,则电路对该频率信号的响应将远高于其他频率信号,也就可以通过电容 C 向外输出幅值较高的该频率电压。其他频率的信号虽然在电路中也有响应,但由于没有达到谐振状态,与谐振信号相比影响很小。这样,串联谐振电路就起到了选择信号与抑制干扰的作用。

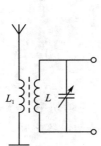
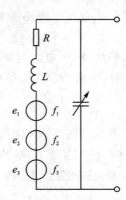

图 4.5.2　接收机输入电路图　　　图 4.5.3　接收机输入电路等效电路图

谐振电路的输出存在一个选择性的问题。如图 4.5.4 所示的通用谐振曲线,曲线的尖锐程度正比于电路的选择性能。输入信号频率偏离谐振频率 f_0 时,电路输出的减弱程度越大,串联谐振电路的选择性就越强,对于非谐振频率信号的抑制作用也就越好。品质因数 Q 可直接反映谐振曲线的尖锐程度。Q 值越大,曲线就越尖锐,选择性就越强。这是品质因数的另一个物理意义。

由式(4.5.8)、式(4.5.9)可知,在 L 和 C 不变的条件下,电阻 R 越小,则 Q 值越大。在增强了电路选择性的同时,还能降低电能的损耗。

表示谐振电路的选择性时,也常用通频带宽度的概念。如图 4.5.5 所示,将谐振电路电流大小等于最大值 0.707 倍处的两个频率之间的宽度,定义为通频带宽度。即

$$\Delta f = f_1 - f_2 \tag{4.5.10}$$

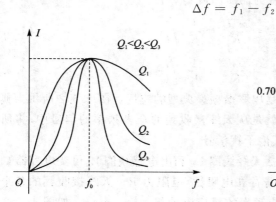
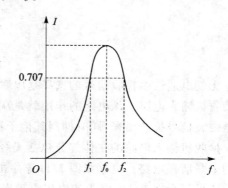

图 4.5.4　谐振频率曲线与品质因数　　　图 4.5.5　通频带

通频带宽度越窄,说明谐振曲线越尖锐,谐振电路的选择性也就越强。

【例 4.5.1】　RLC 串联电路中,总电压 $u = 220\sqrt{2}\sin\left(1\,000t + \dfrac{\pi}{3}\right)$ V,电流 $i =$

$11\sqrt{2}\sin\left(1\,000t + \dfrac{\pi}{3}\right)$ A,且 $L = 1$ H。试求 R 与 C 的值。

解:由于电路中电压与电流同相,故电路发生串联谐振得

$$R = \dfrac{U}{I} = 20\ \Omega$$

由于 $\omega = \dfrac{1}{\sqrt{LC}}$,故 $C = \dfrac{1}{\omega^2 L} = \dfrac{1}{10^6 \times 1}\text{F} = 10^{-6}\ \text{F}$。

【**例 4.5.2**】 电感线圈与电容器的串联电路中,已知 $L = 20$ mH, $C = 200$ pF, $R = 100\ \Omega$。正弦电压源 $U = 24$ V。求谐振频率 f_0、电路的品质因数 Q 和谐振时的 U_L、U_C。

解: $f_0 = \dfrac{1}{2\pi\sqrt{LC}} = \dfrac{1}{2\pi\sqrt{20 \times 10^{-3} \times 200 \times 10^{-12}}}\text{Hz} = 79.6\ \text{kHz}$

$$Q = \dfrac{1}{R}\sqrt{\dfrac{L}{C}} = \dfrac{1}{100}\sqrt{\dfrac{20 \times 10^{-3}}{200 \times 10^{-12}}} = 100, U_L = U_C = QU = 2\,400\ \text{V}$$

【**例 4.5.3**】 一收音机输入回路的电感线圈 $L = 300\ \mu\text{H}$,电容器为可变电容,变化范围 $32 \sim 310$ pF。试求此电路的谐振频率范围。若接收信号的频率为 990 kHz,则电容调至多大时电路发生谐振?

解:当 $C = 32$ pF 时

$$f_{01} = \dfrac{1}{2\pi\sqrt{LC}} = \dfrac{1}{2\pi\sqrt{300 \times 10^{-6} \times 32 \times 10^{-12}}}\text{Hz} = 1\,625\ \text{kHz}$$

当 $C = 310$ pF 时

$$f_{02} = \dfrac{1}{2\pi\sqrt{LC}} = \dfrac{1}{2\pi\sqrt{300 \times 10^{-6} \times 310 \times 10^{-12}}}\text{Hz} = 522\ \text{kHz}$$

则输入回路的谐振频率范围是 522 kHz ~ 1 625 kHz

当 $f = 990$ kHz 时

$$C = \dfrac{1}{\omega^2 L} = \dfrac{1}{(2\pi \times 990 \times 10^3)^2 \times 300 \times 10^{-6}}\ \text{F} = 86\ \text{pF}$$

4.5.2 并联谐振

线圈 RL 与电容器 C 并联电路如图 4.5.6 所示。
等效阻抗

$$Z = \dfrac{(R + j\omega L) \cdot \left(-j\dfrac{1}{\omega C}\right)}{R + j\omega L - j\dfrac{1}{\omega C}}$$

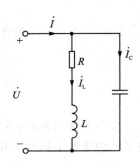

图 4.5.6 并联谐振电路

$$\approx \frac{\mathrm{j}\omega L \cdot \left(-\mathrm{j}\dfrac{1}{\omega C}\right)}{R + \mathrm{j}\omega L - \mathrm{j}\dfrac{1}{\omega C}} = \frac{\dfrac{L}{C}}{R + \mathrm{j}\left(\omega L - \dfrac{1}{\omega C}\right)}$$

注意：因谐振时应有 $R \ll \omega_0 L$，故上式推导中以 $R + \omega L \approx \omega L$。

谐振时要求等效阻抗呈纯电阻性，所以应有

$$\omega L = \frac{1}{\omega C}$$

则并联谐振角频率为

$$\omega_0 = \frac{1}{\sqrt{LC}} \tag{4.5.11}$$

并联谐振频率为

$$f_0 = \frac{1}{2\pi\sqrt{LC}} \tag{4.5.12}$$

需要注意的是，式(4.5.11)与式(4.5.12)得出的并联谐振频率，均为近似值。

并联谐振状态下，电路有如下特性：

(1) 谐振时，总阻抗最大，总电流最小。谐振时等效阻抗为

$$Z \approx \frac{L}{RC} \tag{4.5.13}$$

电流

$$I = \frac{U}{|Z|} \approx \frac{RCU}{L}$$

(2) 谐振时，各支路电流为

$$I_\mathrm{L} = \frac{U}{\sqrt{R^2 + (\omega_0 L)^2}} \approx \frac{U}{\omega_0 L}; \quad I_\mathrm{C} = \frac{U}{\dfrac{1}{\omega_0 C}} = U \cdot \omega_0 C$$

由于 $\omega_0 L \gg R$，故并联谐振时 $\dot{I}_\mathrm{L}$ 与 $\dot{I}_\mathrm{C}$ 近似反相，且并联支路的电流近似相等，并远大于总电流。即

$$I_\mathrm{L} = I_\mathrm{C} \gg I$$

I_L 或 I_C 与总电流 I 的比值，称为品质因数 Q。则

$$Q = \frac{I_\mathrm{L}}{I} = \frac{1}{\omega_0 RC} \tag{4.5.14}$$

$$Q = \frac{I_\mathrm{C}}{I} = \frac{\omega_0 L}{R} \tag{4.5.15}$$

发生并联谐振时，并联支路电流 I_L 和 I_C 的大小是总电流 I 的 Q 倍；也就是说，此时电路的等效阻抗模为并联支路阻抗模的 Q 倍。

由式(4.5.13)、式(4.5.14)、式(4.5.15)可知，在 L 和 C 不变的条件下，电阻 R 越小，Q 值就越大，电路的阻抗模也越大，阻抗谐振曲线就越尖锐，电路的选择性也越

强,如图 4.5.7 所示。

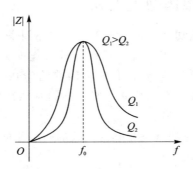

图 4.5.7 阻抗模谐振曲线与品质因数

在电子技术与无线通信中,经常利用并联谐振时电路阻抗模高的特点来选择信号或消除干扰。

4.6 功率因数的提高

交流电路中的储能元件与电源之间存在一定规模的能量互换,这种能量互换的存在,使得交流电源的功率无法完全转换利用,其直接表现就是交流电路的功率因数 λ 小于 1。

4.6.1 提高功率因数的意义

1. 提高功率因数可使发电设备的容量充分利用

发电机的额定容量 $S_N = U_N I_N$ 是固定的,因此,当电路的功率因数达不到 1 时,由公式

$$P = UI\cos\varphi$$

可知,功率因数越小,发电机实际输出的有功功率就会越小;而无功功率,也就是电路中能量互换的规模就会越大,发电设备容量的利用效率就越低。

2. 提高功率因数可减小供电线路的损耗

当发电机的电压 U 与输出功率 P 固定时,同样由公式

$$P = UI\cos\varphi$$

可知,功率因数越小,电流 I 则越大。同样电能在供电线路上的损耗

$$\Delta P = I^2 r$$

也就越大。因此提高功率因数可降低电能损耗,提高输电效率。

综上可知,提高功率因数具有着重要的经济意义。按照供电、用电规则,我国规定高压供电工业企业的平均功率因数不低于 0.95;其他用电单位功率因数不低于 0.9。

4.6.2 提高功率因数的方法

工程实际中,交流电路功率因数小于 1 的主要原因是大量感性负载的普遍存在,如电动机、变压器、工频炉、荧光灯等。感性负载工作就势必产生一定的无功功率。例如,当异步电动机额定负载运转时,其功率因数约为 0.7~0.9,轻载时会更低,这是无法避免的。因此,提高功率因数就是要在不影响感性负载正常工作条件的前提下,减少其与电源间的能量交换。

提高功率因数的常用方法就是在感性负载的两端并联电容,电路如图 4.6.1(a)

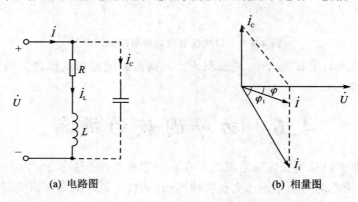

(a) 电路图　　　　　　　　　　　(b) 相量图

图 4.6.1　并联电容器以提高感性负载功率因数

所示。本章 4.3 节中曾经提到,同等条件下,电感、电容与电源间的能量互换进程相反。因此,可将能量互换限制在电感和电容之间,减轻电源的负担。并联电容提高功率因数正是基于上述原理。

并联电容器后,感性负载的端电压保持不变,因而其电流与功率因数也不发生变化,负载仍正常工作。但随着电容电流的加入,使得线路电流 $\dot{I} = \dot{I}_L + \dot{I}_C$ 与电源电压间的相位差变小了(见图 4.6.1(b)),即功率因数 $\lambda = \cos\varphi$ 提高了。电感线圈的无功功率与电容器的无功功率相互抵消,电感与电源间的能量交换,大部分转移到与电容间进行。并且,由于加入的电容器不是耗能元件,所以电路的有功功率不发生变化。

注意: 所谓的功率因数提高,是指提高交流电源或电网的功率因数,而不是改变负载自身的功率因数。

为提高功率因数而并联的电容的大小,可由图 4.6.1(b)所示的相量图推导得出,有

$$C = \frac{P}{\omega U^2}(\tan\varphi_1 - \tan\varphi) \qquad (4.6.1)$$

本章小结

1. 正弦量

大小和方向均按正弦规律变化的电压、电流、电动势,称为正弦交流电,亦称为正弦量。

(1) 正弦量三要素

最大值(有效值) $U_m = \sqrt{2}U$,$I_m = \sqrt{2}I$;

角频率(频率) $\omega = 2\pi f = \dfrac{2\pi}{T}$;

初相位 $\theta \in [-\pi, \pi]$。

(2) 同频率正弦量的相位差与相位关系

相位差 φ:两个同频率正弦量的相位之差称为相位差,$\varphi \in [-\pi, \pi]$。

超前和滞后:同频率的正弦量之间到达同一周期内对应值的先后。

2. 复数

代数形式　　　　　$A = a + jb$

三角函数形式　　　$A = r(\cos\theta + j\sin\theta)$

指数形式　　　　　$A = re^{j\theta}$

极坐标形式　　　　$A = r\angle\theta$

3. 正弦交流电路的伏安关系与功率特性

正弦交流电路的伏安关系与功率特性如表 4.6.1 所列。

表 4.6.1　正弦交流电路的伏安关系与功率特性

关系特性		电 阻	电 感	电 容
相量关系		$\dot{U} = R \cdot \dot{I}$	$\dot{U} = jX_L\dot{I} = j\omega L\dot{I}$	$\dot{U} = -jX_C\dot{I} = -j\dfrac{1}{\omega C}\dot{I}$
功率特性	平均功率(W) $P = UI \cdot \cos\varphi$	$P = UI = I^2R = \dfrac{U^2}{R}$	$P = 0$	$P = 0$
	无功功率(var) $Q = UI \cdot \sin\varphi$	$Q = 0$	$Q = UI = I^2X_L = \dfrac{U^2}{X_L}$	$Q = -UI = -I^2X_C = -\dfrac{U^2}{X_C}$
	比例关系	$R = \dfrac{u}{i} = \dfrac{\dot{U}}{\dot{I}} = \dfrac{U_m}{I_m} = \dfrac{U}{I}$	$X_L = \omega L = \dfrac{U_m}{I_m} = \dfrac{U}{I}$	$X_C = \dfrac{1}{\omega C} = \dfrac{U_m}{I_m} = \dfrac{U}{I}$

阻抗　$Z = R + jX = \sqrt{R^2 + X^2} \angle \arctan\dfrac{X}{R}$

续表 4.6.1

关系特性	电阻	电感	电容
角 φ： (1) 电压与电流的相位差角 (2) 阻抗角 (3) 功率因数角	$\varphi = 0$ 电压与电流同相 电路呈纯电阻性	$\varphi > 0$ 电压超前电流 电路呈电感性	$\varphi < 0$ 电压滞后电流 电路呈电容性

4. 谐振电路

（1）串联谐振

谐振条件：$X_L = X_C$

RLC 串联谐振频率：$\omega_0 = \dfrac{1}{\sqrt{LC}}, f_0 = \dfrac{1}{2\pi\sqrt{LC}}$

品质因数：$Q = \dfrac{U_L}{U} = \dfrac{U_C}{U} = \dfrac{1}{R}\sqrt{\dfrac{L}{C}}$

（2）并联谐振

并联谐振频率：$\omega_0 = \dfrac{1}{\sqrt{LC}}, f_0 = \dfrac{1}{2\pi\sqrt{LC}}$

品质因数：$Q = \dfrac{\omega_0 L}{R} = \dfrac{1}{\omega_0 RC}$

习　题

4-1 分析下列各组表达式的对错。

(1) $i = 10\sqrt{2}\sin(\omega t - 30°)\ \text{A} = 10\text{e}^{-\text{j}30°}\ \text{A}$

$i = 5\sin(\omega t + 225°)\ \text{A}, I = 110\angle\dfrac{\pi}{2}\ \text{A}, \dot{I} = 20\text{e}^{30°}\ \text{A}$

$U = 220\text{e}^{\text{j}120°}\ \text{V} = 220\sqrt{2}\sin(\omega t + 120°)\ \text{V}$

(2) $\dfrac{\dot{U}}{\dot{I}} = R$

$u = L\dfrac{\text{d}i}{\text{d}t}, \dfrac{U}{I} = \text{j}\omega L, \dot{I} = -\text{j}\dfrac{\dot{U}}{\omega L}$

$\dfrac{u}{i} = X_C, \dfrac{U}{I} = \omega C, \dfrac{\dot{U}}{\dot{I}} = \text{j}X_C, \dot{U} = -\dfrac{\dot{I}}{\text{j}\omega C}$

(3) $Z = R + \text{j}X_L + \text{j}X_C$

$Z = X_L, Z = R, U = U_R + U_C$

$$U_R = \frac{R}{\sqrt{R^2 + X_C^2}}U, \dot{U}_C = -\frac{j\frac{1}{\omega C}}{R + j\frac{1}{\omega C}}\dot{U}$$

4-2 RLC 串联谐振电路时,当电源频率低于谐振频率时,电路呈现_____性;当电源频率等于谐振频率时,电路呈现_____性。

RLC 并联谐振电路时,当电源频率低于谐振频率时,电路呈现_____性;当电源频率等于谐振频率时,电路呈现_____性。

4-3 正弦交流电路如习题图 4.1 所示,若 i 相位滞后 u,则(   )。

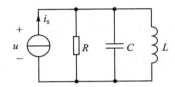

习题图 4.1 题 4-3 图

A. $\omega L > \frac{1}{\omega C}$ B. $\omega L < \frac{1}{\omega C}$ C. $R > \left(\omega L + \frac{1}{\omega C}\right)$

4-4 串联谐振电路中电容增至原来的 4 倍,则电路的品质因数变为原来的(   )。

A. 4 倍   B. 2 倍   C. $\frac{1}{2}$ 倍   D. 保持不变

4-5 RLC 串联电路在谐振时,电容电压与电感电压的关系为(   )。

A. $\dot{U}_C - \dot{U}_L = 0$ B. $U_C - U_L = 0$ C. $\dot{U}_C + \dot{U}_L = 0$ D. $U_C + U_L = 0$

4-6 习题图 4.2 所示波形的电源 u_S 加于 $C = 3.18\ \mu F$ 的电容元件上。试求电流 $i_C(t)$。

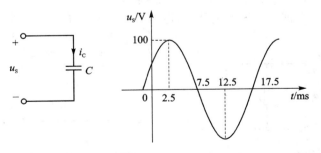

习题图 4.2 题 4-6 图

4-7 已知正弦电压 $u_1 = 10\cos(\omega t - 30°)V, u_2 = 10\cos(\omega t - 90°)$ V。试求 $u = u_1 - u_2$。

4-8 某支路上的正弦电流、电压波形如习题图 4.3 所示,试求该支路的复阻抗。

4-9 电路如习题图4.4所示，$u=100\sin(10t+45°)$ V，$i_1=i=10\sin(10t+45°)$ A，$i_2=20\sin(10t+135°)$ A。试判断元件1、2、3的性质并求解元件参数。

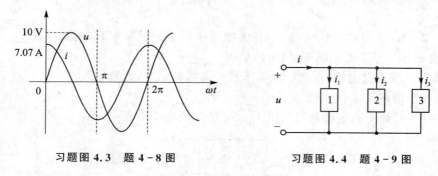

习题图4.3 题4-8图　　习题图4.4 题4-9图

4-10 习题图4.5所示正弦交流电路中，$\dot{U}=24\angle 0°$ V，$\dot{I}=5\angle -37°$，$R=3$ Ω。求$\dot{I}_L$及ωL。

4-11 习题图4.6所示正弦交流电路中，已知$\omega=1\text{rad/s}$，求（复）阻抗Z_{ab}之值。

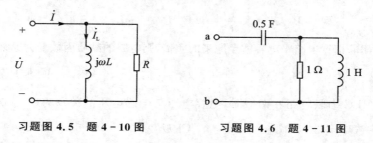

习题图4.5 题4-10图　　习题图4.6 题4-11图

4-12 如习题图4.7所示正弦交流电路中，电源频率$f=50$ Hz，$C=15$ μF。已知电容支路电流i_C超前总电流i达60°，求电阻R值。

4-13 如习题图4.8所示电路中，电压$U_{AB}=50$ V，$U_{AC}=78$ V。求X_L的值。

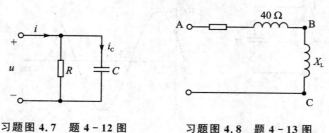

习题图4.7 题4-12图　　习题图4.8 题4-13图

4-14 已知习题图4.9所示二端网络的输入阻抗$Z=10\angle 37°$ Ω，$\dot{U}=100\angle 30°$ V。求此网络的平均功率P。

4-15 习题图4.10所示正弦交流电路，已知角频率$\omega=10$ rad/s，$U=12$ V，$I=5$ A，电路有功功率$P=48$ W。求R、C的值。

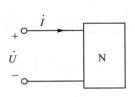

习题图 4.9　题 4-14 图

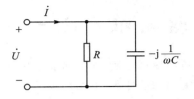

习题图 4.10　题 4-15 图

4-16　求习题图 4.11 所示正弦交流电路的有功功率 P 和无功功率 Q 的值。

4-17　习题图 4.12 所示感性正弦交流电路中,已知 $\dot{I}=10\angle 30°$ A,功率因数 $\lambda=\cos\varphi=0.707$,电路功率 $P=500$ W,电感无功功率 $Q_L=1\,000$ var。试求 $\dot{I}_R$、$\dot{I}_L$ 和 $\dot{I}_C$ 的值。

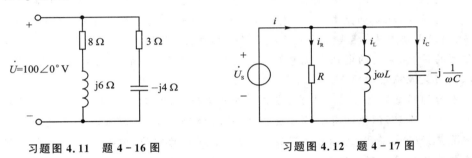

习题图 4.11　题 4-16 图　　　　　　习题图 4.12　题 4-17 图

4-18　习题图 4.13 所示正弦电路中,$U=U_1=U_2=100$ V。试求电路的有功功率与无功功率值。

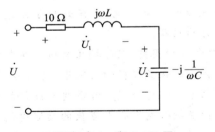

习题图 4.13　题 4-18 图

4-19　RLC 串联电路的电源 $u_S=10\sqrt{2}\sin(2\,500t+15°)$ V。当 $C=8\,\mu$F 时,电路消耗的功率达到最大值为 $P_{max}=100$ W。试求电阻 R 和电感 L 的值。

拓展推广之一——交直流之争

关于电能的输送方式,是采用直流输电还是交流输电,在历史上曾引起过很大的争论。美国发明家爱迪生、英国物理学家开尔文都极力主张采用直流输电,而美国发明家威斯汀豪斯和英国物理学家费朗蒂则主张采用交流输电。

早期,工程师们主要致力于研究直流电,发电站的供电范围也很有限,而且主要用于照明,还未用作工业动力。例如,1882 年爱迪生电气照明公司(创建于 1878 年)在伦敦建立了第一座发电站,安装了三台 110 V"巨汉"号直流发电机(1880 年由爱迪生研制),但其传输距离却只有 1.5 km。

随着科学技术和工业生产发展的需要,电力技术在通信、运输、动力等方面逐渐得到广泛应用,社会对电力的需求也急剧增大。由于用户的电压不能太高,因此要输送一定的功率,就要加大电流,但是电流越大,输电线路发热就愈厉害,损失的功率就愈多;同时电流越大,损失在输电导线上的电压也大,使用户得到的电压降低,离发电站愈远的用户,得到的电压也就愈低。直流输电的弊端,限制了电力的应用,促使人们探讨用交流输电的问题。

当时的用电先驱爱迪生在交、直流输电的争论中,成了保守势力的代表。虽然他是一个大发明家,但他没有受过正规教育,缺乏理论知识,难以解决交流电涉及到的数学运算,阻碍了他对交流电的理解。并且,受利益的驱使,爱迪生不愿意自己经营直流电器的公司受到交流电的冲击。爱迪生声称交流电危险,不如直流电安全。他还打比方说,沿街道敷设交流电缆,简直等于埋下地雷,并且邀请人们和新闻记者,观看用高压交流电电死大象的实验。那时纽约州法院通过了一项法令,用电刑来执行死刑,行刑用的电椅就是通以高压交流电,这正好帮了爱迪生的大忙。在他的反对下,交流电发展遇到了很大的阻碍。

为了减少输电线路中电能的损失,只能提高电压。在发电站将电压升高,到用户地区再把电压降下来,这样就能在低损耗的情况下,达到远距离送电的目的。而要改变电压,只有采用交流输电才行。1888 年,由费朗蒂设计的伦敦泰晤士河畔的大型交流电站开始输电,他用钢皮铜心电缆将 1 万伏的交流电送往相距 10 km 外的市区变电站,在这里降为 2 500 V,再分送到各街区的二级变压器,降为 100 V 供用户照明。以后,俄国的多利沃——多布罗沃斯基又于 1889 年最先研制出了功率为 100 W 的三相交流发电机,并被德国、美国推广应用。事实成功地证明了高压交流输电的优越性,并在全世界范围内迅速推广。

随着科学的不断发展,为了解决交流输电存在的问题,寻求更合理的输电方式,人们现在又开始采用直流超高压输电,但这并不是简单地恢复到爱迪生时代的那种直流输电。发电站发出的电和用户用的电仍然是交流电,只是在远距离输电中,采用换流设备,把交流高压变成直流高压。这样做可以把交流输电用的 3 条电线减为 2

条,大大地节约了输电导线。目前最长的架空直流输电线路是莫桑比克的卡布拉巴萨水电站至阿扎尼亚的线路,长 1 414 km,输电电压为 50 万伏,可输电 220 万千瓦。

拓展推广之二——导弹交流电源系统的发展概况

导弹是一种由弹体、控制系统、动力装置、导引系统、引信装置、电气系统、战斗部等组成的自动飞行器。若让弹上各分系统及各种控制机构正常可靠工作,需为它们提供电源。鉴于电能相比其他能源的巨大优势,在导弹上得以广泛应用,成为导弹的基本能源。目前,低压直流电仍是导弹主电源的主要供电制,随着弹上交流用电设备的增多,采用交流发电机的趋势也日益增加,交流供电制也必将得到进一步发展应用。近年来,采用交流发电机和静态变流器组成的直流电源方案已被推广应用。中国在 20 世纪 70 年代末,研制了一种新的弹上能源系统,即液压能加交流发电机电能。该系统为弹上舵机提供液压能源;为用电设备提供一次交流电源和由它变换后得到的二次直流电源。交流供电制比较可行的方案就是采用交流发电机作为主电源。交流发电机由燃气涡轮、高压冷气涡轮或液压马达驱动。为使交流发电机输出频率和电压不受工作环境和时间的过多影响,发电系统中还需配置压力、温度调节器和频率电压稳定装置。

思考题

(1) 为什么电能输送大都采用交流电输电方式?
(2) 简述导弹交流电源系统的基本组成?

第5章 三相交流电路

三相交流电路以三相交流电为核心,主要应用于强电线路。三相交流电路的最主要应用是在电力系统中,从电能的产生到传输、分配均通过三相交流电路来完成。三相交流电路也是电力系统的最主要实现形式。此外,在用电方面,采用三相制的交流电动机,是工业生产中最主要的动力来源。本章从三相交流电源入手,介绍三相交流电路的连接方式、电压电流关系及功率特性等一系列内容。

应用实例:三相异步电动机

三相感应式异步电动机,是应用最广的电动机。三相异步电动机的定子包含三组规格完全相同,在空间上均匀分布的绕组。当绕组中通入三相交流电源时,会在三组绕组中分别产生一个交变磁场,三个交变磁场相互融合,在定子中形成一个大小不变、匀速转动的旋转磁场。转子绕组在定子中被旋转磁场切割,产生感应电动势,进而产生感应电流,在旋转磁场中受力转动。

5.1 三相交流电源

5.1.1 三相交流电源的产生

三相交流电是由三相交流发电机产生的,三相交流发电机利用电磁感应原理实现机械能向电能的转换,图5.1.1为三相交流发电机的原理图。图5.1.2为A相电枢绕组。

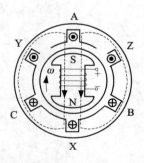

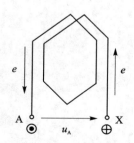

图 5.1.1 三相对称电流　　　图 5.1.2 A 相电枢绕组

发电机主要由定子(又称电枢,发电机的静止部分)和转子(发电机的转动部分)构成。

定子中有铁芯,铁芯由硅钢片叠压而成,其表面冲有槽,槽中对称放置三相规格完全相同的绕组,空间位置互差120°。三相绕组的始端分别用 A、B、C 表示,末端分别用 X、Y、Z 表示,在空间上始端之间、末端之间彼此相隔120°。

转子铁芯上绕有励磁绕组,由直流励磁,通过选择合适的极面形状和布置适当的励磁绕组,可使空气隙中的磁感应强度按正弦规律分布。

当原动机拖动转子沿顺时针方向以角速度 ω 旋转,定子绕组依次被磁力线切割,在三相定子绕组中分别产生幅值和频率均相同的感应电动势,因为定子绕组切割磁力线的先后顺序有别,所以三相电压 u_A、u_B、u_C 相位互差120°。电压参考方向由始端指向末端。三相对称电压波形图如图 5.1.3 所示。

这样三个频率相同、幅值相等、相位互差 120°的正弦电压,称为对称三相电压。设其幅值为 U_m,以 u_A 为参考,则可表示为

$$\left.\begin{aligned} u_A &= U_m \sin\omega t \text{ V} \\ u_B &= U_m \sin(\omega t - 120°) \text{ V} \\ u_C &= U_m \sin(\omega t + 120°) \text{ V} \end{aligned}\right\} \quad (5.1.1)$$

用相量表示为

$$\left.\begin{aligned} \dot{U}_A &= U\angle 0° \text{ V} \\ \dot{U}_B &= U\angle -120° \text{ V} \\ \dot{U}_C &= U\angle 120° \text{ V} \end{aligned}\right\} \quad (5.1.2)$$

相量图如图 5.1.4 所示。

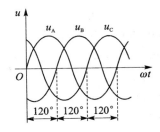
图 5.1.3 三相对称电压波形

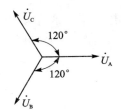
图 5.1.4 三相电压相量图

对称三相电压的瞬时值或相量之和为零,这是对称三相电压的重要特征,即

$$\left.\begin{aligned} u_A + u_B + u_C &= 0 \\ \dot{U}_A + \dot{U}_B + \dot{U}_C &= 0 \end{aligned}\right\} \quad (5.1.3)$$

对称三相电压之间超前滞后的顺序称为相序。当转子顺时针旋转时,由图 5.1.3 可以看出,相序为 A→B→C,称为正序;当转子逆时针旋转时,相序为 A→C→B,称为逆序。通常无特别说明时,对称三相电压的相序均为正序。

5.1.2 对称三相电源的连接

根据发电机三相绕组接法的不同,对称三相电源的连接方式分为星形(Y形)连接和三角形(△形)连接两种。

1. 对称三相电源的星形连接

如图5.1.5所示,发电机三相绕组的末端接在一起,连接点称为中点或中性点,该点引出线称为中性线或零线。从始端A、B、C引出的三根线称为端线或相线,俗称火线。三相电源作星形连接时,若引出四根连线,称为三相四线制;若只引出三根端线,则称为三相三线制。

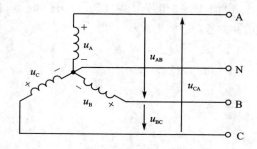

图5.1.5 三相交流电源的星形连接

(1) 相电压:如图5.1.5所示,每相绕组的始端与末端之间的电压,即端线与中性线间的电压,称为相电压,如$\dot{U}_A$、$\dot{U}_B$、$\dot{U}_C$,常用U_P表示其有效值。相电压的参考方向均由端线指向中性线。

(2) 线电压:任意两根端线间的电压称为线电压,如$\dot{U}_{AB}$、$\dot{U}_{BC}$、$\dot{U}_{CA}$,一般用U_L表示其有效值。由图5.1.5可得线电压与相电压的关系为

$$\left.\begin{aligned} u_{AB} &= u_A - u_B \\ u_{BC} &= u_B - u_C \\ u_{CA} &= u_C - u_A \end{aligned}\right\} \quad (5.1.4)$$

用相量表示为

$$\left.\begin{aligned} \dot{U}_{AB} &= \dot{U}_A - \dot{U}_B \\ \dot{U}_{BC} &= \dot{U}_B - \dot{U}_C \\ \dot{U}_{CA} &= \dot{U}_C - \dot{U}_A \end{aligned}\right\} \quad (5.1.5)$$

各线电压与相电压的相量关系如图5.1.6所示。

线电压也是频率相同、幅值相等、相位互差120°的对称三相电压。线电压有效值为相电压的$\sqrt{3}$倍,即$U_L = \sqrt{3} U_P$;在相位上,线电压超前相应的相电压30°,向量形式为:

第 5 章 三相交流电路

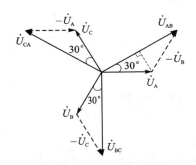

图 5.1.6　线电压与相电压的相量关系图

$$\left.\begin{array}{l}\dot{U}_{AB} = \sqrt{3}\dot{U}_{A}\angle 30° \\ \dot{U}_{BC} = \sqrt{3}\dot{U}_{B}\angle 30° \\ \dot{U}_{CA} = \sqrt{3}\dot{U}_{C}\angle 30°\end{array}\right\} \qquad (5.1.6)$$

我国工业的低压配电系统中,多采用三相四线制供电方式。线电压和相电压分别为 380 V 和 220 V,电源频率为 50 Hz。航空三相交流发电机,输出端的相电压和线电压分别为 120 V 和 208 V,电源频率为 400 Hz。

2. 对称三相电源的三角形连接

如图 5.1.7 所示。三相绕组的始端和末端顺次连接在一起,从始端 A、B、C 引出的三根导线为端线或相线。该接法没有中性线。

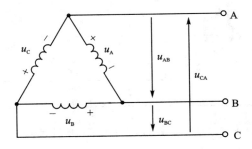

图 5.1.7　三相交流电源的三角形连接

由图 5.1.7 可以看出,三相电源作三角形连接时,其线电压等于对应的相电压,即

$$\left.\begin{array}{l}u_{AB} = u_{A} \\ u_{BC} = u_{B} \\ u_{CA} = u_{C}\end{array}\right\} \qquad (5.1.7)$$

用相量表示为

$$\left.\begin{array}{l}\dot{U}_{AB} = \dot{U}_A \\ \dot{U}_{BC} = \dot{U}_B \\ \dot{U}_{CA} = \dot{U}_C\end{array}\right\} \quad (5.1.8)$$

显然,线电压与相电压的有效值相等,即

$$U_L = U_P \quad (5.1.9)$$

5.2 三相交流电路负载的连接

三相电路连接负载时应遵循以下原则:保证负载的额定电压等于电源电压;接入的三相负载尽量做到均衡、对称。

5.2.1 三相负载的星形连接

三相负载的一端连接在一起,另一端向外连接的连接方式称为三相负载的星形(Y形)连接。如图 5.2.1 所示为 Y-Y 连接的三相电路。其中,三相负载的联结点称为负载的中性点 N',与电源中性点 N 的连线为三相电路的中性线,亦称为零线。拥有中性线与三条端线的 Y-Y 三相电路,称为三相四线制电路,是应用最广、最为典型的三相电路。

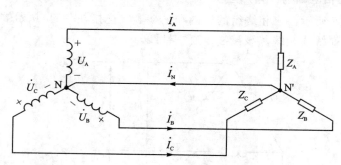

图 5.2.1 负载星形连接的三相四线制电路

三相四线制电路中,作用于每相负载的电压均为相应的电源相电压;每相电源均与该相负载通过中线构成回路。

三相负载的电流亦可区分为负载的相电流 $\dot{I}_P$ 和负载的线电流 $\dot{I}_L$。流过每相负载的电流为负载的相电流;流过三条端线的电流为负载的线电流。在三相负载星形连接时,其相电流与线电流为同一电流,均用 $\dot{I}_A$、$\dot{I}_B$、$\dot{I}_C$ 表示,如图 5.2.1 所示,即

$$\dot{I}_P = \dot{I}_L \quad (5.2.1)$$

流过中性线的电流则称为中线电流 $\dot{I}_N$。

负载电流表达式为

第 5 章 三相交流电路

$$\left.\begin{aligned}\dot{I}_A &= \frac{\dot{U}_A}{Z_A} = \frac{U\angle 0°}{|Z_A|\angle \theta_A} = I_A\angle -\theta_A \\ \dot{I}_B &= \frac{\dot{U}_B}{Z_B} = \frac{U\angle -120°}{|Z_B|\angle \theta_B} = I_B\angle -120°-\theta_B \\ \dot{I}_C &= \frac{\dot{U}_C}{Z_C} = \frac{U\angle 120°}{|Z_C|\angle \theta_C} = I_C\angle 120°-\theta_C \end{aligned}\right\} \quad (5.2.2)$$

由基尔霍夫电流定律可得中线电流为

$$\dot{I}_N = \dot{I}_A + \dot{I}_B + \dot{I}_C \quad (5.2.3)$$

三相四线制电路之所以成为三相电路中最常用的电路结构，其关键就在于中性线的存在。由式(5.2.2)不难看出，中性线使每相负载的电压始终为电源的相电压，且流过每相负载的电流只由该相电源和该相负载决定，而与电路中其他相的电源、负载无关。三相电路保持相互独立，互不干扰，保证了每相负载均能在恒定电压下稳定工作。但并不是所有负载星形连接的三相电路都离不开中线。若三相负载对称，即三相负载的阻抗完全相同，有

$$Z_A = Z_B = Z_C \quad (5.2.4)$$

则负载电流为

$$\left.\begin{aligned}\dot{I}_A &= \frac{\dot{U}_A}{Z_A} = \frac{U\angle 0°}{|Z|\angle \theta} = I\angle -\theta \\ \dot{I}_B &= \frac{\dot{U}_B}{Z_B} = \frac{U\angle -120°}{|Z|\angle \theta} = I\angle -120°-\theta \\ \dot{I}_C &= \frac{\dot{U}_C}{Z_C} = \frac{U\angle 120°}{|Z|\angle \theta} = I\angle 120°-\theta \end{aligned}\right\} \quad (5.2.5)$$

星形连接负载的电流也对称。此时中线电流

$$\dot{I}_N = \dot{I}_A + \dot{I}_B + \dot{I}_C = 0 \quad (5.2.6)$$

即负载对称的三相四线制电路，中线电流为零。相量关系如图 5.2.2 所示。

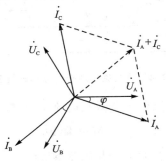

图 5.2.2　负载对称的三相四线制电路电流

这种情况下,由于中线电流为零,所以电路的中性线相当于断路,中性线在电路中不发挥作用。对于对称负载 Y - Y 三相电路,常使用三相三线制连接,如图 5.2.3 所示。

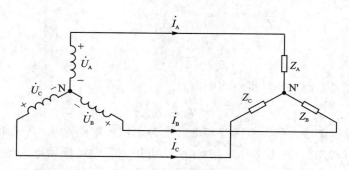

图 5.2.3 负载星形连接的三相三线制电路

三相三线制连接也是三相交流电常见的应用形式,主要出现在有对称负载的三相交流电动机上。

5.2.2 三相负载的三角形连接

三相负载首尾相接,通过三个连接点向外连接的连接方式,称为三相负载的三角形(△形)连接。图 5.2.4 所示为 Y -△连接的三相电路。负载三角形连接的电路没有中线,Y -△三相电路只存在三相三线制形式。

在 Y -△电路中,作用于负载的电压为电源两端线间的线电压;每相负载与相应的两相电源共同构成回路。

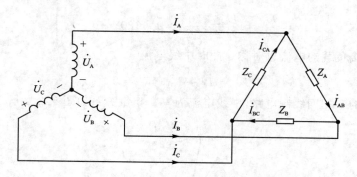

图 5.2.4 负载星形连接的三相三线制电路

三角形连接的负载的电流分为负载相电流 $\dot{I}_P$ 和线电流 $\dot{I}_L$。流过每相负载的电流为负载的相电流,包括 $\dot{I}_{AB}$、$\dot{I}_{BC}$、$\dot{I}_{CA}$;流过端线的电流为负载的线电流,包括 $\dot{I}_A$、$\dot{I}_B$、$\dot{I}_C$。三相负载作三角形连接时,负载的相电流不等于线电流,即

$$\dot{I}_P \neq \dot{I}_L \tag{5.2.7}$$

负载的相电流为

$$\begin{cases} \dot{I}_{AB} = \dfrac{\dot{U}_{AB}}{Z_A} = \dfrac{\sqrt{3}U\angle 30°}{|Z_A|\angle \theta_A} = I_{AB}\angle 30° - \theta_A \\ \dot{I}_{BC} = \dfrac{\dot{U}_{BC}}{Z_B} = \dfrac{\sqrt{3}U\angle -90°}{|Z_B|\angle \theta_B} = I_{BC}\angle -90° - \theta_B \\ \dot{I}_{CA} = \dfrac{\dot{U}_{CA}}{Z_C} = \dfrac{\sqrt{3}U\angle 150°}{|Z_C|\angle \theta_C} = I_{CA}\angle 150° - \theta_C \end{cases}$$

由基尔霍夫电流定律可得,线电流与相电流的关系

$$\left.\begin{array}{l} \dot{I}_A = \dot{I}_{AB} - \dot{I}_{CA} \\ \dot{I}_B = \dot{I}_{BC} - \dot{I}_{AB} \\ \dot{I}_C = \dot{I}_{CA} - \dot{I}_{BC} \end{array}\right\} \quad (5.2.8)$$

由以上结论可知,负载三角形连接的三相三线制电路,其每相负载与每相电源间均相互联系,若其中一相负载电路发生故障,必然会影响其他负载的正常工作。所以,负载三角形连接的三相三线制电路形式应用场合较少,通常只应用于拥有三角形连接对称负载的大功率电器。

当对称三相负载作三角形连接时,其相电流亦相互对称。由式(5.2.8)可得负载线电流与相电流关系为

$$\left.\begin{array}{l} \dot{I}_A = \sqrt{3}\dot{I}_{AB}\angle -30° \\ \dot{I}_B = \sqrt{3}\dot{I}_{BC}\angle -30° \\ \dot{I}_C = \sqrt{3}\dot{I}_{CA}\angle -30° \end{array}\right\} \quad (5.2.9)$$

在对称负载作三角形连接的三相三线制电路中,负载的线电流大小为相电流的 $\sqrt{3}$ 倍,线电流在相位上滞后相应的相电流 30°,其相量关系如图 5.2.5 所示。

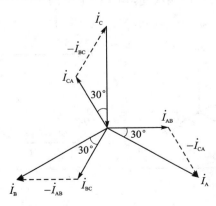

图 5.2.5 对称负载三角形连接时的线电流与相电流相量图

【例 5.2.1】 某机载三相交流电动机的三相绕组成三角形连接，每相绕组的等效电阻 $R = 200\ \Omega$，等效电感 $L = 60\ \mathrm{mH}$，连接到 $115\ \mathrm{V}$、$400\ \mathrm{Hz}$ 的机载三相电源上。试求电动机三相绕阻的电流 $\dot{I}_\mathrm{P}$ 与电源电流 $\dot{I}_\mathrm{L}$。

解： 令电源 A 相电压为 $u_\mathrm{A} = 115\sqrt{2}\sin 800\pi t\ \mathrm{V}$，即 $\dot{U}_\mathrm{A} = 115\angle 0°\ \mathrm{V}$，则相应线电压为 $\dot{U}_\mathrm{AB} = 200\angle 30°\ \mathrm{V}$。

由于电动机每相绕组的等效电感为

$$X_\mathrm{L} = 2\pi fL = (2\pi \times 400 \times 60 \times 10^{-3})\ \Omega = 150\ \Omega$$

故每相绕组的等效阻抗为

$$Z = R + jX_\mathrm{L} = (200 + j150)\ \Omega = 250\angle 37°\ \Omega$$

所以，绕组电流 $\dot{I}_\mathrm{AB} = \dfrac{\dot{U}_\mathrm{AB}}{Z} = \dfrac{200\angle 30°}{250\angle 37°}\ \mathrm{A} = 0.8\angle -7°\ \mathrm{A}$

由对称性可得 $\dot{I}_\mathrm{BC} = 0.8\angle -127°\ \mathrm{A}$，$\dot{I}_\mathrm{CA} = 0.8\angle 113°\ \mathrm{A}$

电源电流 $\dot{I}_\mathrm{A} = \sqrt{3}\dot{I}_\mathrm{AB}\angle -30°$

$$= 0.8\sqrt{3}\angle(-7°-30°)\ \mathrm{A} = 1.39\angle -37°\ \mathrm{A}$$

由对称性可得 $\dot{I}_\mathrm{B} = 1.39\angle 157°\ \mathrm{A}$，$\dot{I}_\mathrm{C} = 1.39\angle 83°\ \mathrm{A}$

【例 5.2.2】 $115\ \mathrm{V}$、$400\ \mathrm{Hz}$ 的机载三相电源组成三相四线制供电系统。若 A 相电路发生短路故障，求 B、C 两相负载电压。若在 A 相短路的同时中性线发生断路故障，求 B、C 两相负载电压。

解：(1) A 相短路、中性线完好时(见电路图 5.2.6(a))，作用于 B、C 两相负载的仍为相应电源的相电压。即

$$U_\mathrm{B} = 115\ \mathrm{V},\quad U_\mathrm{C} = 115\ \mathrm{V}$$

(2) A 相短路、中性线断路时(见电路图 5.2.6(b))，B 相负载连接于 A、B 两端线间，C 相负载连接在 C、A 两端线间，均承受电源的线电压。则

$$U_\mathrm{B} = 115 \times \sqrt{3}\ \mathrm{V} = 200\ \mathrm{V},\quad U_\mathrm{C} = 115 \times \sqrt{3}\ \mathrm{V} = 200\ \mathrm{V}$$

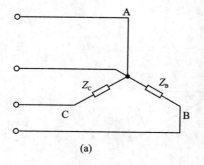
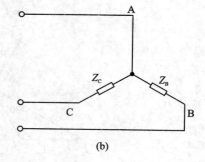

(a)　　　　　　　　　　(b)

图 5.2.6　【例 5.2.2】图

【例 5.2.3】 115 V、400 Hz 的机载三相电源组成三相四线制供电系统。若 A 相电路发生断路故障，求 B、C 两相负载电压。若 A 相电路与中性线同时发生断路故障，求 B、C 两相负载电压。

解：

(1) A 相断路、中性线完好时(见电路图 5.2.7(a))，作用于 B、C 两相负载的仍为相应电源的相电压。即
$$U_B = 115 \text{ V}, \quad U_C = 115 \text{ V}$$

(2) A 相电路与中性线同时断路(见电路图 5.2.7(b))，B、C 两相负载成串联状态，其端电压为线电压 U_{BC}。则
$$\dot{U}_B = \frac{Z_B}{Z_B + Z_C} \cdot \dot{U}_{BC}, \quad \dot{U}_C = \frac{Z_C}{Z_B + Z_C} \cdot \dot{U}_{BC}$$

即
$$U_B = \left| \frac{Z_B}{Z_B + Z_C} \right| \cdot U_{BC}, \quad U_C = \left| \frac{Z_C}{Z_B + Z_C} \right| \cdot U_{BC}$$

B、C 两相负载的电压大小正比于自身阻抗大小。

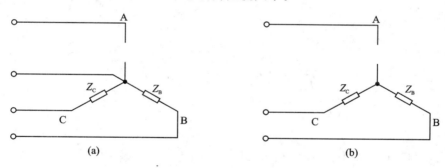

图 5.2.7 【例 5.2.3】图

由[例 5.2.2]和[例 5.2.3]可表达出中性线的重要作用。在中性线保持完好的情况下，任意一相电路的故障都不会影响到其他负载的正常工作；而失去了中性线的保护，某一相电路的故障就可能会导致其他相负载的过压、欠压，从而损坏线路及设备。

5.3 三相电路的功率

5.3.1 有功功率

在三相交流电路中，三相电路提供的总有功功率等于各相负载消耗的有功功率之和。不论三相负载是否对称都满足如下关系式
$$P = P_A + P_B + P_C \tag{5.3.1}$$

每相负载的有功功率为
$$P_P = U_P I_P \cos\varphi$$
式中，φ 为每相负载中相电压与相电流的相位差，即负载的阻抗角。

在对称三相电路中，各相负载的有功功率相同，三相负载的总有功功率为
$$P = 3U_P I_P \cos\varphi \tag{5.3.2}$$

当对称负载是星形连接时
$$U_L = \sqrt{3} U_P, \quad I_L = I_P$$

当对称负载是三角形连接时
$$U_L = U_P, \quad I_L = \sqrt{3} I_P$$

将负载星形连接或三角形连接的关系式代入式(5.3.2)，均有
$$P = \sqrt{3} U_L I_L \cos\varphi \tag{5.3.3}$$

注意：式(5.3.3)中的 φ 仍为相电压和相电流之间的相位差。

工程实际中，通常采用式(5.3.3)计算三相有功功率，因为从可操作性角度考虑，线电压和线电流是方便测量的，且三相负载铭牌上标识的额定值也均是指线电压和线电流。

5.3.2 无功功率

三相电路的无功功率等于三相负载无功功率之和，即
$$Q = Q_A + Q_B + Q_C \tag{5.3.4}$$

每相负载的无功功率
$$Q_P = U_P I_P \sin\varphi$$

在对称三相电路中，各相负载的无功功率相同，三相负载的总无功功率为
$$Q = 3U_P I_P \sin\varphi = \sqrt{3} U_L I_L \sin\varphi \tag{5.3.5}$$

注意：式(5.3.5)中的 φ 仍为相电压和相电流之间的相位差。

5.3.3 视在功率

三相电路的视在功率是三相电路能够提供的最大功率，也就是电源系统的容量，有
$$S = \sqrt{P^2 + Q^2} \tag{5.3.6}$$

若负载对称，则各相的有功功率、无功功率均相等，对称三相电路的视在功率为
$$S = 3U_P I_P = \sqrt{3} U_L I_L \tag{5.3.7}$$

5.3.4 瞬时功率

三相电路的瞬时功率为三相负载瞬时功率之和，即
$$p = p_A + p_B + p_C = u_A i_A + u_B i_B + u_C i_C = 3U_P I_P \cos\varphi$$

上式表明,对称三相电路的瞬时功率是一个常量,等于平均功率 P,这是三相对称电路的优点。工程实际中使用的三相交流异步电动机,是一种典型的三相对称负载,由于它的瞬时功率不变,电动机产生的机械转矩也是恒定不变的,所以运转非常平稳。

【例 5.3.1】 某机载三相异步电动机,每相的等效电阻 $R = 16\ \Omega$,等效感抗 $X_L = 10\ \Omega$,试分别求解下列两种情况下三相电动机的相电流、线电流以及有功功率。

(1) 电动机绕组星形连接,接于线电压 $U_L = 200$ V 的三相电源上;
(2) 电动机绕组三角形连接,接于线电压 $U_L = 115$ V 的三相电源上。

解:(1) 负载星形连接时

相电压 $\quad U_P = \dfrac{U_L}{\sqrt{3}} = \dfrac{200}{\sqrt{3}}\ \text{V} = 115\ \text{V}$

相电流 $\quad I_P = \dfrac{U_P}{|Z|} = \dfrac{U_P}{\sqrt{R^2 + X_L^2}} = \dfrac{115}{\sqrt{16^2 + 10^2}}\ \text{A} = 6.1\ \text{A}$

由于星形负载中有 $I_L = I_P$,故三相有功功率为

$$P = \sqrt{3}\, U_L I_L \cos\varphi = \sqrt{3} \times 200 \times 6.1 \times \dfrac{16}{\sqrt{16^2 + 10^2}}\ \text{W} \approx 1.79\ \text{kW}$$

(2) 负载三角形连接中, $U_L = U_P = 115$ V

相电流 $I_P = \dfrac{U_P}{|Z|} = \dfrac{U_P}{\sqrt{R^2 + X_L^2}} = \dfrac{115}{\sqrt{16^2 + 10^2}}\ \text{A} = 6.1\ \text{A}$

故三相有功功率为

$$P = 3 U_P I_P \cos\varphi = 3 \times 115 \times 6.1 \times \dfrac{16}{\sqrt{16^2 + 10^2}} \approx 1.79\ \text{kW}$$

本章小结

1. 对称三相电源

$$\begin{cases} \dot{U}_A = U_P \angle 0°\ \text{V} \\ \dot{U}_B = U_P \angle -120°\ \text{V} \\ \dot{U}_C = U_P \angle 120°\ \text{V} \end{cases}$$

电源作星形连接时,线电压是相电压的 $\sqrt{3}$ 倍,并且超前相应的相电压 30°;三相电源作三角形连接时,线电压与相电压相同。

2. 对称三相电路负载端相、线电压及相、线性电流关系

对称三相负载星形连接时,线电压是相电压的 $\sqrt{3}$ 倍,且超前相应的相电压 30°,

线电流与相电流相同。

对称三相负载三角形连接时,线电流是相电流的$\sqrt{3}$倍,且滞后相应的相电流30°,线电压与相电压相同。

3. 中性线的作用

在对称三相四线制电路中,中性线电流为零,可省去中性线;在不对称三相四线制电路中,中性线的作用是保证不对称负载上的相电压对称,确保负载正常工作。

4. 对称三相电路的功率

有功功率 $P = 3U_P I_P \cos\varphi = \sqrt{3} U_L I_L \cos\varphi$

无功功率 $Q = 3U_P I_P \sin\varphi = \sqrt{3} U_L I_L \sin\varphi$

视在功率 $S = 3U_P I_P = \sqrt{3} U_L I_L$

式中,φ 为相电压与相电流间的相位差,也是对称负载的阻抗角,也称为电路的功率因数角。

习 题

5-1 三相负载对称要满足的条件是(   )。

A. $|Z_A| = |Z_B| = |Z_C|$　　B. $\varphi_A = \varphi_B = \varphi_C$　　C. $Z_A = Z_B = Z_C$

5-2 对称星形负载连接于线电压为 380V 的三相四线制电源上,如习题图 5.1 所示。在 M 点断开时,U_1 为(   )。

A. 220 V　　　　　　　　B. 380 V　　　　　　　　C. 190 V

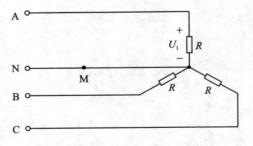

习题图 5.1　题 5-2 图

5-3 三相四线制供电线路的中线上不允许安装开关和熔断器的原因是(   )。

A. 中线上无电流,熔体烧不断。

B. 开关接通或断开时对电路无影响。

C. 开关断开或熔体熔断后,三相不对称负载将承受三相不对称电压的作用,无法正常工作,严重时会烧毁负载。

5-4 某三相电源,电压分别为 $u_1 = 38\sin(100t + 16°)$ V,$u_2 = 38\sin(100t - $

$104°$) V,$u_3 = 38\sin(100t + 136°)$ V。当 $t = 314$ s 时,该三相电压之和为(   )。

A. 38 V　　　　　　　　B. $38\sqrt{2}$ V　　　　　　　　C. 0 V

5－5　三角形连接的对称三相电源,空载运行时,三相电动势会不会在三相绕组所构成的闭合回路中产生电流?

5－6　对称三相电源星形连接,若相电压 $u_A = 110\sin(\omega t + 90°)$ V,则 $\dot{U}_{AB}$ 和 $\dot{U}_{BC}$ 为多少伏?

5－7　某三相配电系统中,线电压 115 V,线电流为 8 A,功率因数为 0.75。计算电源提供的总功率?

5－8　某 Y－Y 对称三相电路,已知电源相电压为 110 V,负载每相阻抗模 $|Z| = 10$ Ω。试求负载的相电流和线电流,电源的相电流和线电流?

5－9　某 Y－△ 对称三相电路,已知电源相电压为 110 V,负载每相阻抗模 $|Z| = 10$ Ω。试求负载的相电流和线电流,电源的相电流和线电流?

5－10　如习题图 5.2 所示对称三相电路中,线电压 380 V,负载阻抗 $Z = 80 + j40$ Ω,线路阻抗 $Z_L = 20$ Ω。求负载的相电流、相电压?

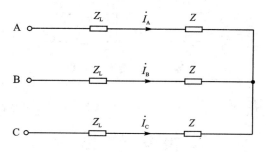

习题图 5.2　题 5－10 图

5－11　习题图 5.3 所示的三相电路中,$R = X_C = X_L = 20$ Ω,接于相电压为 110 V 的对称三相电源上。求各线电流?

5－12　如习题图 5.4 所示三相四线制电路中,电源线电压为 380 V,三个负载电阻分别为 $R_A = 5$ Ω,$R_B = R_C = 10$ Ω。求负载相电压、相电流及中线电流。

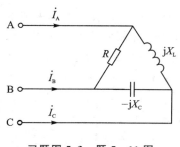

习题图 5.3　题 5－11 图

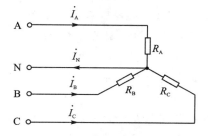

习题图 5.4　题 5－12 图

5-13 某三相电炉,每相电阻为 10 Ω,接于线电压为 380 V 的对称三相电源上。试求连接成星形和三角形两种情况下负载的线电流和有功功率?

5-14 某对称三相负载,额定电压为 220 V,每相负载的电阻 $R = 4$ Ω,感抗 $X_L = 3$ Ω,接于线电压为 380 V 的对称三相电源上。问该三相负载应如何连接?负载的有功功率、无功功率和视在功率各是多少?

5-15 线电压 $U_L = 380$ V 的三相对称电源上,接有两组三相对称负载,一组是接成星形的感性负载,有功功率为 14.52 kW,功率因数 $\lambda = 0.8$;另一组是接成三角形的电阻负载,每相电阻为 10 Ω,电路如习题图 5.5 所示。求各组负载的相电流及总的线电流 $\dot{I}_A, \dot{I}_B, \dot{I}_C$。

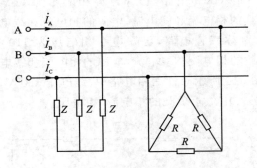

习题图 5.5 题 5-15 图

拓展推广之一——电力系统采用三相制的原因

电力系统采用交流三相制,是由三相制自身的特点与电力系统的发展进程共同决定的。

电能最初使用时,多数为直流电,因为直流电简单易控。但随着实用电器的增多和电能使用范围的增大,直流电难以传输的缺点就凸现出来。当时由于技术条件的限制,发电机发出的直流电电压很低。1882 年由艾迪生主持建立的直流输电系统电压只有 110 V,传输距离不足一英里。超过这个距离电能就会全部消耗在传输线路上。电压的不足极大制约了电的发展,直到电力系统的关键装置变压器出现。1889 年在北美运行的单相交流电力系统电压 4 000 V,传输距离超过 20 km。于是交流电确立了其在电力系统中的主导地位,电能的应用也愈加广泛,并最终进入了工业系统。

早在交流电力系统建立之前,两相感应式电动机已经诞生,但其运转不够稳定,无法为工业生产提供稳定的机械动力。1889 年,俄国工程师设计制造了三相感应式电动机,并进一步提出了交流电的三相制。三相感应电动机中可产生圆形旋转磁场,能带动电机平稳运转,于是电能成功运用于工业生产,并逐渐成为主流。随后,人们发现,三相制在电能的发生、传输、分配、转换等各方面,都优于单相制:相同尺寸的三相发电机比单相发电机功率更大;三相输电线路比单相输电线路节省材料;三相变压器比单相变压器经济且易于接入负载。于是三相制成为了电力系统的主要存在形式,并沿用至今。

拓展推广之二——飞机交流电源系统的发展概况

随着科学技术的不断发展,飞机用电设备的种类和数量越来越多,对电源容量的要求也越来越大,采用直流电源作为飞机主电源已经不能满足要求。因此,飞机的主电源系统由直流电源逐渐过渡为交流电源。

早期的中小型飞机(如运—5)的电源系统以直流电源为主;中型涡轮螺旋桨飞机(如运—7、伊尔 18)的电源系统采用交、直流发电机共存的方式来满足其容量的需求,如伊尔 18 共装有 8 台 12 kW 的直流发电机和 4 台 8 kV·A 的交流发电机;而现代的大型喷气式运输机的电源系统则完全采用交流电源,如波音 747 共装 4 台 90 kV·A 的交流发电机,电源总容量为 360 kV·A,最新型的波音 787 共装有 6 台交流发电机,电源总容量约为 1.5 MW;空客 A380 共装有 4 台 150 kV·A 变频交流发电机,2 台 120 kV·A 恒频交流发电机,同时还有 1 个 70 kV·A 发电系统,电源总容量为 910 kV·A。

直流电源系统中的有刷直流发电机受换向条件的限制,其电压不能太高,若升高电压会带来换向火花增大的问题,同时直流电源系统发电机的碳刷和整流子也随着飞机飞行高度的增加,磨损越来越严重,造成换向困难。与直流电源系统相比,交流电源系统普遍采用无刷交流发电机,这样就不存在换向问题;即使采用有刷交流发电机,电刷和滑环只是通过励磁电流,这样交流发电机的电压可以升高,既降低了交流电网的重量,又大大减少了碳刷的磨损程度。

因为交流发电机具有上述优点,并且现代飞机的绝大部分用电设备采用交流电,所以采用交流电源系统作为主电源成为现代飞机的主流。采用交流电源系统作为主电源的现代飞机不但可以满足众多机载用电设备对用电容量的需求,而且还能满足机载雷达、飞控系统和武器系统等用电设备对多种电压的需要。

通常,飞机的交流主电源系统主要由恒速传动装置、交流发电机、发电机控制装置、交流电源控制盒和交流电源指示器等组成,用来提供 115 V/400 Hz 的三相交流电;而交流地面电源由交流地面电源插座、交流地面电源监控器、控制开关和外部电源接触器等设备组成,交流地面电源监控器主要用来监控地面交流电源的电压、相序和频率等参数。地面交直流电源可以通过两种方法获得:一是通过电源车(地面柴油发电机系统)产生与飞机上相同的交直流电源,一是将工频交流电源通过变压整流器或变流器转变为飞机所需的 115 V/400 Hz 的三相交流电和 28.5 V 的直流电,用来满足飞机的地面起动发动机、加油、维护等作业时的需要。

从飞机电源系统的发展趋势来看,由于变频发电系统不需要使用恒速传动装置或电源变换装置,使其具有价格更低、重量更轻、可靠性更好、维护更便利等优点,因此,变频发电系统在新式飞机中得到应用,空客380飞机、阵风战斗机、B7E7飞机都采用了宽变频交流电源系统。

波音787飞机的电源系统与以往的波音飞机有着很大的区别,飞机上的电源来自4台安装在发动机上的230 V交流250 kW变频发电机(每台发动机装备两台发电机)和2台安装在APU上的230 V交流225 kW变频发电机组成,变频系统取代了传统的恒频系统,这种变频电源系统在空中客车A380上也得到应用。电源经过变频、整流、变压分配后形成飞机的4种电源模式,即传统的115 V交流、28 V直流和新的230 V交流、270 V直流,其中230 V交流和270 V直流电源主要用于以往由气源系统驱动的系统部件。

思考题

(1) 简述电力系统采用三相制的原因?
(2) 简述飞机交流电源系统的发展趋势。

第6章　直流电机

直流电机是直流电能和机械能相互转换的一种旋转电机,可以分为直流发电机和直流电动机两类。如在飞机低压直流电源系统中,直流电动机可用于起落架收放、油泵和风扇的拖动以及发电机启动等,也可兼具电动机和发电机双重功能,用作直流启动发电机。随着稀土永磁技术的不断发展,永磁无刷直流电动机的应用也越发广泛。

本章首先介绍了磁路的基本知识。接着讨论了直流电机的基本结构与基本工作原理,直流电机的励磁方式,直流发电机与直流电动机的基本关系式,以及直流电动机的机械特性、启动、调速、制动等。

1. 应用实例之一:城市轨道列车

直流电动机具有良好的调速和启动性能,广泛应用于城市交通工具方面。地铁及轻轨车辆是典型的城市轨道列车,普遍采用直流串励电动机作为牵引动力。每列车一般由两节动车和若干节拖车组成,每节动车配有两个转向架共装载四台牵引电动机,驱动四根传动轴,每台电动机的功率为 $100\sim150$ kW。动车电能由顶部的接触网通过受电弓输入或是由轨道侧面铺设第三轨通过电刷输入。例如,北京地铁采用第三轨供电,供电电压为直流 750 V;上海地铁采用接触网供电,供电电压为直流 1 500 V。地铁及轻轨动车的电动机一般采用两串两并的固定连接,并采用直流斩波器调压无级调速。

2. 应用实例之二:电动工具

电动工具是指用于手握持操作,以小功率电动机为动力,通过传动机构驱动工作头的工具,常见的电动工具有电钻、电锯、电刨、电动砂轮机、电动螺丝刀、电锤和冲击电钻等。这些电动工具具有结构简单、便于携带、使用方便等优点,广泛应用于机械制造、建筑装潢、铁路建设、农林牧业等各行各业。电动工具使用的电动机大致涵盖单相串励电动机、永磁式直流电动机、单相异步电动机三类。单相串励电动机使用最多,其本质是带有换向器的直流串励电动机,机械特性很软,空载转速可达 $8\ 000\sim10\ 000$ r/min,负载转速 4 000 r/min 左右,特别适合电钻的需要。钻头的高速旋转能够打出光洁的钻孔,软特性又能使钻头卡住或碰到硬物时,转速下降过快而不致使电动机发生损坏。日常生活中使用的高速旋转的器械如牙科大夫使用的牙钻、家庭中使用的食品加工机等也都采用单相串励电动机作为动力。永磁式直流电动机功率较小,机械特性较软,采用磁钢代替励磁绕组产生磁场,适用于由电池供电的电动工具,例如电动螺丝刀。单相异步电动机适用于功率要求较大而转速要求不高的电动工具驱动场合,例如电锯、电刨。

6.1 引言

首先介绍磁路的基本知识和分析方法,这是直流电机及第 7 章的变压器与交流电机分析的基础。然后将从直流电机的结构、工作原理以及启动、调速、机械特性等几个方面进行介绍。

6.2 磁路的基本知识

众所周知,电机的工作离不开磁场,其工作原理是基于电磁感应原理。如何获取所需的磁场呢?将线圈绕在磁性材料制成的铁芯上,线圈通电便形成磁场。铁芯的磁导率比周围空气或其他物质的磁导率高得多,磁通的绝大部分经过铁芯形成闭合通路,这种人为造成的磁通的闭合路径,称为磁路。图 6.2.1 和图 6.2.2 分别表示四极直流电机和交流接触器的磁路。磁通经过铁芯(磁路的主要部分)和空气隙(有的磁路中没有空气隙)而闭合。

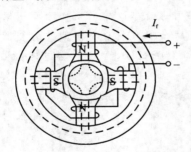
图 6.2.1 直流电机的磁路

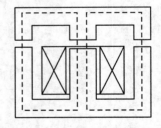
图 6.2.2 交流接触器的磁路

6.2.1 磁场的基本物理量

磁场的各个物理量也适用于磁路。磁场的特性主要由以下几个物理量来表示。

1. 磁感应强度 B

磁感应强度 B 是表征磁场内某点磁场强弱和方向一个物理量,是一个矢量。它与电流(电流产生磁场)之间的方向关系,满足右手螺旋定则,其大小可以由位于该磁场中的通电导体所受的电磁力来反映,其数学表达式为

$$B = \frac{F}{Il} \tag{6.2.1}$$

在磁场中,如果磁场内各点磁感应强度大小相等,方向相同,这样的磁场称为均匀磁场。

在国际单位制中,磁感应强度的单位是特斯拉(T)。

2. 磁通 Φ

通过某一截面 S 的磁力线的总数称为磁通量 $Φ$，简称磁通，即

$$Φ = \int_S B\,\mathrm{d}S \tag{6.2.2}$$

在均匀磁场中，若截面 S 与磁感应强度 B 垂直（若为非均匀磁场，则取 B 的平均值），则式（6.2.2）又可写成

$$Φ = BS(\mathrm{T \cdot m^2}) \quad \text{或} \quad B = Φ/S(\mathrm{Wb/m^2}) \tag{6.2.3}$$

当截面 S 与磁场方向不垂直时，通过该截面的磁通量为

$$Φ = BS\cos θ \tag{6.2.4}$$

式中，$θ$ 为截面 S 的法线与磁场方向的夹角。

可以看出，磁感应强度在数值上等于与磁场方向垂直的单位面积所通过的磁力线数，它反映了磁通的密度。因此，磁感应强度 B 又称为磁通密度，简称磁密。

在国际单位制中，磁通的单位为韦伯（Wb）。

3. 磁场强度 H

磁场强度也是用来表示磁场中各点磁力大小和方向的物理量，与磁感应强度 B 不同的是，它的大小与磁场中磁介质的性质无关，仅与产生磁场的电流大小和载流导体的形状有关。

由安培环路定理可以推导出磁场强度 H 与励磁电流 I 之间的关系，其表示式为

$$\int_l H \cdot \mathrm{d}l = \sum I \tag{6.2.5}$$

当线圈有 N 匝时，则式（6.2.5）变为

$$\int_l H \cdot \mathrm{d}l = \sum IN \tag{6.2.6}$$

可见，磁场强度 H 沿某一闭合路径 l 的线积分，等于路径 l 所包围的所有电流 I 的代数和。当电流 I 的参考方向与闭合路径规定的方向符合右手螺旋定则时，电流 I 前面取正号；反之取负号。

应用安培环路定理计算图 6.2.3 所示的环形线圈内部各点的磁场强度，其中媒质是均匀的。取半径 x 处磁通作为闭合回线，且以其方向作为回线的围绕方向，则

$$\int_l H \cdot \mathrm{d}l = H_x l_x = H_x \times 2πx$$

$$\sum I = NI$$

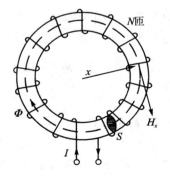

图 6.2.3　环形线圈

根据安培环路定律可得

$$H_x \times 2πx = NI \tag{6.2.7}$$

即
$$H_x = \frac{NI}{2\pi x} = \frac{NI}{l_x}$$

式中：N 为线圈匝数；$l_x = 2\pi x$ 是半径为 x 的圆周长；H_x 为半径 x 处的磁场强度；NI 为线圈匝数与电流的乘积。

线圈匝数与电流的乘积 NI，称为磁通势，用字母 F 表示，即
$$F = NI \tag{6.2.8}$$

磁通势的单位是安匝。

4. 磁导率 μ

磁导率是表示磁场空间媒质磁性质的物理量，它可用来衡量物质的导磁能力。磁场强度与磁感应强度之间关系为
$$B = \mu H \tag{6.2.9}$$

在国际单位制中，磁导率的单位是亨/米（H/m）。

不同物质的导磁能力差别很大，因此 μ 的数值因介质的性质不同而不同。其中真空的磁导率为 $\mu_0 = 4\pi \times 10^{-7}$（H/m）。通常，将其他物质的磁导率和真空的磁导率进行比较来衡量该物质的导磁能力。

任一种物质的磁导率 μ 和真空的磁导率 μ_0 的比值，称为该物质的相对磁导率 μ_r，即
$$\mu_r = \frac{\mu}{\mu_0} = \frac{\mu H}{\mu_0 H} = \frac{B}{B_0} \tag{6.2.10}$$

显然，相对磁导率大的物质导磁能力强，相对磁导率小的物质导磁能力比较差。按导磁能力的不同，自然界中的物质可以分为磁性材料（铁、钴、镍及其合金）和非磁性材料（磁性材料以外的其他物质，如铜、铝、各种绝缘材料及空气等）两类。非磁性材料的磁导率 μ 与真空的磁导率 μ_0 相差很小，工程上通常认为两者相同。磁性材料的磁导率 μ 要比真空的 μ_0 大很多倍（几百～几万倍不等），因此工程上用磁性材料做成各种形状的磁路，以便使磁通能集中在选定的空间，起到增强磁场的效果。

6.2.2 磁性材料的特性

磁性材料具有三个主要特性，即高导磁性，磁饱和性和磁滞性。

1. 高导磁性

磁性材料的磁导率 μ 是非磁性材料磁导率的几百～几万倍，这就使它们很容易被磁化而显磁性。那么磁性材料是如何被磁化的呢？下面用磁分子学说解释这种磁化的特性。

在物质的分子中由于电子环绕原子核运动和本身自转运动形成分子电流，由物理知识可知分子电流也要产生磁场，每个分子就相当于一个基本小磁铁。同时，在物质内部还分成许多小区域，这些小区域称为磁畴。磁性材料的结构与其他物质不同，其分子间有一种特殊的作用力。在没有励磁电流（或外磁场）的作用时，各个磁畴排列混乱，磁

场互相抵消,对外显示不出磁性,见图 6.2.4(a)。当有励磁电流(或外磁场)作用时,磁性材料每个磁畴内的分子磁铁都会顺外磁场方向转向,显示一定的磁性。

随着励磁电流的增大(或外磁场的增强),磁畴逐渐转到与外磁场相同的方向上并整齐地排列起来(见图 6.2.4(b)),这样,便产生了一个很强的与外磁场同方向的磁化磁场,使磁性材料内的磁感应强度大大增加,磁性材料被强烈地磁化了。

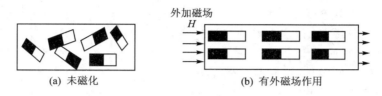

图 6.2.4　磁性材料的磁化特性

磁性材料的高导磁性使其广泛地用作电工设备中的铁芯,如电机、变压器及各种铁磁元件的线圈中都放有铁芯。由于铁芯的导磁能力强,在其线圈中通入不大的励磁电流,就能够产生较大的磁通和磁感应强度。这就解决了既要磁通大,又要励磁电流小的矛盾。利用优质的磁性材料可使同一容量的电机的重量和体积大大减轻和减少,这一点在实际应用中是非常有利的。

非磁性材料没有磁畴的结构,所以不具有磁化的特性。

2. 磁饱和性

磁性材料在外部磁场的作用下被磁化了,那么外部磁场逐渐增强的话,磁性材料的磁化磁场会不会也随之无限增强呢?答案是否定的。当外磁场增大到一定程度后,磁性材料的全部磁畴的磁场方向都转向与外部磁场方向一致,磁化磁场的磁感应强度 B_j 达到最大值(见图 6.2.5),称为 $B-H$ 磁化曲线。各种磁性材料的磁化曲线可通过实验得出,在磁路计算和磁路设计时都可以该磁化曲线为依据。具体来看,磁化曲线可分为三段:Oa 段为 B 与 H 几乎成正比地增加;ab 段为 B 的增加缓慢下来;b 点以后,B 增长减慢,逐渐趋于饱和。

磁性材料的 $B-H$ 磁化曲线不是直线,即 B 和 H 的比值 μ 不是常数,μ 随 H 改变的情况如图 6.2.6 所示。在磁化的起始阶段 μ 数值较小,随着 H 的增加,μ 值迅速增加达到最大值,H 再继续增加,B 值接近饱和,而 μ 值反而下降,所以磁性材料的 μ 值不是常数,其值的大小与磁场强度及磁性材料的磁状态有关。

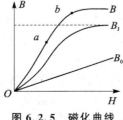

图 6.2.5　磁化曲线

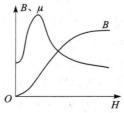

图 6.2.6　B、μ 与 H 关系

3. 磁滞性

在外部磁场的作用下磁性材料可以被磁化,方向也与外部磁场相一致。那么,如果外部磁场反方向磁化磁性材料的话,其磁化磁场也将随之改变,其磁场强度将循环地在 $+H_m$ 和 $-H_m$ 之间变化,将这个过程反复进行得到一个对称原点的闭合磁化曲线,称为磁性材料的磁滞回线,如图 6.2.7 所示。

磁性材料反复磁化时,磁化磁场的变化轨迹,即磁化过程的上升段 ($a \to b$) 或 ($d \to e$) 与下降段 ($b \to c$) 或 ($e \to f$) 并不重合。H 减为零

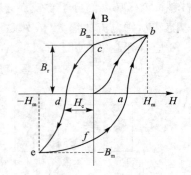

图 6.2.7　磁滞回线

时,B 减小到 B_r,也就是说外磁场消失时,磁化磁场仍存在。B_r 称为剩磁,要将剩磁消除只有施加反向去磁的磁场,从图中可以看出强度达到 $-H_c$ 时可消除剩磁。所以,在反复的磁化过程中 B 的变化总是落后于 H,这种现象称为磁滞现象,由此测试出的闭合磁化曲线称为磁滞回线。

不同的磁性材料,其磁滞回线形状不同。磁性材料按其磁滞回线的形状分为两类,软磁材料和硬磁材料。

软磁材料的磁滞回线包围的面积较小,主要特性是磁导率高、易于磁化、剩磁也易消失。这类磁性材料包括电工软铁、硅钢片、铁镍合金(坡莫合金)等。软磁材料多用于交流磁路,硅钢片主要用于制作电机、变压器的铁芯,铁镍合金多用于电子设备中的脉冲变压器铁芯,其中电工软铁用于直流磁路。

硬磁材料的磁滞回线宽,具有较高的剩磁。这类材料一经磁化即能保持较强的恒定磁性,又称为永磁材料。属于永磁材料的有合金钢、铝镍钴合金、稀土合金等,主要用于扬声器、磁电系仪表、永磁发电机等电器以产生恒定磁场。

4. 损　耗

(1) 磁滞损耗:将磁性材料反复磁化,由于磁滞现象的发生,磁畴相互间将会不停地摩擦、消耗能量、造成损耗,这种损耗称为磁滞损耗。磁滞损耗主要转变为热能,损耗的大小与磁滞回线的面积成正比。

为减小电机和变压器铁芯的磁滞损耗,常采用磁滞回线面积较小的硅钢片叠成铁芯。

(2) 涡流损耗:磁性材料在反复磁化时,铁芯中的磁通要发生变化,从而产生感应电流,该电流垂直于磁力线方向的铁芯截面上,称为涡流。涡流也会使磁性材料发热,即产生了涡流损耗。

磁滞损耗和涡流损耗合称为铁损耗。为了减少铁损耗,除应使用磁滞回线面积小的磁性材料外,在电机、变压器等元件中应用 0.15～0.5 mm 硅钢片或 0.1 mm 厚的微晶、非晶等磁性材料叠制铁芯,并在钢片的表面涂有绝缘漆以减小涡流回路的尺

寸,降低铁损耗。

6.3 直流电机的基本结构与工作原理

6.3.1 直流电机的基本结构

直流电机的结构如图 6.3.1 所示。从图中可以看出,直流电机的结构主要包括定子和转子两大部分。其中,定子是运行时静止不动的部分,定子的主要作用是产生电机工作所需的磁场;运行时转动的部分称为转子,其主要作用是产生电磁转矩。转子通常又称为电枢。

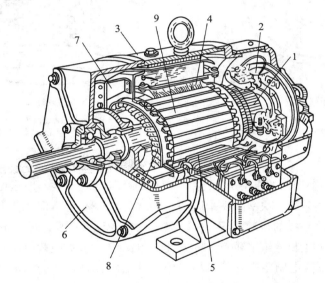

1—换向器　2—电刷装置　3—机座　4—主磁极
5—换向极　6—端盖　7—风扇　8—电枢绕组　9—电枢铁芯

图 6.3.1　直流电机的结构图

1. 定子部分

直流电机的定子主要由机壳、主磁极、换向极、电刷组件等组成。定子部分结构剖面图如图 6.3.2 所示。

(1) 机壳:直流电机的机壳由圆柱形的壳体和端盖组成,它既是主磁路的一部分,同时也起到了机械支撑的作用。机壳一般由导磁性能良好的电工钢片制成,磁极和换向极就安装在上面。

(2) 主磁极:主磁极由主磁极铁芯和励磁绕组两部分构成,主磁极的作用是产生电机工作所需的主磁场。铁芯是磁路的一部分,为减小铁芯损耗,它由电工钢片制成。铁芯下面扩大的部分称为极靴(或极掌),极靴表面做成一定的形状,使得磁极下的气隙磁场分布更加均匀。励磁绕组由绝缘铜导线绕制而成,缠绕在主极铁芯上。

当励磁绕组中通入直流电流时,根据电磁学知识可知在气隙中产生磁场,N极与S极在空间中交替排列,磁场总是成对出现的。这种由励磁电流产生主磁场的电机称为电磁式直流电机,绝大多数直流电机都采用这种方式。主磁极也可采用永久磁铁,这种电机称为永磁式直流电机,一些小型直流电机采用这种方式。

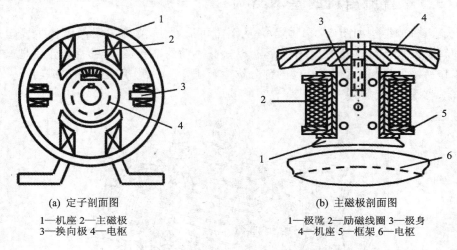

(a) 定子剖面图
1—机座 2—主磁极
3—换向极 4—电枢

(b) 主磁极剖面图
1—极靴 2—励磁线圈 3—极身
4—机座 5—框架 6—电枢

图 6.3.2　直流电机的定子剖面结构图

(3) 换向极:换向极的作用是改善直流电机的换向,在电机运行时避免产生有害的火花。换向极铁芯通常用整块钢制成,固定在主极之间的对称线上,即几何中性线上。换向极的个数一般与主磁极的极数相等,在功率较小的直流电机中,也可以不装或少装换向极。换向极绕组和电枢绕组串联,流过的是电枢电流,因而其导线截面较大,匝数较少。

(4) 电刷组件:电刷用来连接电枢绕组和外电路,结构如图 6.3.3 所示。电刷放

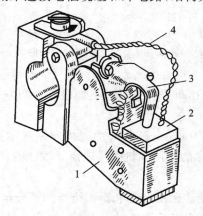

1—刷握　2—电刷　3—压紧弹簧　4—刷辫
图 6.3.3　电刷装置

在电刷架的刷握内,电刷架固定在机壳上。弹簧压紧电刷,保证电刷和换向器之间有良好的滑动接触。为改善换向,可采用铜—石墨电刷。

2. 转子部分

转子的结构如图 6.3.4 所示。直流电机的转子主要由电枢铁芯、电枢绕组、换向器、风扇和转轴等组成。

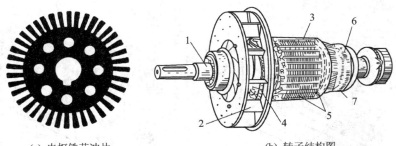

(a) 电枢铁芯冲片　　　　　　(b) 转子结构图

1—转轴　2—风扇　3—电枢铁芯　4—电枢绕组　5—镀锌钢丝　6—换向器　7—电枢绕组

图 6.3.4　转子结构图

(1) 电枢铁芯:电枢铁芯是电机主磁路的一部分,一般用 0.5 mm 厚的硅钢片冲成一定的形状(见图 6.3.4(a)),将冲片两面涂上绝缘漆后再叠压而成。电枢铁芯上沿圆周均匀分布铁芯槽,用以嵌放电枢绕组。

(2) 电枢绕组:电枢绕组的作用是产生感应电动势和电磁转矩,是实现机电能量转换的关键部件。电枢绕组由绝缘导线绕制成的线圈按一定规律连接制成,每个元件的两个有效边分别嵌放在电枢铁芯表面的槽内,元件的两个出线端分别与两个换向片相连。

(3) 换向器:换向器安装在转轴上,由许多相互绝缘的换向片组成,其作用是与电刷配合,在电刷间得到方向恒定的直流电动势,并保证每个磁极下电枢导体电流方向不变,以产生恒定方向的电磁转矩。换向片数与线圈元件数相同,结构如图 6.3.5 所示。

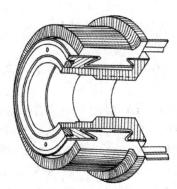

图 6.3.5　换向器装置

6.3.2　直流电机的工作原理

直流电机是实现电能与机械能的相互转换的旋转机械。其中,直流发电机是由原动机带动,利用电磁感应原理将机械能转换成电能输出;直流电动机是从直流电源处获得电能,将电能转换成机械能输出。下面分别介绍一下直流发电机和直流电动机的工作原理。

1. 直流发电机工作原理

直流发电机的原理模型如图 6.3.6 所示。N 和 S 是一对固定的磁极,电枢线圈 abcd 嵌放在转子铁芯上,线圈的两端分别接到相互绝缘的两个半圆形铜片(换向片)上,它们组合在一起称为换向器。换向片固定在转轴上,随着转轴同步旋转,在每个半圆铜片上又分别放置一个固定不动而与之滑动接触的电刷 A、B,电刷是由导体石墨制成,线圈 abcd 通过换向器和电刷接通外电路。

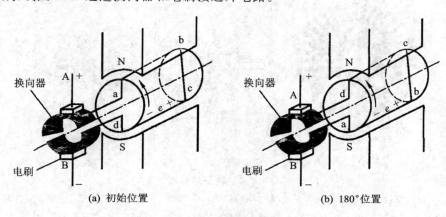

(a) 初始位置　　　　　　　　(b) 180°位置

图 6.3.6　直流发电机的物理模型

设原动机驱动转子按照逆时针方向旋转,即线圈 abcd 沿逆时针方向旋转,此时线圈切割磁场产生感应电动势

$$e = B_x l v \tag{6.3.1}$$

式中:B_x 为导体所在位置的气隙磁密;l 为导体有效长度;v 为导体切割磁场的线速度。

感应电动势的方向用右手定则确定。在图示 6.3.6(a)所示瞬间,导体 ab、cd 的感应电动势方向分别由 b→a 和由 d→c。这时电刷 A 为正极,B 为负极。

当原动机驱动电枢转过 180°时,导体 ab 与 cd 互换了位置,如图 6.3.6(b)所示。根据右手定则不难判断,此时导体 ab 的电动势方向为 a→b,导体 cd 的方向为 c→d,即发电机内部线圈的电动势方向发生了变化,此时电刷 A 仍为正极,B 仍为负极。

原动机带动电枢连续旋转,导体 ab 和 cd 交替地切割 N 极和 S 极下的磁力线,导体 ab 和 cd 产生的感应电动势极性是不断变化的,但是通过随电枢一同转动的换向片与固定的电刷相互配合,使得电刷之间的电动势极性始终不变。

实际电机采用很多元件组成电枢线圈,均匀分布在电枢表面,并按一定规律连接,这样在电刷 A、B 之间就可获得较大且平稳的直流电动势。该电动势称为电枢电动势,以 E_a 表示,有

$$E_a = C_e \Phi n \tag{6.3.2}$$

式中:n 为发电机的转速;Φ 为每极磁通,它主要由励磁电流决定;C_e 为与电机结构

有关的常数。

2. 直流电动机工作原理

直流电动机的基本结构与直流发电机相同,不同的是直流电动机输入的是直流电压,输出的是机械转矩。为简单起见,仍然采用如图 6.3.7 所示的原理模型图进行分析。在 6.3.7(a)图所示的瞬间,将电刷 A、B 接到直流电源上,电刷 A 接正极,电刷 B 接负极,此时电枢线圈中有电流流过。电流由电源正极经电刷 A 流入电枢绕组,在线圈中的流动方向为 abcd,然后经电刷 B 流回电源负极。根据安培定律,载流导体 ab 和 cd 在磁场里要受到电磁力的作用,其方向由左手定则判断,方向如图所示,导体 ab 和 cd 受到的力形成一个力矩,使得转子逆时针方向转动。

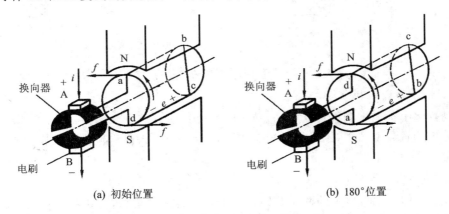

(a) 初始位置　　　　　　　　(b) 180°位置

图 6.3.7　直流电动机的物理模型

当电枢旋转 180°后,导体 cd 转到 N 极下,ab 转到 S 极下,如图 6.3.7(b)所示。由于直流电源产生的电流方向不变,仍从电刷 A 流入,在线圈中的流动方向为 dcba,然后经电刷 B 流出。此时载流导体产生的转矩仍然使得转子逆时针方向转动。这样,转子持续受到逆时针方向力矩的作用,实现了直流电能向机械能的转换。这就是直流电动机的工作原理。

从图 6.3.7 可见,外部输入的是直流电,而线圈里的是极性交替变化的交流电,通过换向片与电刷的相互配合,使得每一磁极下导体里的电流方向不变,因此线圈受到的力矩方向是恒定的。

实际应用中的直流电动机电枢上有多个线圈,减小了电磁转矩的脉动,从而获得电动机轴上的恒定转矩。直流电动机的电磁转矩用 T 表示,为

$$T = C_T \Phi I_a \tag{6.3.3}$$

式中:C_T 为电机结构常数;Φ 为每极磁通;I_a 为电枢电流。

6.3.3　直流电机的励磁方式

直流电机主磁通产生的方式称为励磁方式。按照励磁方式的不同,直流电机可

分为他励和自励两种。自励按励磁绕组连接方式的不同又分为并励、串励和复励 3 种方式,如图 6.3.8 所示。不同的励磁方式对直流电机的稳态和动态性能都有很大影响。

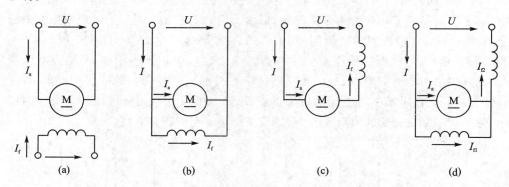

图 6.3.8 直流电机励磁方式

1. 他励直流电机

励磁绕组与电枢绕组相互独立,励磁电流由其他直流电源单独供给的直流电动机称为他励直流电动机,接线如图 6.3.8(a)所示。用永久磁铁作为主磁极的直流电机也可当作他励电机。

2. 并励直流电机

励磁绕组与电机电枢的两端并接。对于并励直流发电机,是电机本身发出来的电供给励磁电流。并励电动机励磁绕组与电枢共用一电源,接线如图 6.3.8(b)所示。

3. 串励直流电机

励磁绕组与电枢回路串联,电枢电流也是励磁电流。串励直流电动机接线如图 6.3.8(c)所示。

4. 复励直流电机

励磁绕组分为两部分,一部分与电枢回路串联,另一部分与电枢回路并联。接线如图 6.3.8(d)所示。

6.4 直流发电机

6.4.1 稳定运行时的基本关系式

1. 电势平衡方程式

根据基尔霍夫电压定律,可得电枢回路的 KVL 方程

$$E_a = U + I_a R_a \tag{6.4.1}$$

式中:R_a 为电枢回路总电阻,包括电枢绕组电阻和电刷接触电阻;I_a 为电枢回路电流;U 为电枢端电压。

2. 转矩平衡方程式

直流发电机稳态运行时,作用于电枢上的转矩共有三个:原动机拖动发电机转子的输入转矩 T_1;电磁转矩 T;电机轴上的摩擦与损耗引起的空载转矩 T_0。稳态运行时的转矩关系式为

$$T_1 = T + T_0 \tag{6.4.2}$$

式(6.3.2)、式(6.3.3)、式(6.4.1)、式(6.4.2)为直流电机稳态运行的基本平衡关系式。

6.4.2 直流发电机外特性

以他励直流发电机为例,保持励磁电流为额定值不变,改变直流发电机负载,输出电压将随之改变,两者之间的关系曲线 $U = f(I_a)$ 即为直流发电机的外特性,如图 6.4.1 所示。由图可以看出,当电流增大时,端电压下降。

利用电压变化率表示发电机由空载到额定负载时电压的下降程度,即

$$\Delta U = \frac{U_0 - U_N}{U_N} \times 100\% \tag{6.4.3}$$

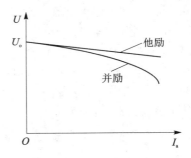

图 6.4.1 直流发电机的外特性

式中:U_0 为空载时的端电压;U_N 为额定负载时的端电压。

6.5 直流电动机

6.5.1 稳态运行时的基本关系式

直流电动机运行时也满足 6.4 节介绍的基本关系式,只是直流电动机电枢接电源,其输入为电功率,将电能转化为机械能带动负载。

1. 电势平衡方程式

电动机电枢线圈通电后在磁场中受力转动。电枢转动切割磁力线,线圈中也要产生感应电动势。电动势的方向与电枢电流(或外加电压)的方向相反,称为反电势。

根据基尔霍夫电压定律,可得电势平衡方程式

$$U = E_a + I_a R_a \tag{6.5.1}$$

反电势的产生与直流发电机运行时一致,即 $E_a = C_e \Phi n$,则

$$I_a = \frac{U - C_e \Phi n}{R_a} \tag{6.5.2}$$

可见，直流电动机和一般直流电路不一样，它的电流不仅取决于外加电压和本身的内阻，还取决于与转速成正比的反电势。

2. 转矩平衡方程式

$$T = T_2 + T_0 = T_L \tag{6.5.3}$$

式中：T 为电磁转矩；T_2 为输出转矩；T_0 为空载转矩；T_L 为总负载转矩。

3. 额定转矩与机械功率的关系

电动机轴上输出的额定转矩用 $T_{2N}(\text{N}\cdot\text{m})$ 表示，其值等于输出的机械功率额定值除以转子角速度的额定值，即

$$T_{2N} = \frac{P_N}{\Omega_N} = \frac{P_N}{2\pi n_N/60} = 9.55\frac{P_N}{n_N} \tag{6.5.4}$$

式(6.5.4)不仅适用于直流电动机，也适用于交流电动机。若 P_N 的单位是 kW，则系数由 9.55 改为 9550。

【例 6.5.1】 一台并励直流电动机，额定功率 $P_N = 86$ kW，$U_N = 440$ V，$I_N = 230$ A，$I_{fN} = 3.3$ A，$n_N = 1\,200$ r/min。电枢回路总电阻 $R_a = 0.08\ \Omega$。求额定输出转矩为多少？

解：额定输出转矩为

$$T_{2N} = 9.55\frac{P_N}{n_N} = 9.55 \times \frac{86\,000}{1\,200}\text{N}\cdot\text{m} = 684.4\ \text{N}\cdot\text{m}$$

6.5.2 直流电动机的机械特性

6.4 节中已经提到，当电动机轴上的负载转矩发生变化时，电动机的转速、电流以及电磁转矩等都将发生变化。当电源电压 U 和励磁磁通 Φ 保持不变时，电动机转速 n 与转矩 T 之间的关系曲线 $n = f(T)$，称为机械特性曲线，如图 6.5.1 所示。

将式(6.3.3)代入式(6.5.2)整理得

$$n = \frac{U}{C_e\Phi} - \frac{R_a}{C_e C_T \Phi^2}T = n_0 - \beta T \tag{6.5.5}$$

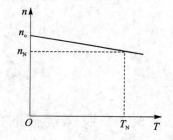

图 6.5.1 直流电动机机械特性

式中：$n_0 = \dfrac{U}{C_e\Phi}$ 为理想空载转速，$\beta = \dfrac{R_a}{C_e C_T \Phi^2}$ 为机械特性斜率。

可见直流电动机的机械特性是线性的，其物理意义如下。

1. 理想空载转速

机械特性曲线在纵轴上的截距表示为电磁转矩等于零时的电动机转速，用 n_0 表示。由于电机本身具有空载损耗，产生阻转矩。只有在理想条件下，即电机本身没有空载损耗时才可能有 $T = 0$，所以 n_0 是指理想空载条件下电动机的转速，即理想空载转速。

2. 堵转转矩

当电机的转速 $n = 0$ 时,此时电动机输出的转矩称为堵转转矩,用 T_d 表示,有时也称之为启动转矩。即

$$T_d = \frac{C_T \Phi}{R_a} U \tag{6.5.6}$$

3. 斜 率

特性曲线的斜率 $\beta = \dfrac{R_a}{C_e C_T \Phi^2}$ 表示直流电动机机械特性的硬度。直流电动机机械特性的斜率 β 与电枢电阻 R_a 成正比,电枢电阻 R_a 大,斜率 β 也大,机械特性就软,转矩的变化对转速影响大;电枢电阻 R_a 小,斜率 β 也小,机械特性就硬,转矩的变化对转速的影响小。从电动机的控制和使用角度讲,机械特性较硬更为理想。因此,直流电动机工作时,希望电枢电阻 R_a 的数值小。

6.5.3 直流电动机的使用

1. 启 动

电动机从加上电压到转速稳定的过程称为启动过程。通常要求启动电流不能过大,有足够大的启动转矩以缩短启动时间,另外启动设备要简单。

在启动的瞬间,由于转速为零,反电势 $E_a = 0$,因此电机的端电压全部加到电枢电阻 R_a 的两端,此时电枢电流为

$$I_{ast} = \frac{U_a}{R_a} \tag{6.5.7}$$

通常电枢电阻很小,因此启动电流很大,可能达到额定电流的 $10 \sim 20$ 倍。为了降低启动电流,一般采用在电枢回路串联电阻的方法,使启动电流降低到额定电流的 $1.5 \sim 2$ 倍,如图 6.5.2(a) 所示。

串联启动电阻 R_{st} 后,电枢中的启动电流初始值为

$$I_{ast} = \frac{U}{R_a + R_{st}} \tag{6.5.8}$$

启动电阻为

$$R_{st} = \frac{U}{I_{ast}} - R_a \tag{6.5.9}$$

当电动机启动后,随着转速的提高,反电动势逐渐增加,启动电流和转矩都逐渐减小,为了获得足够大的启动转矩,需要随着转速的升高而逐段切除串联电阻,转速变化如图 6.5.2(b) 所示。

特别需要指出的是:直流电动机无论在启动还是在正常工作时,励磁电路一定要接通,不能让它断开(而且启动时要满励磁)。否则将会发生以下事故:

(1) 如果电动机是静止的,由于转矩太小($T = C_T \Phi I_a$),它将不能启动,这时反

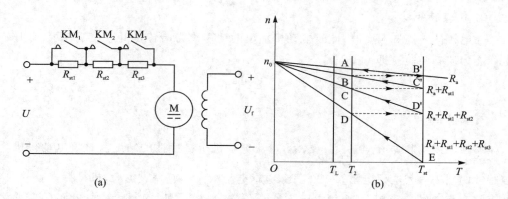

图 6.5.2 电枢回路串联启动电阻

电势为零,电枢电流很大,电枢绕组有被烧坏的危险。

(2) 如果电动机在有载运行时断开励磁电路,反电势立即减小而使电枢电流增大,同时由于所产生的转矩不能满足负载需求,电动机必将减速停转,更加促进电枢电流的增大,以致烧毁电枢绕组和换向器。

(3) 如果电动机在空载运行,其转速可能上升到很高的值(这种情况称为"飞车"),使电动机遭受严重的机械损伤,而且因电枢电流过大将绕组烧坏。

【例 6.5.2】 在【例 6.5.1】中,(1)求电枢中直接启动电流的初始值;(2)如果使启动电流不超过额定电流的 1.5 倍,求启动时应串联多大的启动电阻。

解:

(1) $I_{ast} = \dfrac{U_N}{R_a} = \dfrac{440}{0.08} \text{A} = 5\,500 \text{ A} \approx 23 I_a$

(2) $R_{st} = \dfrac{U_N}{I_{ast}} - R_a = \left(\dfrac{440}{1.5 \times 230} - 0.08\right) \Omega = 1.19 \text{ }\Omega$

2. 调 速

电动机运行过程中,通常需要电动机的转速在一定范围内可调节。直流电动机在调速性能上有其独特的优点。因此在调速性能要求高的场合,仍常常采用直流电动机。

根据电动机的基本关系式不难得出

$$n = \dfrac{U - I_a R_a}{C_e \Phi n} \qquad (6.5.10)$$

由式(6.5.10)可知,调速方法有三种:电枢串电阻调速、改变电枢电压调速和改变磁通 Φ(调磁)调速。

(1) 电枢串电阻调速:当电枢加额定电压 U_N,励磁电流 I_f 不变,改变电枢回路的串接电阻 R,由式(6.5.6),电动机的理想空载转速 n_0 不变,但机械特性的斜率 β 会增大,特性曲线倾斜度增加,且串入电阻越大,曲线越倾斜。电枢回路串接电阻 R 调速时的机械特性如图 6.5.3 所示。

电枢串电阻调速的特点：

① 实现简单，操作方便。

② 只能将转速向下调（$n < n_N$），轻载时调速效果较差。

③ 由于电阻是分级切除的，所以只能实现有级调速，平滑性差。

④ 由于串接电阻 R 要消耗电功率，因而经济性较差。

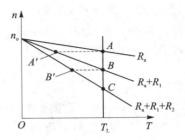

图 6.5.3 电枢串电阻调速

【例 6.5.3】 一台直流电动机，其原来运行情况为：电机端电压 $U=220$ V，$E_a=210$ V，$R_a=1\ \Omega$，$I_a=10$ A，$n=1\ 500$ r/min。在电枢回路串电阻降低转速，设 $R_{tj}=10\ \Omega$，并设负载转矩不变，求转速降低到原来的多少？

解：$\dfrac{n'}{n} = \dfrac{E'_a/C_e\Phi}{E_a/C_e\Phi} = \dfrac{E'_a}{E_a} = \dfrac{U - I_a(R_a + R_{tj})}{U - I_a R_a}$

$= \dfrac{220\ \text{V} - 10\ \text{A} \times (10+1)\ \Omega}{220\ \text{V} - 10\ \text{A} \times 1} = 0.52$

$n' = n \times 0.52 = 780$ r/min

（2）改变电枢电压调速：电动机励磁电流保持为额定值，每极磁通 Φ_N 保持不变，通过改变电动机电枢电压 U 进行调速。由式(6.5.6)可见，改变电枢电压 U 可得到一组平行的机械特性曲线，且特性曲线的硬度相同，如图 6.5.4 所示。

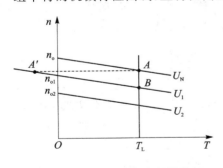

图 6.5.4 改变电枢电压调速

受电机绝缘耐压的限制，电枢电压不允许超过额定电压，因此只能在额定电压 U_N 以下进行。

调压调速的特点：

① 可均匀调节电枢电压，实现平滑的无级调速。

② 调速前后机械特性硬度不变，调速范围较宽，可达 10～20。

③ 调速过程中能量损耗较少，调速经济性较好。

④ 需要一套可控的直流电源，投资费用较高。

【例 6.5.4】 一台直流电动机，其原来运行情况为：电机端电压 $U=110$ V，$E_a=90$ V，$R_a=20\ \Omega$，$I_a=1$ A，$n=3\ 000$ r/min。问如果电源电压降低一半，而负载转矩不变，转速将降低为多少？

解：$\dfrac{n'}{n} = \dfrac{E'_a/C_e\Phi}{E_a/C_e\Phi} = \dfrac{E'_a}{E_a} = \dfrac{U' - I_a R_a}{U - I_a R_a} = \dfrac{55\ \text{V} - 1\ \text{A} \times 20\ \Omega}{110\ \text{V} - 1\ \text{A} \times 20\ \Omega} = 0.39$

$n' = n \times 0.39 = 3\ 000\ \text{r/min} \times 0.39 = 1\ 170\ \text{r/min}$

(3) 改变磁通 Φ（调磁）调速：降低励磁电压或在励磁回路串接电阻 R_c，使励磁电流 I_f 减小。由于磁通与励磁电流在额定磁通以下时成正比，所以主极磁通减小。根据式(6.5.6)可知

$$n_0 \propto \frac{1}{\Phi} \qquad \beta \propto \frac{1}{\Phi^2}$$

当磁通减小后，理想空载转速 n_0 升高，斜率 β 增大，特性曲线倾斜度增加，电动机的转速较原来有所提高，如图 6.5.5 所示。

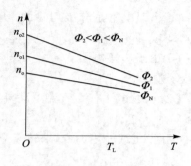

图 6.5.5 调磁调速

调磁调速的特点：
① 调速平滑，可实现无级调速。
② 调速范围不大。磁通越弱转速越高，由于受电机机械强度和换向火花的限制，转速不能太高，调速范围窄。
③ 由于励磁电流远小于电枢电流，所以控制方便，能量损耗小。
④ 机械特性较硬，稳定性较好。

【例 6.5.5】 一台直流电动机，其原来运行情况为：电机端电压 $U=110$ V，$E_a=90$ V，$R_a=20$ Ω，$I_a=1$ A，$n=3\,000$ r/min。为了提高转速，增加激磁回路的调节电阻使磁通减少 10%，若负载转矩不变，转速如何变化？

解：

$$\frac{n'}{n} = \frac{E'_a/C_e\Phi'}{E_a/C_e\Phi} = \frac{E'_a\Phi}{E_a\Phi'} = \frac{\Phi}{\Phi'} \times \frac{U'-I'_aR_a}{U-I_aR_a} = \frac{1}{0.9} \times \frac{110\text{ V} - 1.11\text{ A} \times 20\text{ Ω}}{110\text{ V} - 1\text{ A} \times 20\text{ Ω}} = 1.08$$

$$n' = n \times 1.08 = 3\,240 \text{ r/min}$$

3. 反 转

要改变电动机的转向，必须改变电磁转矩的方向，改变电磁转矩的方向有两种方法：

(1) 磁场方向固定，单独改变电枢电流的方向。
(2) 电枢电流的方向不变，单独改变励磁绕组电流的方向。

如果同时改变磁通和电枢电流的方向，根据电磁转矩计算式不难得出电磁转矩的方向不变。

4. 制 动

电动机制动，也就是产生与转子转动方向相反的制动转矩。常用的制动方式有以下 3 种：反接制动、能耗制动和回馈制动。

(1) 反接制动：反接制动是通过将电动机的电源电压反向来实现制动的，这种制动方式只适用于他励直流电动机。由于电源电压反向，电枢电流也随之反向，电磁转矩 T 也反向，由驱动转矩变为制动转矩，电机转速降低。在此过程中，电源输入电

功率,制动时机械能转化为电能,以铜耗的形式消耗在电枢回路电阻上。因此,制动时要在电枢回路中串入限流电阻。

(2) 能耗制动:能耗制动是通过切除电源电压来实现制动的。当 $U=0$ V 时,电枢电流反向,电磁转矩也反向,由驱动转矩变为制动转矩,电机转速降低。

(3) 回馈制动:若电动机处于电动状态运行时,由于某种原因,电动机的转速高于理想空载转速,则电动机便处于回馈制动状态。此时,$n > n_0$,$E_a > U$,电枢电流方向与原来相反,电磁转矩随之反向,对电机起制动作用。此时,电枢电流从电机流出,进入电网,即把电能回馈给电网,因此称为回馈制动。

6.6 直流电机的额定数据与型号

6.6.1 直流电机的额定数据

额定值是电机长期正常运行时各物理量的允许值。直流电机的额定值主要有:

(1) 额定功率 P_N(kW):对于直流发电机而言,指输出的电功率 $P_N = U_N I_N$。对于直流电动机而言,指输出的机械功率 $P_N = U_N I_N \cdot \eta_N$,$\eta_N$ 为额定运行时的效率。

(2) 额定电压 U_N(V):直流电机在额定状态下的电刷两端的电压。

(3) 额定电流 I_N(A):直流电机在额定状态下流过电刷两端的电流。

(4) 额定转速 n_N(r/min):直流电机额定运行时的转子转速。

(5) 额定励磁电流 I_{fN}(A):指电机在额定电压、额定电流及额定转速时对应的励磁电流。

对于航空直流电机,还规定有额定工作方式下的额定值。额定工作方式主要有连续工作、短时工作、短时重复工作等。

6.6.2 直流电机的型号

飞机直流电机的型号由主称代号、功率值和改型产品代号 3 部分组成。主称代号为 2~3 个汉语拼音字母,表示产品的类别和名称的基本含义,如 QF(启、发)、ZF(直、发)、ZD(直、动)、BZD(泵、直、动)等;功率值为电机的额定功率(W、kW);改型产品代号用大写英文字母表示,如 QF - 12D 表示改型产品代号为 D、功率为 12 kW 的启动发电机。

6.7 航空直流启动发电机

兼具启动功能的航空直流发电机,称为航空启动发电机。它可作为电动机用,用以启动飞机发动机;当发动机达到一定转速后,它由发动机拖动进入发电状态,给机上电网供电。这样,飞机不必用一套独立的启动装置,减轻了设备重量。显然,由于启动发电机要适用双重功能,使它的工作条件变得更加复杂。

在启动过程中,启动发电机应该满足以下要求:

(1) 具有足够大的启动转矩,保证发动机能在预定的时间内平稳地启动。

(2) 启动电流不应过大,避免电机过热、换向恶化。

(3) 启动完毕后能自动转入发电状态,给机上电网正常供电。

以某型航空直流启动发电机启动涡轮喷气发动机为例,简要分析其启动过程。图 6.7.1 为其启动控制电路图,整个启动过程是分四级完成的。

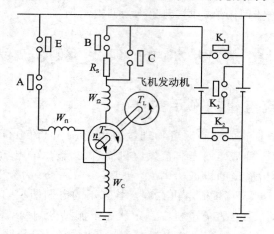

图 6.7.1　启动控制电路图

第一级:串入启动电阻 R_s,电枢串联电阻启动。

发出启动指令后,首先接通 K_1、K_2,使两组电瓶并联工作。同时,定时机构开始工作,1.3 s 后接触器 A、B 同时动作,即接触器 A、B 接通(E 为常闭接触器,此时是接通的),串入启动电阻 R_s,电机工作在复励状态。这一级的电枢电流 I_{a1} 受到串联电阻 R_s 的限制,$I_{a1} \leqslant \dfrac{U}{R_a + R_s}$,式中 R_a 为电枢回路总电阻。因为 I_{a1} 不大,故电磁启动转矩 T_{s1} 也不大,避免产生过大的冲击损坏发动机部件。当 T_{s1} 大于发动机的空载阻转矩 T_0 时,发动机被拖动开始旋转,转速上升,电枢电动势 E_a 增大,致使 I_{a1} 和 T_{s1} 下降,此时随着转速的上升,发动机总阻力矩 T_L 不断增大。到 2.5 s 时,接触器 C 接通,启动电阻 R_s 被短接,启动过程进入第二级。

第二级:切除启动电阻 R_s,机组加速。

串联电阻 R_s 切除后,电枢两端电压升高,电枢电流上升到 $I_{a2} = \dfrac{U - E_a}{R_a}$,使对应的转矩 T_{s2} 显著大于发动机的阻力,因此转速很快升高。这时由于 E_a 随转速升高而增大,又使 I_{a2}、T_{s2} 下降,到 8.5 s 时接触器 K_1 和 K_2 断开,K_3 接通,两组电瓶串联,电压增高到 $2U$ 进入第三级。

第三级:两组电瓶串联升压。

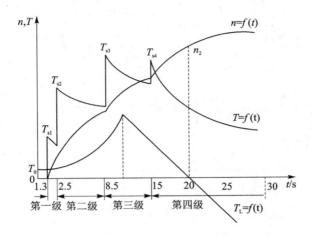

图 6.7.2 分级启动过程

此时端电压为 $2U$，启动电流上升，$I_{a3} = \dfrac{2U - E_a}{R_a}$，电磁转矩上升到 $T_{s3} = C_T \Phi I_{a3}$，转速继续上升，但当转速上升时，E_a 也上升，使 I_{a2} 下降。当转速达到 $600 \sim 700 \text{ r/min}$ 时，发动机点火工作，其动力转矩随之上升，发动机的总阻转矩 T_L 随之减小，如图 6.7.2 中曲线 $T_L = f(t)$。启动到 15 s 时，E 断开，并励绕组（W_{f1}）从电网切断，电动机工作在串励状态，进入第四级。

第四级：切除并励绕组，电动机以串励状态工作。

并励绕组切除，磁通下降到 Φ'，致使电势下降到 $E'_a = C_e \Phi' n$，因此电流上升到 $I_{a4} = \dfrac{2U - E'_a}{R_a}$，瞬时转矩也上升，$T_{s4} = C_T \Phi' I_{a4}$，使转速继续增大。随着转速的增大，电势 E'_a 将上升，I_{a4} 下降，T_{s4} 也下降。当转速上升到 n_2 时，发动机的动力转矩已能克服其阻转矩，实际上已能自行启动，但为可靠起见，启动机常带动一段，直到启动箱定时机构到 30 s 时，发动机转速上升到 $1\,800 \sim 3\,200 \text{ r/min}$ 以后，才使启动箱的接触器、继电器全部停止工作，启动箱中的定时机构继续运行到 42 s 时启动完毕。发动机进入慢车转速，一般是 $4\,100 \sim 4\,500 \text{ r/min}$，电机开始进入并励发电机状态。

一个性能良好的发电启动系统，需要电动机的机械特性与负载的阻转矩匹配，有的航空并励直流启动发电机作启动机工作时，靠调节并励励磁电流以达到所需匹配的机械特性，这样可使系统设备大大简化。

国产直流启动发电机 QF－12D 的基本技术性能如表 6.7.1 所列。

表 6.7.1　QF-12D 的基本技术性能

发电机工作状态		启动机工作状态	
额定电压	28.5 V	供电电压	19.3 V
额定负载电流	400 A	负载转矩	24.5 N·m
电压为 30 V 时额定功率	12 000 W	转速	不小于 1 400 r/min
工作转速范围	4 200～9 000 r/min	各级冲击电流平均值	不大于 750 A
励磁方式	并励	励磁方式	复励
工作制	连续	工作制	断续周期

本章小结

（1）直流电机的结构主要包括定子和转子两大部分。其中定子的主要部分是主磁极，用以产生电机工作所需的磁场；转子的主要作用是进行能量转换，产生直流电动机的电磁转矩。

（2）直流发电机是将原动机输入的机械能转化为电能，产生的电枢电动势为：$E_a = C_e \Phi n$；直流电动机是将电源输入的电能转化为机械能，产生的电磁转矩为：$T = C_T \Phi I_a$。

（3）直流电机按照励磁方式分为他励、并励、串励和复励四种。

（4）直流电动机运行时，转速 n 与转矩 T 之间的关系曲线 $n = f(T)$，称为机械特性曲线。直流电动机的机械特性是线性的，其斜率的大小表征了机械特性的硬度。

（5）直流电动机启动时应限制启动电流，以减小对电机的冲击。直流电机调速可采用电枢串电阻调速、调压调速和调磁调速 3 种方式。直流电动机的制动有反接制动、能耗制动和回馈制动 3 种。

习　题

6-1　直流发电机由哪几部分组成？各部分的主要作用是什么？

6-2　简述直流发电机和直流电动机的基本工作原理。

6-3　直流电机的励磁方式有哪些？各有何特点？

6-4　一台直流电动机的额定转速为 3 000 r/min，如果电枢电压和励磁电压保持为额定值不变，该电机能否长期运行在 2 500 r/min 下？为什么？

6-5　一台他励直流电动机，其额定数据如下：$P_N = 2.5$ kW，$U_N = U_f = 115$ V，$n_N = 1 500$ r/min，$\eta_N = 0.85$，$R_a = 0.2$ Ω，$R_f = 86$ Ω。试求：① 额定电枢电流；② 额定励磁电流；③ 额定转矩；④ 额定电流时的反电势。

6-6　题 6-5 中，试求：① 启动初始瞬间的启动电流；② 如果使启动电流不超过额定电流的 1.8 倍,求启动电阻为多少?

6-7 题 6-5 中,如果保持额定转矩不变,试求下列方法调速时的转速:① 磁通不变,电枢电压降低 10%;② 磁通和电枢电压不变,电枢回路串联一个 2 Ω 的电阻;③ 在励磁回路中串联调节电阻 $R_{tj}=40$ Ω。

拓展推广之一——稀土永磁电机在航空上的应用

1. 应用特点

(1) 稀土永磁材料具有高磁能积,可显著降低电机的重量和体积,满足航空电机对体积、重量的严格要求。

(2) 稀土永磁材料矫顽力高,剩磁大,可产生很大的气隙磁通,大大缩小永磁转子的外径,从而减小转子的转动惯量,降低时间常数,改善电机的动态特性。

(3) 气隙宽度可以选取较大值,这样可以减小由于齿槽效应引起的力矩波动,也可抑制电枢反应对力矩波动的影响。电枢反应对稀土永磁体的去磁作用较小,更加适合突然反转、堵转驱动等特殊性能要求。

(4) 使用无刷直流电动机还具有以下显著特点:

① 使用寿命长。目前飞机上大量使用有刷直流电动机,寿命只有几百小时。随着航空技术的不断发展,各航空电机生产厂家均面临延长产品寿命的技术压力。当寿命要求提高到 1 000~2 000 h 时,有刷直流电动机本身特点已无法满足要求。无刷直流电动机没有电刷和换向器,可以大幅度提高寿命指标。

② 宜于高速运行。转速越高,电机体积重量可以做得越小。但有刷直流电机由于机械换向的限制,转速很难在现有基础上进一步提高。无刷直流电机在轴承允许的前提下,转速可成倍增加。

③ 可靠性高。有刷直流电机在高空环境运行时,换向火花加大,影响可靠性;而且电刷磨损加剧,减少电机寿命。无刷直流电机则不存在这些问题。

④ 散热容易。无刷直流电机的主要发热源在定子上,自然散热条件好。同时可以方便地在定子壳体中进行油冷或水冷,特别是循油或喷油冷却可以极大地提高电机的功率密度。

⑤ 余度控制方便。稀土永磁材料的矫顽力高,磁场定向性好,因而容易在气隙中建立近似于矩形波的磁场,实现方波驱动,提高电机的出力。

2. 应用现状

在发达国家,稀土永磁电机在航空上的应用已较为广泛,国内相对滞后,到目前为止只有少量新型号飞机得以应用。

稀土永磁电机在飞机上的主要应用对象为各式各样的电力作动系统。电力作动系统以电动机为执行元件驱动系统,广泛应用于飞机的飞控系统、环境控制系统、刹车系统、燃油和启动系统等。

（1）飞控系统：飞控系统采用的电力作动系统又叫功率电传作动器，主要用于翼面和方向舵的操作。分为电动液压作动器和机电作动器。

20世纪70年代中期，美国直升机的液压系统在重要国际事件中频频出现故障，促使他们对稀土永磁电动舵机进行研究开发。美国通用电气公司、维克斯公司和HR得克斯特朗公司为下一代飞行控制舵面研制的电动液压作动器采用了钕铁硼永磁无刷直流电机技术。研制的机电作动器采用了高压直流稀土永磁无刷直流电机技术和脉宽调制式功率变换器技术。

电机控制器接收飞机飞控计算机发出的控制指令，经过三通道舵回路系统伺服放大器的信号处理、综合与放大，进而驱动系统相应舵机的输出转角来操纵飞机的舵及副翼的舵面偏转，从而改变飞机的姿态和航向，实现飞控系统对飞机飞行的自动控制。

（2）电动环境控制系统：电动环境控制系统采用机电作动技术，其特点是采用大功率、高转速的变速驱动电动机。美国从1982年开始发展电动蒸汽循环式环境控制系统，并在P-3反潜飞机上进行试验。该系统采用30 000~70 000 r/min的变速高压直流稀土永磁无刷直流电机来驱动压气机。该钐钴永磁电动机在45 000 r/min时输出34.3 kW的功率。

国内也已成功研制出电动环境控制系统电动活门稀土永磁无刷直流电动机，直接采用电机所具有的霍耳转子位置传感器输出信号间接测量电机转速，实现电机在大范围变负载状态下的高精度稳速，不需要单纯的速度传感器，解决了原直流有刷电励磁串激电机驱动电动活门时的时间控制精度问题。

（3）空中制氧系统：氧气浓缩器是先进飞机的重要机载设备，它为飞行员提供生命的续航能力。目前国际上只有美国等四个国家拥有该项技术。我国已跻身于该技术国际先进行列，成功研制氧气浓缩器。所用电机为低速高精度无刷直流电机稳速系统，采用钐钴永磁励磁，驱动阀门以6 r/min旋转。

（4）电刹车系统：美国于1982年研制成功电刹车系统，并在A-10攻击机上进行了试验。20世纪90年代完成第三代电刹车系统，采用了大力矩钐钴永磁无刷直流电动机和滑轮蜗杆作动器。

1998年美国F-16战斗机试飞新的电刹车系统。该系统的电作动器采用四台稀土永磁无刷直流电动机。由于采用无刷电机和低惯性元件，机电作动器的响应频率可达20~30 Hz，而液压作动器的响应频率仅为10 Hz。采用该电刹车系统可使战斗机重量减轻22.5~45 kg。

（5）燃油系统：系统的液压泵、液压阀原先大多采用有刷直流电动机驱动。现采用无刷直流电动机。电机随泵浸在燃油中工作，控制器与电机本体同壳体安装，完全密封。电机采用耐高温钕铁硼永磁或钐钴永磁，以及1J22高导磁定子铁芯材料，具有数字控制的速度闭环和软启动功能。

拓展推广之二——直流发电机在导弹上的应用

某型导弹采用直流发电机 QF-6 作为弹上主电源,安装在涡喷发动机上。当发动机在地面开车或空中启动时,QF-6 用作电动机驱动发动机的涡轮运转;当发动机进入正常工作状态后,涡轮反过来驱动 QF-6 进行发电。

1. 启动发电机的主要性能指标介绍

航空低压直流发电机的标称电压为 30 V,额定电流有 100 A、200 A、300 A、400 A 和 600 A 多种,相应的额定容量为 3 kW、6 kW、9 kW、12 kW 和 18 kW。QF-6 额定电压为 28.5 V,额定电流为 200 A,功率为 6 kW。提高发电机最低工作转速是降低电机质量的有效方法,现役早期型号飞机的直流发电机最低工作转速在 3 800~5 500 r/min 之间,QF-6 转速范围 4 000~9 000 r/min。航空低压直流电源系统中的发电机,大多还是有刷结构,所以改善电机换向,减少电刷火花是飞机直流发电机保持可靠工作的重要条件。在额定电压下,转速为 4 000~9 000 r/min 时,负载电流在 0~200 A 之间,启动发电机的励磁电流在 0.9~8 A 之间,换向火花不大于 1.5 级。

2. 电压自动调节器

航空直流发电机工作转速范围宽,为了保持输出电压的稳定,必须设置电压调节器,通过改变发电机的励磁电流来调节输出电压。

早期的飞机直流发电机额定容量较小,多采用振动式电压调节器。这种调压器的发电机励磁电流受触点容量限制,只能适用于小容量发电机,并且触点较易损坏,目前已不再使用。

20 世纪 60 年代出现了炭片式电压调节器,将阻值可变的炭片电阻串联在发动机的并激绕组中,自动调整励磁电流,可用于大中功率飞机发电机,可调节的励磁电流容量达 10~15 A。

现代航空直流发电机普遍采用晶体管式电压调节器,它是采用晶体管作为放大元件的电压调节器,由检测比较回路、调制放大电路、控制电路等组成。具有质量轻、体积小、损耗小、调压精度高和动态响应快等优点。

电压调节器往往还有一些附加环节,例如发电机并联运行时调节电机间负载的均衡等,以提高电压调节器的工作性能。

启动发电机是由发动机带动工作,利用现成的机械能源,效率高、可靠性好、供电容量大、供电品质好,应用于装有涡喷发动机的导弹中比较切实可行。

思考题

(1) 无刷直流电动机的特点是什么?
(2) 稀土永磁电机在飞机上有哪些应用?
(3) 电压自动调节器的作用是什么?

第7章 变压器与交流电机

电机是以磁场为介质实现能量转换或信号转换的电磁装置。电机可分为直流电机和交流电机两大类,其中,直流电机已在第6章进行了相关介绍。交流电机依据工作原理的不同分为异步电机和同步电机两种,依据定子相数的不同又有单相和三相两类。在工农业生产中使用最多的是三相交流异步电动机,它被广泛应用于石油、冶金、机械、煤炭等领域,作为原动机带动生产机械。同样,在武器装备领域中也广泛采用,例如,新型飞机的操纵系统、燃油系统、滑油系统和冷却系统中越来越多地采用三相异步电动机进行驱动。同步电动机较多应用于恒速连续工作的大功率生产机械,例如,压缩机、水泵、风机等。单相异步电动机较多应用在家庭、办公场所、小型工厂等场合,主要用于功率不大的电动工具和家用电器,较为熟悉的如电风扇、洗衣机、电冰箱、空调等。

本章首先介绍了变压器的基本知识和分析方法,是研究交流电机的基础;其次按照基本结构-工作原理-输出特性-正确使用这条主线重点介绍和分析了三相异步电动机的相关内容。最后简要介绍了永磁同步电动机和同步发电机的相关知识。

1. 应用实例之一:电风扇

电风扇由单相交流异步电动机带动扇叶旋转,通过空气流通带走人体及其他热源散发的热量,主要用于清凉解暑和空气流通,广泛应用于家庭居室、办公场所、商店医院等。其工作原理是通电线圈在磁场中受力而旋转,将电能转化为机械能。一般扇叶直径在300 mm以内的电风扇采用罩极式异步电动机,通过调整定子绕组的抽头来改变定子磁场的强弱,实现三挡调速之目的。接线原理如应用实例图1所示。调速开关直接安装在电风扇上。扇叶直径在300 mm以上的电风扇功率较大,故一般采用电容分相运转异步电动机,利用外部串联可调电感线圈进行风扇调速,其接线原理如应用实例图2所示。调速器与风扇叶片可以分离安装,人们可以远距离控制电风扇的通断与调速,日常生活中常见的吊扇正是采用这种方式。

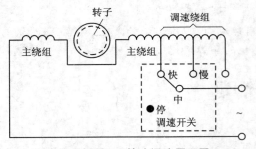

应用实例图1 抽头调速原理图

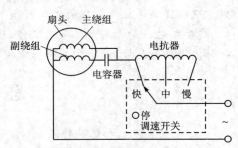

应用实例图2 串联电抗器调速原理图

2. 应用实例之二：飞机无刷交流发电机

20 世纪 50 年代，为了提高飞机交流电源系统的供电可靠性，研制生产了旋转整流器式无刷交流发电机，它由主发电机、交流励磁机和旋转整流器等组成。交流励磁机的三相电枢在转子上，产生的三相交流电通过装在电机转子上的旋转整流器整流为直流电，为主发电机励磁绕组提供励磁。主发电机电枢在定子上，直接引出三相交流电能。旋转整流器式无刷交流发电机由两级式和三级式两种结构形式。两级式电机是在同一壳体内安装交流励磁机和主发电机；三级式还装有永磁副励磁机，该电机电枢在定子上，转子为永磁体，还为发电机控制和保护电路供电。波音 707、波音 737 等飞机采用两级式无刷交流发电机，波音 757、波音 767 和麦道 82 等飞机采用三级式无刷交流发电机。

7.1 变压器

变压器是根据电磁感应原理将一种交流电转换为另一种交流电的电力装置，具有变换电压、变换电流和变换阻抗的功能。变压器的基本理论和分析方法是研究交流电机的基础。变压器依据一次绕组相数的不同分为单相变压器和三相变压器。本节主要以单相变压器为例介绍变压器的基本结构和工作原理。

7.1.1 变压器的基本结构

变压器主要由铁芯和绕组两大部分组成，铁芯是变压器的支撑部分，也是磁路部分，绕组是变压器的电路部分。

1. 变压器铁芯

变压器的铁芯用来构成磁路，支撑磁组。为了减小涡流损耗和磁滞损耗，通常采用涂有绝缘漆的硅钢片冲压而成。航空小型变压器的铁芯多用厚为 0.08～0.2 mm 的硅钢片或铁镍合金片冲压而成。铁芯结构分为芯式、壳式、卷环式三种类型。芯式变压器是绕组绕在 Ⅱ 形铁芯的两个铁芯柱上；壳式变压器的一次、二次绕组均绕在中间铁芯上；卷环变压器将铁芯卷成环形，用来保证磁通能够沿着硅钢片的碾压方向形成闭合磁路。

2. 变压器绕组

变压器的绕组采用圆铜漆包线绕制而成，主要用来构成交流电的通路。铁芯与一、二次绕组之间是相互绝缘的。

7.1.2 变压器的工作原理

根据电磁感应定律分析变压器的基本工作原理，其原理图如图 7.1.1 所示。

通常，变压器与电源相连的称为一次绕组（或初级绕组），与负载相连的称为二次

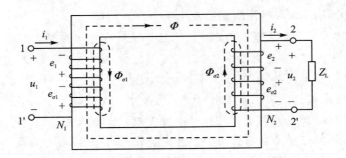

图 7.1.1　变压器原理图

绕组(或次级绕组)。假设,一、二次绕组的匝数分别为 N_1 和 N_2。

当一次绕组接到交流电压源 u_1 上时,该绕组上就有电流 i_1 流过,从而产生磁动势 i_1N_1,并建立交变磁通。由于铁芯的存在,所以磁通绝大部分通过铁芯而闭合,同时与一、二次绕组交链,这部分磁通称为主磁通 Φ。主磁通在一、二次绕组中感应出电动势 e_1 和 e_2;另外,很小一部分磁通通过空气闭合,分别与一、二次绕组交链漏磁通 $\Phi_{\sigma1}$ 和 $\Phi_{\sigma2}$,在一、二次绕组中产生漏磁电动势 $e_{\sigma1}$ 和 $e_{\sigma2}$。

为了便于分析,不妨设一次绕组的电阻和感抗分别为 R_1 和 X_1,二次绕组的电阻和感抗分别为 R_2 和 X_2,各相关变量的参考方向如图 7.1.1 所示。

1. 变压器的绕组电路分析

根据前面的分析可知,当一次绕组接通电源后,绕组中就有电流 i_1 流过,主磁通和漏磁通在一次绕组中分别产生感应电动势 e_1 和 $e_{\sigma1}$。

由图 7.1.1 并根据 KVL 可得一次绕组电路的电压方程为

$$R_1i_1 - e_1 - e_{\sigma1} - u_1 = 0$$

$$u_1 = R_1i_1 - e_{\sigma1} - e_1 = R_1i_1 + L_{\sigma1}\frac{di_1}{dt} - e_1 \tag{7.1.1}$$

若电压、电流和电动势均为正弦交流量,可得式(7.1.1)的相量形式

$$\dot{U}_1 = R_1\dot{I}_1 - \dot{E}_{\sigma1} - \dot{E}_1 = R_1\dot{I}_1 + jX_1\dot{I}_1 - \dot{E}_1 \tag{7.1.2}$$

由变压器绕组的构成可知,一次绕组的电阻 R_1 和感抗 X_1 都较小,所以由它们引起的电压降也较小,与一次绕组感应电动势 E_1 相比可以忽略不计,故 $\dot{U}_1 \approx -\dot{E}_1$。

设主磁通 $\Phi = \Phi_m\sin\omega t$,则

$$e_1 = -N_1\frac{d\Phi}{dt} = -N_1\frac{d(\Phi_m\sin\omega t)}{dt} = -N_1\omega\Phi_m\cos\omega t$$

$$= 2\pi fN_1\Phi_m\sin(\omega t - 90°) = E_{1m}\sin(\omega t - 90°) \tag{7.1.3}$$

式中,$E_{1m} = 2\pi fN_1\Phi_m$ 为一次绕组感应电动势 e_1 的幅值,所以一次绕组感应电动势的有效值为

$$E_1 = 2\pi fN_1\Phi_m/\sqrt{2} = 4.44fN_1\Phi_m \tag{7.1.4}$$

第 7 章 变压器与交流电机

当变压器有载运行(即二次绕组接负载)时,二次绕组回路中产生感应电流 i_2,主磁通和漏磁通在该绕组产生感应电动势 e_2 和 $e_{\sigma 2}$。类比一次绕组电路方程,可得二次绕组电路方程为

$$e_2 = R_2 i_2 - e_{\sigma 2} + u_2 = R_2 i_2 + L_{\sigma 2} \frac{\mathrm{d}i_2}{\mathrm{d}t} + u_2 \tag{7.1.5}$$

其相量表示形式为

$$\dot{E}_2 = R_2 \dot{I}_2 - \dot{E}_{\sigma 2} + \dot{U}_2 = R_2 \dot{I}_2 + \mathrm{j}X_2 \dot{I}_2 + \dot{U}_2 \tag{7.1.6}$$

同理,二次绕组感应电动势的有效值为

$$E_2 = 4.44 f N_2 \Phi_\mathrm{m} \tag{7.1.7}$$

2. 变压器的空载运行

变压器空载运行是指一次绕组接入电源而二次绕组开路的状态,如图 7.1.2 所示,此时 $i_2 = 0$。

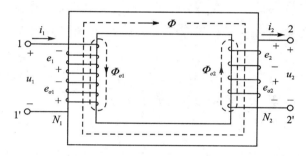

图 7.1.2 变压器空载运行

变压器空载运行时,一次绕组接通电源后就有交流电流 i_0(空载电流,且一般非常小),i_0 流过原边绕组建立交变磁动势 $N_1 i_0$,产生交变磁通。主磁通 Φ 沿铁芯闭合,同时匝链原、副边绕组;漏磁通 $\Phi_{\sigma 1}$ 以非磁性材料为磁路,仅匝链原边绕组,$\Phi_{\sigma 1}$ 仅占总磁通的 0.24% 左右,由于一次绕组的阻抗非常小,故由其产生的感应电动势忽略不计。

因此,交变的磁通 Φ 在一、二次绕组中分别感应出电动势 e_1 和 e_2,此时

$$U_1 \approx E_1 = 4.44 f N_1 \Phi_\mathrm{m}$$

副边的开路电压 U_{20} 为

$$U_{20} = E_2 = 4.44 f N_2 \Phi_\mathrm{m}$$

式中,U_{20} 为变压器空载时二次绕组的端电压。

将变压器一、二次绕组的电压之比称为变比,用字母 k 来表示,则

$$k = \frac{U_1}{U_{20}} = \frac{E_1}{E_2} = \frac{N_1}{N_2} \tag{7.1.8}$$

变比 k 是变压器的一个重要参数。

电源电压 U_1 一定,改变原、副边的匝数比,就能得到不同的输出电压 U_{20},此为

变压器的电压变换。当 $k>1$ 时，$U_{20}<U_1$，该变压器为降压变压器；当 $k<1$ 时，$U_{20}>U_1$，该变压器为升压变压器。

3. 变压器的负载运行

变压器负载运行是指一次绕组接入电源，二次绕组接入负载并向其提供电能的工作状态。由前面分析可知，因一次绕组阻抗很小，使得变压器无论是空载运行状态还是负载运行状态，$E_1 \approx U_1$ 总是成立。根据式(7.1.4)可知，当电源电压 U_1 和频率 f 不变时，感应电动势 E_1 和主磁通 Φ 基本上保持不变。

变压器负载运行时，一、二次绕组中都有电流流过，并建立各自的磁动势，由于主磁通 Φ 基本保持不变，那么负载运行时一、二次绕组的合成磁动势应该和空载时一次绕组的磁动势近似相等，即

$$N_1 \dot{I}_1 + N_2 \dot{I}_2 \approx N_1 \dot{I}_0 \tag{7.1.9}$$

式中：$N_1 \dot{I}_0$ 为建立主磁通所需要的励磁磁势；$\dot{I}_0$ 为空载时一次绕组的电流。通常，由于空载电流比负载电流小很多，与 $N_1 \dot{I}_1$ 相比，$N_1 \dot{I}_0$ 可忽略不计，所以式(7.1.9)可写为

$$N_1 \dot{I}_1 \approx -N_2 \dot{I}_2 \tag{7.1.10}$$

故 $N_1 I_1 \approx N_2 I_2$，可得一、二次绕组的电流之比为

$$\frac{I_1}{I_2} \approx \frac{N_2}{N_1} = \frac{1}{k} \tag{7.1.11}$$

变压器一、二次绕组的电流之比近似等于其匝数比的倒数。变压器中的电流虽然由负载的大小来确定，但一、二次绕组电流之比差不多是恒定的。当变压器空载运行时，不传递功率；负载运行时，变压器将功率从一次绕组传到二次绕组，故一次绕组的电流变化很大。

4. 变压器一、二次绕组电路的阻抗变换

变压器不但可用来变换电压和电流，而且还可以用来变换阻抗。进行电路分析时，可通过选择合适匝数比的变压器来实现阻抗的匹配。阻抗的变换过程如图 7.1.3 所示，图中 Z_L 为变压器的二次绕组侧的负载。为了方便计算，将图 7.1.3(a)中虚线框中的部分等效为图(b)中的 Z_{eq}。

由图 7.1.3 可以看出，$U_2 = I_2 |Z_L|$，$U_1 = I_1 |Z_{eq}|$，根据式(7.1.8)和式(7.1.11)可得

$$|Z_{eq}| = \frac{U_1}{I_1} = \frac{\frac{N_1}{N_2}U_2}{\frac{N_2}{N_1}I_2} = \left(\frac{N_1}{N_2}\right)^2 \times \frac{U_2}{I_2} = k^2 |Z_L| \tag{7.1.12}$$

k 不同，即匝数比不同时，负载阻抗模 $|Z_L|$ 折算到一次侧的等效阻抗模 $|Z_{eq}|$ 就不同，通过调整变压器的匝数比，把负载阻抗变换为需要的数值，这种方法

第 7 章 变压器与交流电机

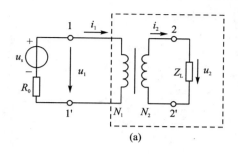
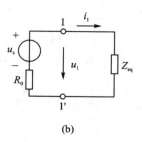

图 7.1.3 负载阻抗的等效变换

称为阻抗匹配。

【例 7.1.1】 图 7.1.4 中，交流信号源的电压 $U_S = 120\text{ V}$，内阻 $R_0 = 800\text{ }\Omega$，负载电阻 $R_L = 8\text{ }\Omega$。求：(1)当 R_L 折算到原边的等效电阻为 R_0 时，求匝数比和信号源输出功率；(2)当将负载直接与信号源连接时，信号源输出多大功率？

解：(1)匝数比：将 R_L 折算到原边的等效电路为

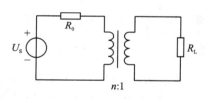
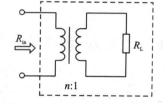

图 7.1.4 【例 7.1.1】电路图

根据变压器的阻抗变换公式，可得等效电阻 R_{in} 为
$$R_{in} = n^2 R_L = n^2 \times 8 = 8n^2$$
由于 $R_{in} = R_0 = 800\text{ }\Omega$，故 $8n^2 = 800$，则 $n = 10$ 匝。
信号源输出功率为
$$P = \left(\frac{U_S}{R_0 + R_{in}}\right)^2 R_{in} = \left(\frac{120\text{ V}}{(800+800)\text{ }\Omega}\right)^2 \times 800\text{ W} = 4.5\text{ W}$$
(2)当负载直接接在信号源上时，信号源输出功率为
$$P = \left(\frac{120\text{ V}}{(800+8)\text{ }\Omega}\right)^2 \times 8\text{ W} = 0.176\text{ W}$$

7.1.3 变压器的外特性

在阻性或感性电路中，当带负载运行时，由于副边绕组总会消耗一定的电压，造成负载电压会有所下降，故变压器空载运行时输出电压为最大值。

当电源电压 U_1 和负载的功率因数 $\cos\varphi$ 一定时，由式(7.1.2)和式(7.1.6)可以看出，二次绕组 I_2 增加，引起一、二次绕组阻抗上的电压降增加，从而导致二次绕组的端电压 U_2 发生变化，若为阻性和感性负载，则电压 U_2 随 I_2 的增大而减小。U_2 和

I_2 的变化关系就是变压器的外特性，其外特性曲线如图 7.1.5 所示。

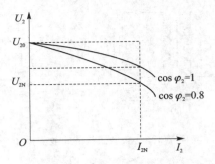

图 7.1.5 变压器的外特性曲线图

通常，为了描述变压器从空载到额定负载状态时二次绕组电压下降的程度，引入二次绕组电压变化率 ΔU，即

$$\Delta U = \frac{U_{20} - U_{2N}}{U_{20}} \times 100\%$$

一般情况下，变压器二次绕组电压下降率比较小，其值一般在 5% 以内。

7.1.4 变压器的损耗及效率

变压器运行时有铁损耗 ΔP_{Fe} 和铜损耗 ΔP_{Cu} 两种。铁损耗是指变压器铁芯在交变磁场中产生的涡流损耗和磁滞损耗，其大小与铁芯中磁感应强度的最大值有关；铜损耗是流过一、二次绕组的电流在电阻上产生的损耗之和。

变压器的效率是指变压器的输出功率 P_2 与输入功率 P_1 的比值，即

$$\eta = \frac{P_2}{P_1} \times 100\% = \frac{P_2}{P_2 + \Delta P_{Fe} + \Delta P_{Cu}} \times 100\%$$

7.1.5 三相变压器

1. 三相变压器的结构组成

三相变压器从组成结构上来看，主要有三相组式变压器和三相三铁芯变压器。

三相组式变压器主要由三个单独的单相变压器按照三相连接的方式连接而成，结构图如图 7.1.6 所示，其特点是三相绕组的磁路单独分开，磁路之间彼此无关，即三相之间只有电的联系而无磁的联系。

三相三铁芯变压器有三个铁芯，每相绕组绕在一个铁芯上，三相绕组结构相同，其结构图如图 7.1.7 所示。

2. 三相变压器的连接方式

三相变压器的一、二次绕组可以连接成星形（Y 形）或三角形（△形）。

(1) Y/Y_0-12 连接法：Y/Y_0-12 连接法的特点是一、二次绕组均接成 Y 形，但二次绕组的中点接地，这样一、二次绕组的线电压相位相同。地面配电用三相变压器

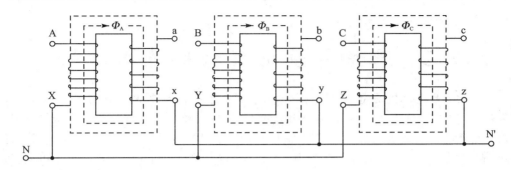

图 7.1.6 三相组式变压器结构图

通常采用该连接法。

(2) Y/△-11 连接法：Y/△-11 连接法的特点是：一次绕组接成 Y 形，二次绕组接成 △ 形，这样一、二次绕组的线电压的相位差为 30°。这种接法多用于输电系统中。

(3) Y_0/△-11 连接法：Y/△-11 连接法的特点是一次绕组接成 Y 形且中性点接地，二次绕组接成 △ 形，一、二次绕组的线电压的相位差为 30°。

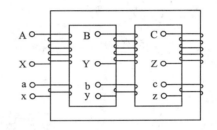

图 7.1.7 三相三铁芯变压器结构图

航空 SBY 型三相配电用变压器，一般为 Y/Y_0-12 连接法；航空用三相变压器，一般为 Y/△-11 连接法。

7.1.6 变压器的型号及额定数据

1. 航空变压器的型号

航空变压器的型号由主称代号和容量值两部分组成。例如，DBY-15 表示单相变压器，容量为 15 V·A；SBY-500 表示三相变压器，容量为 500 V·A；ZBY-4 表示自耦变压器，容量为 4 V·A。

2. 变压器的额定数据

(1) 额定电压：一次绕组的额定电压 U_{1N} 是指接入到该绕组上电源电压的有效值；二次绕组额定电压 U_{2N} 是指当一次绕组接入额定电压后二次绕组的空载输出电压(有效值)，单位为 V 或 kV。三相变压器的额定电压指线电压。

(2) 额定电流：额定电流是指在额定运行状态下，一、二次绕组中流过电流的有效值 I_{1N} 和 I_{2N}，单位为 A。三相变压器的额定电流指线电流。

(3) 额定容量：额定容量是指额定电压与额定电流的乘积，单位为 V·A 或 kV·A。额定容量反映了变压器传递功率的能力。

(4) 额定频率：航空电源变压器的额定频率为 f_N = 400 Hz，工业变压器频率为

$f_N = 50\ \text{Hz}$。

7.2 三相异步电动机的基本结构

三相异步电动机由定子(静止部分)和转子(旋转部分)两大部分构成,它们之间留有一定的很小的气隙。根据转子构造的不同,三相异步电机分为笼形异步电动机和绕线型异步电动机两种。笼形异步电动机由于具有结构简单、运行可靠、启动方便、成本低廉等优点,因而在工程实际中得到广泛的应用。下面,以笼形异步电动机为例对三相异步电机进行介绍。

7.2.1 定 子

三相异步电动机的定子部分由机座、定子铁芯和三相定子绕组等组成,如图7.2.1所示。

1—端盖 2—定子绕组 3—定子铁芯 4—散热片 5—机壳
6—定子绕组引出线 7—转轴 8—轴承 9—转子 10—端盖
图 7.2.1 笼形异步电动机结构图

机座是由铸铁或铸钢制成的,主要用来支撑固定端盖和定子铁芯;定子铁芯是由 0.35 mm 或 0.5 mm 厚的互相绝缘的硅钢片冲制叠压而成的,可以减少涡流损耗,定子铁芯的内圆周表面冲有槽,用来放置对称三相绕组,可以接成星形,也可以接成三角形。三相定子绕组的作用是通过电流和建立磁场。航空三相异步电动机的定子绕组接成星形(Y形),采用中线接地的三相四线制可以提高航空电动机运行的可靠性。

7.2.2 转 子

三相异步电动机的转子部分由转子铁芯、转子绕组、转轴和风扇等组成。转子铁芯也是由 0.35 mm 或 0.5 mm 厚的互相绝缘的硅钢片冲制叠压而成的,冲片上有槽,用来放置转子绕组。笼形转子绕组分为铸铝式和导条式两种,通常在转子铁芯槽中铸铝或嵌入铜条形成,两端用两个铜端环把所有导条焊接起来,形成回路,若将转子铁芯移走,剩下的转子绕组称为笼形绕组,结构图如图7.2.2所示。转子绕组的作用是感应电动势、通过电流以及产生电磁转矩。

第 7 章 变压器与交流电机

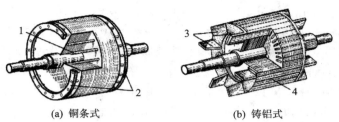

(a) 铜条式   (b) 铸铝式

1—笼条 2—端环 3—风扇叶 4—笼条

图 7.2.2 笼形绕组结构图

7.3 三相异步电动机的工作原理

三相异步电动机为什么通电之后能够转动？这是因为当三相交流电接入三相异步电动机之后，在电动机内部产生了一个旋转磁场，正是在这个旋转磁场的作用下，三相异步电动机的转子转动起来。因此，首先来看旋转磁场的相关问题。

7.3.1 旋转磁场

1. 旋转磁场的产生

三相异步电动机定子铁芯中嵌放有对称三相绕组 AX、BY、CZ，各相绕组始端互差 120°放置。不妨假定三相定子绕组 Y 形连接，接通三相电源后，绕组中就通过三相对称电流，即

$$\left. \begin{array}{l} i_A = I_m \sin\omega t \\ i_B = I_m \sin(\omega t - 120°) \\ i_C = I_m \sin(\omega t + 120°) \end{array} \right\} \quad (7.3.1)$$

通常，假定始端流入，末端流出，其参考方向如图 7.3.1(a)所示，对应的电流波形图如图 7.3.1(b)所示。在电流的正半周时，其值为正，说明其实际方向与参考方向一致；在负半周时，其值为负，说明其实际方向与参考方向相反。

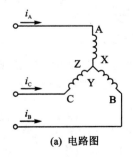
(a) 电路图

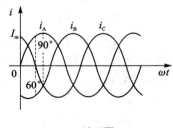
(b) 波形图

图 7.3.1 三相对称电流

当 $\omega t = 0$ 时,定子绕组中的电流方向如图 7.3.2(a)所示,此时,$i_A = 0$;$i_B < 0$,其实际方向与参考方向相反,即从 Y 到 B;$i_C > 0$,其实际方向与参考方向相同,即从 C 到 Z。将每相电流所产生的磁场进行叠加,即可得到三相电流的合成磁场,其轴线的方向是从上到下。

当 $\omega t = 60°$ 时,三相定子绕组中的电流方向与三相电流的合成磁场方向如图 7.3.2(b)所示,易知,此时合成磁场的方向在空间上已经旋转了 60°。

当 $\omega t = 90°$ 时,三相定子绕组中的电流方向与三相电流的合成磁场方向如图 7.3.2(c)所示,易知,此时合成磁场的方向与 $\omega t = 0$ 时相比在空间上旋转了 90°。

同理,当电流变化一个周期时,合成磁场在空间上旋转一周。

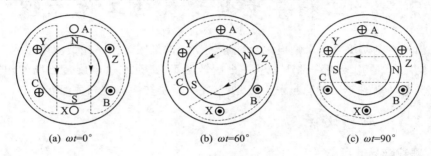

图 7.3.2 旋转磁场的产生 ($p = 1$)

可见,当定子绕组中通入三相电流后,产生的合成磁场随电流的交变在空间不断地旋转着,这就建立了旋转磁场。

2. 旋转磁场的极对数

电机中的磁极总是成对出现的,三相电机的极数就是旋转磁场的极数,而旋转磁场的极数和三相绕组的安排有关。若每相绕组放置方式如图 7.3.2 所示,即每相绕组只有一个线圈,且绕组的始端之间相差 120°,则产生的旋转磁场具有一对极,即旋转磁场的磁极对数 $p = 1$。若将定子绕组放置方式如图 7.3.3 所示,即每相绕组有两个线圈串联,绕组的始端之间相差 60°,则产生的旋转磁场具有两对极,即磁极对数 $p = 2$,如图 7.3.4 所示。

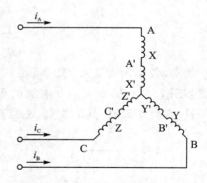

图 7.3.3 产生四极旋转磁场的定子绕组 ($p = 2$)

同理,若要产生三对极(即 $p = 3$)的旋转磁场,则每相绕组必须有三个线圈串联,且在绕组空间中均匀放置,使绕组的始端之间相差 40°空间角。

3. 旋转磁场的转向与转速

三相定子绕组通过电流的相序决定旋转磁场的旋转方向,所以要想改变旋转磁

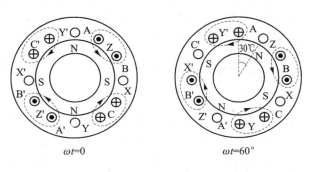

$\omega t=0$　　　　　　　　$\omega t=60°$

图 7.3.4　三相电流产生的旋转磁场（$p=2$）

场的旋转方向，只需要改变通入三相定子绕组电流的相序即可实现，即调换任意两相的相序。

三相异步电动机的转速与旋转磁场的转速有关，而旋转磁场的转速由三相定子电流的频率和磁极对数来确定。由图 7.3.2 可见，在磁极对数 $p=1$ 的情况下，当定子绕组的三相电流变化一个周期，磁场也在空间旋转了一圈，不妨设电流的频率为 f_1，则相应旋转磁场的转速为 $n_0=60f_1$，转速的单位为转每分（r/min）。

在磁极对数 $p=2$ 的情况下，当电流变化一个周期时，磁场仅旋转了半圈，相应旋转磁场的转速为 $n_0=\dfrac{60f_1}{2}$；同理，在磁极对数 $p=3$ 的情况下，相应旋转磁场的转速为 $n_0=\dfrac{60f_1}{3}$。依次类推，当旋转磁场具有 p 对极时，旋转磁场的转速为

$$n_0=\frac{60f_1}{p} \tag{7.3.2}$$

因此，旋转磁场的转速 n_0 取决于三相定子电流频率 f_1 和磁极对数 p，而 p 又取决于三相绕组的连接情况。对一台给定的异步电动机来讲，f_1 和 p 通常是定值，故磁场转速 n_0 也是个常数。

我国的工频为 50 Hz，航空电机频率为 400 Hz，易得出对应于不同磁极对数 p 的旋转磁场转速 n_0，见表 7.3.1 和表 7.3.2。

表 7.3.1　不同磁极对数时的旋转磁场转速（$f_1=50$ Hz）

p	1	2	3	4	5	6
n_0(r/min)	3 000	1 500	1 000	750	600	500

表 7.3.2　不同磁极对数时的旋转磁场转速（$f_1=400$ Hz）

p	1	2	3	4	5	6
n_0(r/min)	24 000	12 000	8 000	6 000	4 800	4 000

可见,磁极对数越多,电动机的旋转磁场转速越慢,所用线圈及铁芯都要加大,电动机体积也要加大。因此,对磁极对数应有一定的限制。

7.3.2 三相异步电动机的工作原理

1. 基本工作原理

当三相定子绕组接三相正弦交流电时,在三相异步电动机的气隙内产生一个旋转的磁场,用一对旋转的磁极 N、S 表示旋转磁场。假设磁场沿逆时针方向旋转,其同步转速为 n_0。旋转磁场的磁力线切割转子上的导条,所以在导条内就会产生感应电动势。根据右手定则,图 7.3.5 中转子上半部分导条中的电动势垂直于纸面向里,转子下半部分导条中的电动势垂直于纸面向外。由于转子绕组是闭合的,在电动势的作用下,闭合的导条中就有电流通过。

通电转子导条在磁场中要受到电磁力的作用,电磁力的方向可以根据左手定则确定:转子上半部分导条受电磁力向左,转子下半部分导条受电磁力向右。于是,转子上所有导条受到的电磁力形成一个逆时针方向的电磁转矩。若电磁转矩大于阻力转矩,那么转子就会逆时针旋转起来。随着转速的上升,电磁转矩将逐步减小,直到与阻力转矩平衡,电动机以稳定转速 n 运转。

由图 7.3.5 可见,转子转动的方向和旋转磁场的方向相同。当旋转磁场反转时,电动机也跟着反转。

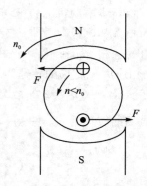

图 7.3.5 三相异步电动机转子转动的原理图

2. 转差率

在三相异步电动机中,转子转速总是略小于旋转磁场的转速。旋转磁场的转速 n_0 称为同步转速。通常用转差率 s 来表征转子转速 n 与磁场同步转速 n_0 的相异程度,转差率等于磁场同步转速 n_0 和电动机转子转速 n 之差与磁场同步转速 n_0 的比值,即

$$s = \frac{n_0 - n}{n_0} \times 100\% \tag{7.3.3}$$

转差率是三相异步电动机一个十分重要的物理量。正常工作的三相异步电动机,其额定转速与同步转速相近,转差率 s 很小。当 $n=0$(启动瞬间)时,$s=1$,此时转差率最大。

转子转速可用转差率来表示,即

$$n = (1-s)n_0 = (1-s)\frac{60f_1}{p}$$

【例 7.3.1】 有一台三相异步电动机,其额定转速 $n = 1\,475$ r/min。试求电动机

的磁极对数和额定负载时的转差率,电源频率 $f_1 = 50$ Hz。

解:根据电动机的额定转速接近且略小于同步转速,及 $n_0 = \dfrac{60f_1}{p}$ 可得

$n_0 = \dfrac{60f_1}{p} = \dfrac{60 \times 50}{p} > 1\,475$,所以 $p < 2.03$,由于磁极对数 $p = 2$,则 $n_0 = \dfrac{60f_1}{p} = \dfrac{60 \times 50}{2} = 1\,500$ r/min。

因此,额定负载时的转差率为

$$s = \dfrac{n_0 - n}{n_0} \times 100\% = \dfrac{1\,500 - 1\,475}{1\,500} \times 100\% = 1.67\%$$

7.3.3 三相异步电动机的三种工作状态

1. 电动机工作状态($n < n_0$)

当三相电机用作电动机运行时,异步电动机转子转向与旋转磁场的转向相同,异步电动机的转速 n 总是略小于旋转磁场的同步转速 n_0。因为,若 $n = n_0$,则转子导条和旋转磁场之间没有相对运动,转子导条内就没有感应电动势,电磁转矩也不会存在,由于机械负载的存在,转子就不能继续以 n_0 转速转动。因此,异步电动机的转速 n 总是略小于旋转磁场的同步转速 n_0,这也正是取名异步电动机的原因所在。

可见,当转速 $0 < n < n_0$($0 < s < 1$)时,三相异步电机处于电动机工作状态。

2. 发电机工作状态($n > n_0$)

当在原动机驱动下,三相异步电动机的转速 n 大于旋转磁场的同步转速 n_0 时,转子导条切割磁场的方向与原来相反,此时,导条中的电动势和感应电流的方向均与原来相反,电磁转矩的方向随之变为反向,与转子旋转方向相反,起阻力转矩的作用。于是,原动机的机械能转换为电能通过定子向电网输出。

可见,当转速 $n > n_0$($s < 0$)时,异步电机处于发电机工作状态。

3. 电磁制动工作状态($n < 0$)

若在外转矩作用下,使电机的转子转向与磁场旋转方向相反,此时,电磁转矩方向与转子方向相反,对转子起制动作用。这种状态下,电机从电源获得电能,产生制动电磁转矩,故称为电磁制动工作状态。

7.4 三相异步电动机的电路分析

借助变压器的相关知识可用来分析三相异步电动机的电磁关系。具体体现在:三相异步电动机定子绕组相当于变压器的初级绕组,转子绕组相当于变压器的次级绕组。当定子绕组接上三相对称电源时,则定子绕组中有三相电流通过。通过定子绕组的电流在电机中产生一个旋转磁场,其磁通主要通过定子铁芯和转子铁芯闭合。

该磁通在转子和定子的每相绕组中分别感应出电动势 e_2 和 e_1，此外，漏磁通在转子绕组和定子绕组中产生漏磁电动势 $e_{\sigma 2}$ 和 $e_{\sigma 1}$，设定子和转子每相绕组的匝数分别为 N_1 和 N_2，三相异步电动机的每相电路如图 7.4.1 所示。

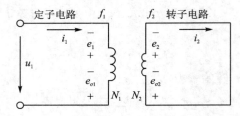

图 7.4.1 三相异步电动机的每相电路图

7.4.1 定子电路分析

当定子绕组接入三相对称交流电时，定子绕组中的电流在电机中产生一个旋转磁场。定子每相绕组的电压方程与变压器初级绕组的电压方程相同。由于定子绕组还存在电阻，不妨设定子每相绕组的电阻和感抗（漏磁感抗）分别为 R_1 和 X_1，根据电压平衡关系，定子一相绕组的电动势平衡方程式为

$$u_1 = (-e_1) + R_1 i_1 + (-e_{\sigma 1}) = (-e_1) + R_1 i_1 + L_{\sigma 1}\frac{\mathrm{d}i_1}{\mathrm{d}t} \quad (7.4.1)$$

其相量表示式为

$$\dot{U}_1 = (-\dot{E}_1) + R_1 \dot{I}_1 + (-\dot{E}_{\sigma 1}) = -\dot{E}_1 + R_1 \dot{I}_1 + \mathrm{j}X_1 \dot{I}_1 = -\dot{E}_1 + \dot{I}_1 Z_1 \quad (7.4.2)$$

式中：$\dot{U}_1$ 为每相绕组所加的电源电压；$Z_1 = R_1 + \mathrm{j}X_1$ 为定子每相绕组的漏阻抗。由于定子每相绕组的漏阻抗很小，所以漏阻抗压降 $R_1 \dot{I}_1 + \mathrm{j}X_1 \dot{I}_1$ 一般忽略不计，故 $\dot{U}_1 \approx -\dot{E}_1$。

与变压器一样，在每相定子绕组中产生的感应电动势为

$$E_1 = 4.44 f_1 N_1 \Phi_m \approx U_1 \quad (7.4.3)$$

式中：Φ_m 是通过每相绕组的磁通最大值，在数值上等于旋转磁场的每极磁通；$f_1 = \dfrac{pn_0}{60}$ 是定子感应电动势 e_1 的频率（等于电源或定子电流的频率），n_0 为旋转磁场和定子间的相对转速（即旋转磁场的转速），p 为旋转磁场的极对数。

显然，Φ_m 的大小取决于电源电压 U_1 的大小。

7.4.2 转子电路分析

转子每相绕组的电动势 e_2 在转子每相绕组中产生电流 i_2。与定子绕组一样，转子绕组中也存在电阻，不妨设转子每相绕组的电阻和感抗（漏磁感抗）分别为 R_2 和

X_2,由于转子绕组短路,转子每相绕组的电动势平衡方程式为

$$e_2 - R_2 i_2 + e_{\sigma 2} = 0 \quad \text{或} \quad e_2 = R_2 i_2 + L_{\sigma 2} \frac{\mathrm{d}i_2}{\mathrm{d}t} \tag{7.4.4}$$

如用相量表示,则为

$$\dot{E}_2 = R_2 \dot{I}_2 + (-\dot{E}_{\sigma 2}) = R_2 \dot{I}_2 + jX_2 \dot{I}_2 = \dot{I}_2 Z_2 \tag{7.4.5}$$

式中:$Z_2 = R_2 + jX_2$ 为转子每相绕组的漏阻抗。

下面,对转子电路中影响三相异步电动机性能的几个物理量进行分析。

1. 转子频率 f_2 与转差率 s 的关系

根据前面讲述,三相异步电动机的转子转速略小于旋转磁场的转速,旋转磁场与转子的相对转速为 $n_0 - n$,故转子频率为

$$f_2 = \frac{p(n_0 - n)}{60} = \frac{n_0 - n}{n_0} \cdot \frac{p n_0}{60} = s f_1 \tag{7.4.6}$$

可见,转子频率 f_2 与转差率 s 有关,也与转速 n 有关。

由于转差率的值一般都很小,所以转子频率要比定子绕组三相电流频率(电源频率)小的多。例如,某飞机三相交流异步电动机的电源频率为 400 Hz,其转差率为 2%,则该电动机转子的频率为 $f_2 = s f_1 = 0.02 \times 400$ Hz $= 8$ Hz。

2. 转子电动势 E_2 与转差率 s 的关系

转子每相绕组中的感应电动势为

$$E_2 = 4.44 f_2 N_2 \Phi_m = 4.44 s f_1 N_2 \Phi_m \tag{7.4.7}$$

式中,f_2 为转子频率,当转子转速为 0(启动瞬间 $s = 1$)时,$f_2 = f_1$。

当转速 $n = 0$,即 $s = 1$ 时,转子绕组的感应电动势为

$$E_{20} = 4.44 f_1 N_2 \Phi_m \tag{7.4.8}$$

此时,转子感应电动势达到最大值。

由式(7.4.8)和式(7.4.7)可以得到

$$E_2 = s E_{20} \tag{7.4.9}$$

可见,转子电动势 E_2 与转差率 s 有关。

显然,三相异步电动机转子旋转时的感应电动势比转子不动时的要小。

3. 转子感抗与转差率 s 的关系

转子感抗 X_2 与转子频率 f_2 有关,即

$$X_2 = 2\pi f_2 L_{\sigma 2} = 2\pi s f_1 L_{\sigma 2} \tag{7.4.10}$$

当转速 $n = 0$,即 $s = 1$ 时,转子绕组的感抗为

$$X_{20} = 2\pi f_1 L_{\sigma 2} \tag{7.4.11}$$

此时,转子感抗最大。

由式(7.4.10)和式(7.4.11)可得

$$X_2 = s X_{20} \tag{7.4.12}$$

可见，转子感抗 X_2 与转差率 s 有关。

4. 转子电流 I_2 与转差率 s 的关系

根据转子每相绕组感应电动势平衡方程式，可得转子电流大小为

$$I_2 = \frac{E_2}{\sqrt{R_2^2 + X_2^2}} = \frac{sE_{20}}{\sqrt{R_2^2 + (sX_{20})^2}} \tag{7.4.13}$$

可见，转子电流 I_2 也与转差率 s 有关。

当 s 增大（转速 n 降低）时，旋转磁场与转子间的相对转速（$n_0 - n$）增大，转子导条切割磁通的速度增大，于是 E_2 增加，I_2 也增加。转子电流、功率因数与转差率之间的关系可用图 7.4.2 所示的曲线表示。

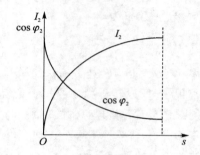

图 7.4.2　转子电流、功率因数与转差率之间的关系

根据图 7.4.2 可知：

(1) $s \uparrow (n \downarrow) \rightarrow (n_0 - n) \uparrow \rightarrow E_2 \uparrow \rightarrow I_2 \uparrow$。

(2) 当 $s = 0$（$n_0 - n = 0$）时，则 $I_2 = 0$，随着 s 的增加，I_2 增大。

(3) 当 s 很小时，$R_2 \gg sX_{20}$，此时 $I_2 \approx \dfrac{sE_{20}}{R_2}$，转子电动势 E_2 与 s 成正比增大，从而 I_2 增大较快。

(4) 当 s 接近 1 时，$sX_{20} \gg R_2$，$I_2 \approx \dfrac{E_{20}}{R_2} =$ 常数。

5. 功率因数 $\cos\varphi_2$ 与转差率 s 的关系

转子电路是电阻电感串联电路，相位上电流滞后于转子电动势 φ_2 角，其大小由电阻与漏感抗的大小确定。因而转子电路的功率因数为

$$\cos\varphi_2 = \frac{R_2}{\sqrt{R_2^2 + X_2^2}} = \frac{R_2}{\sqrt{R_2^2 + (sX_{20})^2}} \tag{7.4.14}$$

可见，功率因数 $\cos\varphi_2$ 与转差率 s 有关。当 s 增大时，X_2 也增大，于是 φ_2 增大，即 $\cos\varphi_2$ 减小。$\cos\varphi_2$ 随 s 的变化关系见图 7.4.2。

可见，当 s 很小时，$R_2 \gg sX_{20}$，$\cos\varphi_2 \approx 1$；当 s 接近 1 时，$\cos\varphi_2 \approx \dfrac{R_2}{sX_{20}}$，即两者之间近似有双曲线的关系。

综上所述，转子电路参数（如电动势、电流、频率、感抗及功率因数等）均与转差率有关，亦即与转速有关。

【例 7.4.1】 一台三相四极 400 Hz 的异步电动机，转子每相电阻 $R_2 = 0.02\ \Omega$，转子不转时每相的漏电抗 $X_2 = 0.08\ \Omega$，电压变比为 $k=10$，定子输入 $E_1 = 115$ V 的交流电。当转子不转时，求：(1)转子一相电动势 E_2；(2)转子相电流 I_2；(3)转子功率因数 $\cos\varphi_2$。

解：(1) 转子电动势 E_2
$$E_2 = \frac{E_1}{k} = \frac{115}{10}\ \text{V} = 11.5\ \text{V}$$

(2) 转子相电流
$$I_2 = \frac{E_2}{\sqrt{R_2^2 + X_2^2}} = \frac{11.5\ \text{V}}{\sqrt{(0.02^2 + 0.08^2)}\ \Omega} = 139.46\ \text{A}$$

(3) 功率因数
$$\cos\varphi_2 = \frac{R_2}{\sqrt{R_2^2 + X_2^2}} = \frac{0.02\ \Omega}{\sqrt{(0.02^2 + 0.08^2)}\ \Omega} = 0.243$$

7.5 三相异步电动机的转矩与机械特性

三相异步电动机中有三个转矩作用，它们分别是电磁转矩 T、机械负载转矩 T_2 和空载损耗转矩 T_0，其中电磁转矩 T 是三相异步电动机的最为重要的物理量之一。电磁转矩是转子各个载流导体在旋转磁场的作用下受到的电磁力对转子转轴所形成的转矩之总和；机械负载转矩是转子带动负载所引起的阻力矩；空载损耗转矩是由电机的机械损耗和附加损耗引起。机械负载转矩和空载损耗转矩相加合称为阻转矩 T_C。

7.5.1 电磁转矩

三相异步电动机电磁转矩是旋转磁场的每极磁通 Φ_m 与转子电流 I_2 相互作用产生的。由于转子电路是电感性的，不妨设相位上转子电流（I_2）滞后于转子电动势（E_2）φ_2 角，功率因数 $\cos\varphi_2 < 1$，又因

$$T = \frac{P_e}{\Omega_0} = \frac{P_e}{\frac{2\pi n_0}{60}} \tag{7.5.1}$$

式中，P_e 为电磁功率，即定子侧通过电磁耦合传递给转子侧的输出功率。

由式(7.5.1)可见，电磁转矩与 P_e 成正比，与讨论有功功率一样，需要引入功率因数 $\cos\varphi_2$，可得转矩与转子电流和功率因数之间的关系式

$$T = K_T \Phi_m I_2 \cos\varphi_2 = K_T \Phi_m I_{2a} \tag{7.5.2}$$

式中：K_T 是三相异步电动机的转矩常数，由电动机的结构来决定；Φ_m 为通过每相绕组的磁通最大值；$I_{2a} = I_2 \cos\varphi_2$ 称为转子电流的有功分量。

电磁转矩的大小，不仅取决于 Φ_m 的大小，还取决于 I_2、$\cos\varphi_2$ 的大小。

根据前面所学，可知

$$\left.\begin{aligned}\Phi_m &= \frac{E_1}{4.44f_1N_1} \approx \frac{U_1}{4.44f_1N_1} \\ I_2 &= \frac{sE_{20}}{\sqrt{R_2^2+(sX_{20})^2}} = \frac{s(4.44f_1N_2\Phi_m)}{\sqrt{R_2^2+(sX_{20})^2}} \\ \cos\varphi_2 &= \frac{R_2}{\sqrt{R_2^2+(sX_{20})^2}}\end{aligned}\right\} \quad (7.5.3)$$

由式(7.5.3)可以看出，I_2 和 $\cos\varphi_2$ 均与转差率 s 有关，因此，电磁转矩 T 亦与转差率 s 有关。

将式(7.5.3)代入式(7.5.2)，则得到电磁转矩的另一表达式

$$T = K\frac{sR_2U_1^2}{R_2^2+(sX_{20})^2} \quad (7.5.4)$$

式中，K 是一常数。

根据公式(7.5.4)可得以下结论：

(1) 电磁转矩 T 与转差率 s 有关；

(2) 电磁转矩 T 与定子每相电压 U_1^2 成比例；

(3) 电磁转矩 T 受转子电阻 R_2 的影响。

7.5.2　机械特性

在一定的电源电压 U_1 和转子电阻 R_2 之下，三相异步电动机的电磁转矩 T 随转差率 s 变化的关系曲线 $T=f(s)$ 或转速与转矩的关系曲线 $n=f(T)$，称为电动机的机械特性曲线，它是异步电动机最重要的特性之一。分析三相异步电动机的机械特性有助于更好的掌握它的运行性能。

根据式(7.5.2)可得电磁转矩 T 随转差率 s 变化的关系曲线 $T=f(s)$ 的曲线图，如图 7.5.1(a) 所示；转速与转矩的关系曲线 $n=f(T)$ 可以由 $T=f(s)$ 的曲线图得到，如图 7.5.1(b) 所示，其中，a 点为理想空载同步点，b 点为最大转矩点，c 点为启动点。

三相异步电动机从理想空载同步点到最大转矩点之间（即图 7.5.1(b) 所示特性曲线的 ab 段）的曲线斜率为负 $\left(\dfrac{\mathrm{d}T}{\mathrm{d}n}<0\right)$，为稳定工作区域；从最大转矩点到启动点之间（即图 7.5.1(b) 所示特性曲线的 bc 段）的曲线斜率为正 $\left(\dfrac{\mathrm{d}T}{\mathrm{d}n}>0\right)$，为不稳定工作区域。通常，三相异步电动机工作在稳定工作区域，当异步电动机运行时，转子电阻较小，具有比较硬的机械特性，启动转矩较小。

假设电机运行在某个稳定状态下，某个瞬间阻转矩 T_c 发生变化，假设阻转矩增大，在图 7.5.1 分析可以得出，开始瞬间 $T<T_c$，此时 I_2 增加的影响超过 $\cos\varphi_2$ 减小

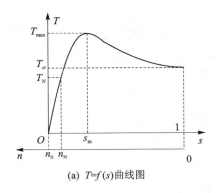
(a) $T=f(s)$ 曲线图

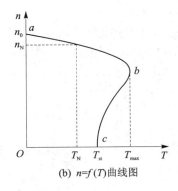
(b) $n=f(T)$ 曲线图

图 7.5.1 三相异步电动机的机械特性曲线

的影响[见图 7.4.2 和式(7.5.2)],那么三相异步电动机的转速就会下降,电动机的电磁转矩增加。当电磁转矩增加到 $T = T_c$ 时,电动机将在新的稳定状态下运行。

下面介绍几种常用的电磁转矩。

1 额定转矩 T_N

当三相异步电动机恒速转动时,电动机的电磁转矩 T 必须与阻转矩 T_c 相平衡,即

$$T = T_c$$

在三相异步电动机中,阻转矩 T_c 主要由机械负载转矩 T_2 和空载损耗转矩(主要是机械损耗转矩)T_0 组成。由于 T_0 非常小,一般情况下经常忽略,所以

$$T = T_c = T_2 + T_0 \approx T_2 \tag{7.5.5}$$

由此得

$$T \approx T_2 = \frac{P_2}{\frac{2\pi n}{60}} = 9.55 \frac{P_2}{n} \tag{7.5.6}$$

式中,P_2 为三相异步电动机的输出功率,单位是瓦(W)。电磁转矩的单位是牛·米(N·m),转速的单位是转每分(r/min)。

若式(7.5.6)中功率的单位为千瓦,则该式变为

$$T = 9\,550 \frac{P_2}{n} \tag{7.5.7}$$

额定转矩是电动机额定负载时的转矩,它可通过电动机铭牌上的额定功率和额定转速求得,即 $T_N = 9550 \frac{P_{2N}}{n_N}$。

【例 7.5.1】 已知一台三相异步电动机的额定功率为 $P_N = 15\text{ kW}$,频率为 $f_1 = 50\text{ Hz}$,额定转速 $n_N = 1\,440\text{ r/min}$。求该电机的额定转矩是多少?

解: $T_N = 9\,550 \frac{P_{2N}}{n_N} = 9\,550 \times \frac{15}{1\,440}\text{ N·m} = 99.5\text{ N·m}$

2. 最大转矩 $T_{\max}$

由三相异步电机的机械特性曲线 $T = f(s)$ 可见(见图 7.5.1),三相异步电动机有一个最大电磁转矩 $T_{\max}$,称为最大转矩,又称为临界转矩。最大转矩 $T_{\max}$ 的数值可以由 $\dfrac{\mathrm{d}T}{\mathrm{d}s}$ 求得,即

$$T_{\max} = K \frac{U_1^2}{2X_{20}} \tag{7.5.8}$$

其中,对应于最大转矩的转差率为 s_m 为

$$s_m = \frac{R_2}{X_{20}} \tag{7.5.9}$$

由式(7.5.9)可得如下结论:
(1) 最大转矩 $T_{\max}$ 与 U_1^2 成正比,与漏抗成反比;
(2) 最大转矩 $T_{\max}$ 与转子电阻 R_2 无关;
(3) 最大转差率与转子电阻 R_2 成正比,与漏抗成反比。

电源电压增加时,三相异步电动机的机械特性变化规律如图 7.5.2 所示;转子电阻增大后,三相异步电动机的机械特性变化规律如图 7.5.3 所示。

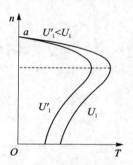
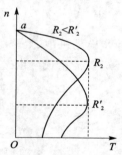

图 7.5.2 电压变化对应的机械特性曲线　　图 7.5.3 转子电阻变化对应的机械特性曲线

三相异步电动机最大电磁转矩 $T_{\max}$ 与额定电磁转矩 T_N 的比值称为过载系数,又称过载倍数,用 λ 来表示。过载系数 λ 的表达式为

$$\lambda = \frac{T_{\max}}{T_N} \tag{7.5.10}$$

当负载转矩 T_2 大于最大电磁转矩 $T_{\max}$ 时,三相异步电动机无法带动负载,导致所谓闷车现象发生。发生闷车后,电动机的电流马上升高六七倍,长时间过载会导致电动机严重过热,以致烧坏电机。

通常,电动机的最大过载可以接近最大转矩,若过载时间较短,电动机不至于立即过热,是可以容许的。因此,最大转矩也表示电动机短时容许过载能力。一般三相异步电动机的过载系数为 1.8～2.3。

3. 启动转矩 T_{st}

当转差率 $s = 1$,转子转速 $n = 0$ 时,三相异步电动机所产生的电磁转矩称为启动转矩,用 T_{st} 来表示。将 $s = 1$ 代入公式(7.5.3)可得

$$T_{st} = K \frac{R_2 U_1^2}{R_2^2 + X_{20}^2} \tag{7.5.11}$$

由式(7.5.11)可得如下结论:
(1) 启动转矩 T_{st} 与 U_1^2 成正比;
(2) 启动转矩 T_{st} 与转子电阻 R_2 有关;

当电源电压 U_1 降低(增大)时,启动转矩会随之减小(增大)。由式(7.5.8)、式(7.5.9)及式(7.5.11)可以得出:当 $R_2 = X_{20}$ 时,$T_{st} = T_{max}$,$s_m = 1$,但 R_2 继续增大时,T_{st} 就要随着减少,这时 $s_m > 1$。

三相异步电动机启动转矩 T_{st} 与额定电磁转矩 T_N 的比值称为启动转矩倍数,用 λ_{st} 来表示。启动转矩倍数 λ_{st} 的表达式为

$$\lambda_{st} = \frac{T_{st}}{T_N} \tag{7.5.12}$$

【例 7.5.2】 已知一台三相异步电动机的额定功率为 $P_N = 5.5 \text{ kW}$,额定电压为 $U_N = 380 \text{ V}$,频率为 $f_1 = 50 \text{ Hz}$,额定转速 $n_N = 1440 \text{ r/min}$,△形连接,功率因数 $\cos\varphi_2 = 0.85$,效率 $\eta = 0.855$,启动转矩倍数 $\lambda_{st} = 2.4$,过载系数 $\lambda = 2.2$。求(1) 额定输入功率;(2) 额定转差率;(3) 额定转矩;(4) 额定电流;(5) 转子频率;(6) 最大转矩;(7) 启动转矩。

解:(1) $P_1 = \dfrac{P_N}{\eta} = \dfrac{5.5}{0.855} \text{ kW} = 6.43 \text{ kW}$

(2) 根据电动机的额定转速接近且略小于同步转速,及 $n_0 = \dfrac{60 f_1}{p}$ 可得

$$n_0 = \frac{60 f_1}{p} = \frac{60 \times 50}{p} > 1440,\text{所以},p < 2.08。$$

故该转速相应的磁极对数 $p = 2$。因此,额定负载时的转差率为

$$s = \frac{n_0 - n}{n_0} \times 100\% = \frac{1500 - 1440}{1500} \times 100\% = 4\%$$

(3) $T_N = 9550 \dfrac{P_N}{n_N} = 9550 \times \dfrac{5.5}{1440} \text{ N·m} = 36.48 \text{ N·m}$

(4) $I_N = \dfrac{P_1}{\sqrt{3} U_N \cos\varphi_2} = \dfrac{6.43 \times 10^3}{\sqrt{3} \times 380 \times 0.85} \text{ A} = 11.49 \text{ A}$

(5) $f_2 = s f_1 = 0.04 \times 50 = 2 \text{ Hz}$

(6) $T_{max} = \lambda T_N = 2.2 \times 36.48 \text{ N·m} = 80.26 \text{ N·m}$

(7) $T_{st} = \lambda_{st} T_N = 2.4 \times 36.48 \text{ N·m} = 87.55 \text{ N·m}$

7.6　三相异步电动机的使用

三相异步电动机的使用主要涉及启动、调速、制动等几个环节。

7.6.1　三相异步电动机的启动

三相异步电动机通入对称三相交流电,若电磁转矩 $T > T_2$（机械负载转矩）,电动机开始运转,转速逐渐上升直到达到某一稳定转速。三相异步电动机从接通电源开始转动直到达到稳定运行状态的过程,称为三相异步电动机的启动过程。

1. 启动时注意的几个问题

（1）启动电流不能太大：三相异步电动机启动的瞬间,由于转子具有机械惯性不能立即转动,所以旋转磁场相对于静止的转子有很大的转速差,这样,转子绕组中的感应电动势和感应电流会很大,故定子绕组中的定子电流也很大。通常,异步电动机启动时的电流可达额定电流的 4～7 倍。过大的启动电流会造成以下影响：① 异步电动机不能频繁启动,否则容易造成热量累积,导致电机过热;② 过大的启动电流会在短时间内使电网电压下降,电机的启动转矩降低,这样会影响其他用电设备的正常工作和异步电动机的正常启动。

（2）启动转矩要足够大：异步电动机在启动瞬间,虽然启动电流较大,但是由于转子的功率因数很低,使得转子电流的有功分量较小,导致电动机的启动转矩并不大,启动转矩倍数 λ_{st} 约为 0.8～1.2。一般情况下,异步电动机只有在 $T_{st} > 1.1T_2$ 时,才能正常启动。启动转矩不够大,就无法正常启动。

2. 启动方法

笼形电动机的启动方法有直接启动和降压启动两种。

（1）直接启动：直接启动方法是利用闸刀开关或接触器等开关设备将具有额定电压的电源直接接到异步电动机上。该方法具有启动简单、方便、经济、启动过程快等优点,但是存在着启动电流大的缺点,主要适用于中、小型笼形三相异步电动机的启动。小功率的三相异步电动机,启动电流的数值小,机械惯性小,电机从启动到稳定运行的时间短,所以可以采用直接启动的方法。

三相异步电动机能否采用直接启动的方法主要取决于电动机功率的大小。通常,二三十千瓦以下的异步电动机可以采用直接启动。当有变压器供电时,若不经常启动的电动机,其容量小于变压器容量 30% 的允许直接启动;若经常启动的电动机,其容量小于变压器容量 20% 的允许直接启动。

（2）降压启动：对于大容量的笼形三相异步电动机,为了减小电动机的启动电流,多采用降低定子绕组接入电压的方法进行启动。降压启动的原理是利用启动设备将电压降低后加到三相异步电动机的定子绕组上,以限制启动电流;待启动过程结束后,再去掉启动设备,恢复全压供电,使电动机正常运行,同时,由于电磁转矩 T 与 U_1^2(定子绕组电压)成正比,故启动转矩也相应减小。常用的降压启动方法主要有星形-三角形(Y-△)换接启动、自耦降压启动和定子电路串联电阻(电抗器)降压启动三种。

① Y-△换接启动:大、中型三相异步电动机在正常运行时,其定子绕组都是三角形连接。启动时,先将定子绕组接成星形,待三相异步电动机转速升高到接近额定转速时,再将绕组换成三角形连接。三相异步电动机启动时,定子每相绕组的电压(Y 连接)降为正常工作(△连接)的 $1/\sqrt{3}$,当三相异步电动机接成三角形时,线电流为相电流的 $\sqrt{3}$ 倍,而接成星形时,线电流等于相电流,因此,电动机接成星形时,$I_{lY} = 1/3 I_{l\triangle}$。由于三相异步电动机的转矩与定子绕组电压的平方成正比,同时当电动机接成星形时,定子绕组电压为正常工作时的 $1/\sqrt{3}$,因此,电磁转矩也变为正常工作时的 1/3。

该方法只适合于正常运行时定子绕组为三角形连接的笼形三相异步电动机,且应空载或轻载启动。Y-△换接启动可采用星三角启动来实现,其原理图如图 7.6.1 所示。

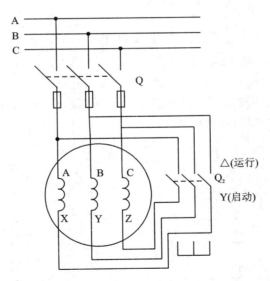

图 7.6.1 Y-△换接启动原理图

② 自耦降压启动:自耦降压启动是利用自耦变压器(又称为启动补偿器)降低电动机在启动过程中的接入电压,其接线图如图 7.6.2 所示。启动时,开关 Q_2 扳到"启动"位置,电动机定子绕组连接在自耦变压器的低压侧,其电压比为 $k = \dfrac{U_1}{U_1'}$,则电动机的启动电压为 $U_1' = \dfrac{U_1}{k}$;当电动机转速接近额定转速时,将 Q_2 扳向"工作"位置,

切除自耦变压器,电动机全压运行。

自耦降压启动的特点是电动机的启动电流和启动转矩较小,均为直接启动的 $\frac{1}{k^2}$。该方法主要适用于容量较大的或正常运行时联成星形(不能采用星三角形)启动器的笼形电动机。

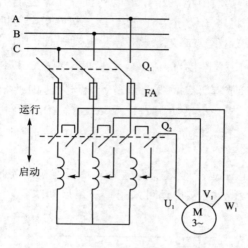

图 7.6.2 自耦降压启动原理图

③ 定子电路串联电阻(电抗器)降压启动:定子电路串联电阻(电抗器)降压启动原理图如图 7.6.3 所示。启动时,定子电路串入电阻或电抗器限制启动电流,待转速升高、电流下降后,再除去串接的电阻或电抗器,使电动机在额定电压下工作。该方法主要适用于不频繁启动的电动机。

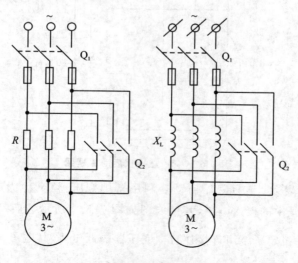

图 7.6.3 定子电路串联电阻(电抗器)降压启动原理图

7.6.2 三相异步电动机的调速

三相异步电动机的调速是指在负载转矩一定的情况下,通过改变相应的参数实现对转子转速的调节。异步电动机的转速公式为

$$n = (1-s)n_0 = (1-s)\frac{60f_1}{p} \tag{7.6.1}$$

根据式(7.6.1)可知,三相异步电动机的调速方式有以下三种:

(1) 变频调速 通过改变电源频率 f_1 来实现,适用于笼形电动机调速。

(2) 变极调速 通过改变旋转磁场磁极对数 p 来实现,适用于笼形电动机调速。

(3) 变转差率调速 通过改变定子绕组电压和绕线型异步电动机转子回路串电阻等方法来实现,适用于绕线型电动机调速。

1. 变频调速

通过连续改变供电电源频率 f_1,就可以实现连续平滑地调节三相异步电动机的转速,这种调速方法称为变频调速。目前,变频调速装置主要由整流器和逆变器两大部分组成,变频调速装置如图 7.6.4 所示。

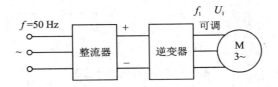

图 7.6.4 变频调速装置

变频调速装置的工作原理:整流器首先将频率为 50 Hz 的三相交流电变换为直流电,然后再经逆变器将其变换为频率为 f_1 和电压有效值为 U_1 的三相对称交流电,并且 f_1 和 U_1 均可调,由此 f_1 和 U_1 均可调的三相交流电为三相笼形异步电动机供电,实现调速的目的。变频调速的特点是可以实现无级调速,并具有硬的机械特性。

通常,变频调速有恒转矩调速和恒功率调速两种方式。

(1) 恒转矩调速:当 $f_1 < f_{1N}$,即 $n < n_N$ 调速时,应保持 U_1/f_1 的比值近乎不变,也就是说,两者成比例同时调节。由 $U_1 \approx 4.44 f_1 N_1 \Phi_m$ 和 $T = K_T \Phi_m I_2 \cos \varphi_2$ 可知,此时电磁转矩 T 和磁通 Φ_m 基本保持不变。

(2) 恒功率调速:当 $f_1 > f_{1N}$,即 $n > n_N$ 调速时,应保持 $U_1 \approx U_{1N}$,此时电磁转矩 T 和磁通 Φ_m 都将减小,转速增大,转矩减小,使功率近似不变。这种调速方法多用于具有大电阻转子绕组的笼形异步电动机。

2. 变极调速

通过改变三相异步电动机的极对数实现改变异步电动机转子转速的方法称为变极调速。根据 $n_0 = \dfrac{60f_1}{p}$ 和 $n = (1-s)n_0$ 可知,改变三相异步电动机的极对数 p,可

以改变同步转速 n_0,从而调节转子转速 n。变极调速是通过改变定子绕组端部的连接方式实现对笼形三相异步电动机极对数的改变,变极调速方法如图 7.6.5 所示。由于异步电动机的极数只能跃变,所以变极调速只能实现有级调速。

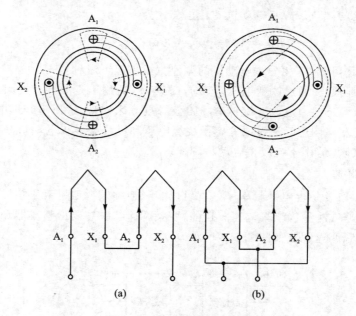

图 7.6.5 变极调速示意图

在调速过程中,当定子绕组极对数改变时,转子绕组极对数也要相应的进行改变。对笼形三相异步电动机来说,在改变定子绕组极对数时,转子绕组的极对数能够自动地与定子绕组极对数保持一致,而绕线型异步电动机却不能,因此,该方法仅适用于笼形异步电动机。

3. 变转差率调速

变转差率调速是在绕线型电动机的转子回路中串接可变电阻 R_T（与启动电阻接入方法相同）,通过改变可变电阻值的大小实现平滑调速,因此,该调速方法又称为转子回路串电阻调速。具体实现过程:若增大调速电阻,即 (R_2+R_T) 增加,则 $s_m = \frac{R_2+R_T}{X_{20}}$ 也增加,机械特性变软,转速 n 下降。由于 $T_{max} = k\frac{U_1^2}{2X_{20}}$ 与 (R_2+R_T) 大小无关,故 T_{max} 不会发生变化。该调速方法的优点是设备简单,投资少;缺点是能量损耗大,只适用于绕线型异步电动机。

7.6.3 三相异步电动机的制动

三相笼形异步电动机从切断电源到完全停止运行,总要经历一段时间。从缩短辅助时间、提高生产效率及安全生产等角度考虑,要求电动机停车迅速。为此,必须对电动机进行制动。工程实际中一般采用机械制动和电气制动两种方式。机械制动是利用电磁铁操作进行机械抱闸;电气制动是电动机在停车时,产生与原旋转方向相反的制动力矩,迫使电动机停车。下面重点介绍电气制动中的能耗制动与反接制动。

1. 能耗制动

能耗制动的方法是电动机断开三相交流电源后,给定子绕组加一直流电源,以产生静止的磁场。当电动机旋转时,转子导体切割该静止磁场产生与其旋转方向相反的力矩,从而达到制动的目的。

能耗制动具有制动平稳、能量损耗较小等优点。能耗制动作用的强弱与通入直流电的大小和电动机转速有关。在相同的转速下,直流电越大,制动作用越强。

2. 反接制动

反接制动是通过改变电动机三相电源的相序,使定子绕组产生的旋转磁场反向旋转,从而在转子绕组上产生与转子旋转方向相反的制动力矩的一种制动方法。应当注意的是,当电动机的转速接近于零时必须及时切断三相电源,否则会引起电动机反转。这是电动机反接制动与反向转动控制的主要区别。

反接制动时,转子旋转方向与旋转磁场方向相反,两者的相对转速接近于 2 倍同步转速,所以定子绕组中流过的电流很大。为了限制这个大电流,对容量较大的电动机进行反接制动时必须在定子回路中串入电阻以减小制动电流。反接制动的关键在于电动机转速接近于零时,能够自动切除电源。工程实际中主要采用速度继电器来实现。

三相笼形异步电动机反接制动时,系统存储的机械能以及电力网提供的电能全部转变为热能,消耗在制动电阻和电动机绕组上,故能量损耗很大。

反接制动力矩大、效果显著,但瞬间过大的制动力矩会对设备造成过大的机械冲击,极易损坏运动部件。同时,制动电流对电网的冲击也很大。因此,反接制动主要用于不经常启动设备的迅速停车。

7.7 三相异步电机的铭牌数据

在三相异步电动机外壳的显眼位置通常附有铭牌。铭牌数据为正确使用、选择三相异步电动机提供了非常重要的信息。三相异步电动机的铭牌数据主要有:额定电压、额定频率、额定转速和额定功率。

1. 额定电压 U_{N1}

额定电压是指电动机额定状态运行时接到定子绕组上的电源电压,单位为 V。对三相异步电动机来说,额定电压是指线电压。

2. 额定频率 f_{N1}

额定频率与各国的规定有关。我国规定如下:航空中的额定频率 $f_{N1} =$

400 Hz，地面工频 $f_{N1} = 50$ Hz。

3. 额定功率 P_N

额定功率 P_N 是指额定运行时，三相异步电动机输出的机械功率，单位为 W 或 kW。三相异步电动机的额定功率为 $P_N = \eta\sqrt{3}U_N I_N \cos\varphi_N$。

式中：η 为电动机的效率，$\cos\varphi_N$ 为电动机的功率因数。

4. 额定电流 I_N

额定电流是指电动机额定状态运行时，通过定子绕组的线电流，单位为 A。

5. 额定转速 n_N

当输入额定电压、额定功率时对应转子的转速为额定转速，单位为 r/min。

根据上述各额定值还可以产生额定转矩 T_N、额定转差率 s_N、额定效率 η_N 和额定功率因数 $\cos\varphi_N$ 等。

7.8 永磁式同步电动机

在电机内建立机电能量转换所必需的气隙磁场通常有两种方法：一种是在电机绕组内通电流而产生，既需要有专门的绕组和相应的装置，又需要不断供给能量以维持电流流动；另一种是由永磁体来产生磁场，既可简化电机结构，又可节约能量，这就是永磁电机。

永磁同步电动机与直流电机相比，克服了直流电机具有换向器和电刷的缺点。与异步电动机相比，永磁同步电动机的优势是损耗小、效率高；劣势是成本高、启动困难。永磁式微型同步电动机的转子由永久磁钢制成，可以是两极，也可以是多极，N、S 极沿圆周方向交替排列。图 7.8.1 所示是具有两个永久磁极的转子。

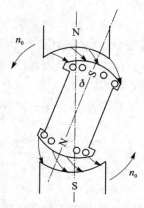

图 7.8.1 永磁同步电动机工作原理图

同步电动机定子接入交流电源后，产生一个旋转磁场，旋转磁场可以用一对旋转磁极 N、S 表示，转子是一个两极的永磁体。当定子旋转磁场以转速 n_0 沿图示逆时针方向旋转时，根据异性磁极相吸的原理，转子 S 极和定子 N 极产生的吸引力致使转子也逆时针方向旋转。由于转子的旋转是由定子旋转磁场带动的，因而转子的转速与定子磁场的转速相等，亦为同步转速 n_0。当转子上负载转矩增大时，定子磁极轴线与转子磁极轴线间的夹角 δ 就会相应增大，负载转矩减小时夹角 δ 又会减小，两对磁极间的磁力线就如同弹性的橡皮筋一样。随着负载的变化定子和转子磁极轴线之间的夹角变大或变小，但只要负载不超过一定的限度，转子就会始终跟着定子旋转磁场以同步

转速旋转,即转子转速为

$$n = n_0 = \frac{60f}{p} \tag{7.8.1}$$

可见,转子的转速取决于电源的频率和电机的极对数。如果轴上的负载阻转矩超出一定限度,转子不再以同步转速运行,转速降低甚至停转,这就是同步电动机的"失步"现象。这个最大限度的转矩称为最大同步转矩。电动机负载不能大于最大同步转矩,否则电动机将无法同步转动。

永磁式电动机启动比较困难。主要原因是在合上电源的瞬间,电机内产生了以同步转速旋转的磁场,转子由于惯性作用远小于定子旋转磁场的转速。因此定子和转子磁场之间存在着相对运动,转子受到的平均转矩为零,则转子不能自行启动,如图 7.8.2 所示。在图 7.8.2(a)所示的瞬间,定子磁极的相互作用倾向于使转子沿逆时针方向旋转,但由于惯性的影响,转子受到作用力不能马上启动;当转子还未启动起来时,定子磁场已转过 180°,到达图 7.8.2(b)所示的位置,这时定转子磁极之间的相互作用又趋向于使转子沿顺时针方向旋转。转子受到的转矩时正时负,其平均转矩为零,因此永磁式微型同步电动机不能自行启动。从图 7.8.2 中还可以看出,在同步电动机中,如果转子的转速与旋转磁场的转速不相等,转子所受到的平均转矩总是零。

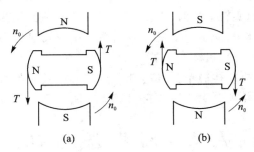

图 7.8.2 永磁式同步电动机的启动转矩

综上所述,影响永磁式同步电动机启动的主要因素有两方面:
(1) 转子本身存在惯性;
(2) 定子、转子磁场之间转速相差过大。

为了使永磁式同步电动机能够自行启动,一般的永磁式电动机都需要附加启动绕组,但那些转子本身惯性很小、极数较多的低速永磁式同步电动机除外。

通常在转子上安装鼠笼形启动绕组(见图 7.8.3),它主要由两部分组成:一部分是两块圆形的永久磁钢,做成一对或多对磁极,装在转子的两端;另一部分是鼠笼形启动绕组,位于转子中部,其结构形式与普通鼠笼形异步电动机的转子相同,由于同步电动机不允许在异步状态下长时间工作,因此,笼形启动绕组的设计是按照短时工作设计的。

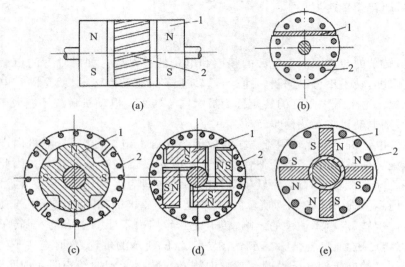

1—永久磁钢　2—鼠笼式启动绕组
图 7.8.3　永磁式同步电动机的转子结构

永磁式同步电动机启动时,利用鼠笼形启动绕组产生启动转矩,使转子旋转起来。当转速上升到接近同步转速时,定子旋转磁场与永久磁铁相互吸引,把转子拉入同步,一起以同步转速旋转。这时,由于转子与旋转磁场已无相对运动,启动绕组便不起作用了。如果永磁式同步电动机的转动惯量小或转速低,则转子上可以不另装启动绕组,电动机能够自行启动。

永磁式同步电动机结构简单,制造方便,转子又能做成多对磁极,使电动机的转速较低,因而,在自动化仪表中应用广泛,其额定功率一般非常小。

7.9　同步发电机

随着电力电子技术的迅猛发展,以大功率电子技术为基础的变速恒频电源在新型飞机中得以广泛应用,如 F-18A、波音 737-300、波音 737-400 和 MD-82 等机型变速恒频电源的主发电机均为同步发电机。以航空同步发电机为例简要介绍同步发电机的基本结构和工作原理。

7.9.1　同步发电机的基本结构

按照旋转部件的不同,同步发电机可分为旋转磁极式和旋转电枢式两类。航空同步发电机主要采用旋转磁极式同步发电机,按照磁极结构特点的不同旋转磁极式同步发电机又可分为凸极式和隐极式两种。凸极式同步发电机转子的磁极铁芯是凸出来的,励磁绕组嵌放在槽中,具有明显的磁极外形,其极弧表面下气隙小,两极间气隙大;隐极式同步发电机的转子铁芯上有一部分开槽,形成大齿和小齿,励磁绕组嵌放在槽中,无明显的磁极外形,其气隙基本均匀。旋转磁极式同步发电机的励磁绕组通入直流电时,转子上就会产生 N 极和 S 极的恒定磁场。航空同步发电机主要采用凸极式磁极转子,而大型和高速汽轮发电机主要采用隐极式磁极转子。

7.9.2 同步发电机的基本工作原理

同步发电机(Synchronous Generator)的结构原理图如图 7.9.1 所示,定子铁芯上嵌放三相对称绕组 AX、BY、CZ,这称为电枢绕组。转子上嵌放着励磁绕组,通入直流电后,转子上产生恒定极性的主磁场。当原动机拖动转子以转速 n 旋转时,定子三相电枢绕组切割磁场分别感应出对应的三相感应电动势。该电动势的频率为

$$f_1 = \frac{pn}{60}$$

式中,p 为转子磁场的磁极对数。

若发电机接上对称三相负载,则三相定子绕组内流过对称的三相电流。根据旋转磁场的产生原理,发电机内部会产生旋转磁场,其转速为

$$n_0 = \frac{60 f_1}{p} = \frac{60}{p} \cdot \frac{pn}{60} = n$$

由此可见,转子的转速 n 与旋转磁场的转速 n_0 相等,即转子磁场与定子电枢磁场"同步",故这种电机称为同步发电机。

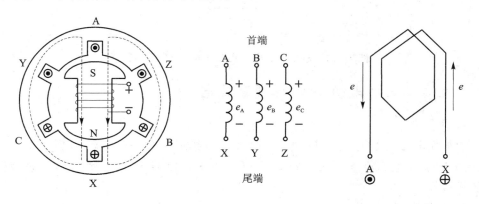

图 7.9.1 同步发电机结构原理图

7.9.3 同步电机应用举例

某型航空用油冷式交流发电机由轴连接的主发电机、励磁机和永磁机三部分组成,其原理线路图如图 7.9.2 所示。当发电机被带动旋转后,永磁机磁极也跟着旋转,在永磁机气隙中形成旋转磁场,永磁机的单相绕组感应产生交流电动势,通过接线柱"Y"传输给调压控制保护盒,然后通过调压控制保护盒将该交流电转换成直流电,并通过接线柱"L"将直流电提供给励磁机绕组,在励磁机中建立一个静止磁场。

由于励磁机电枢固定在发电机的转子上,并随着发电机一起转动,所以励磁机的电枢绕组就会感应产生三相交流电。该三相交流电经过整流装置输出直流电,将整流后的直流电供给主发电机的励磁绕组,产生磁场,该磁场随着发电机转子旋转,这样主发电机的电枢绕组(固定在定子中)就会感应产生 120 V/400 Hz 的三相交流电。

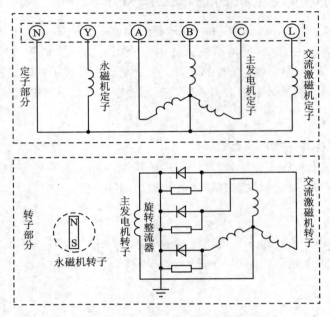

图 7.9.2　航空用油冷式交流发电机原理线路图

7.9.4　同步电机型号与额定数据

1. 型　号

以航空同步发电机为例,国产航空同步发电机通常有 JF(交流发电机)及 YJF(油冷式交流发电机)两种型号。例如,YJF-30 是额定容量为 30 kV·A 的油冷式交流发电机。

2. 额定数据

对恒速恒频交流电源系统,航空三相交流同步发电机的主要额定数据为额定电压、额定频率、接法和额定容量等。具体如下:额定电压为 120 V/208 V,额定频率为 400 Hz,接法为星形接法,额定容量的单位为 kV·A。

本章小结

(1) 变压器的相关电路方程式:

一次绕组感应电动势的有效值:$E_1 = 4.44 f N_1 \Phi_m$

二次绕组感应电动势的有效值：$E_2 = 4.44fN_2\Phi_m$

一、二次绕组电压之比称为变比：$k = \dfrac{U_1}{U_2} \approx \dfrac{E_1}{E_2} = \dfrac{N_1}{N_2}$

一、二次绕组的电流之比 $\dfrac{I_1}{I_2} \approx \dfrac{N_2}{N_1} = \dfrac{1}{k}$

等效阻抗为 $|Z_{eq}| = \left(\dfrac{N_1}{N_2}\right)^2 |Z_L| = k^2|Z_L|$

(2) 三相异步电动机由定子(固定部分)和转子(旋转部分)组成。异步电动机的"异步"概念，是指电动机转子的旋转与旋转磁场的旋转不同步。

旋转磁场的转速为 $n_0 = \dfrac{60f_1}{p}$，转差率为 $s = \dfrac{n_0 - n}{n_0} \times 100\%$

(3) 三相异步电动机的三种工作状态
发电机运行状态：$s < 0$，电磁转矩与转子的转向相反，为制动转矩；
电动机运行状态：$0 < s < 1$ 时，电磁转矩与转子的转向相同，为驱动转矩；
电磁制动状态：当 $s > 1$ 时，电磁转矩与转子的转向相反，为制动转矩。

(4) 与变压器一样，三相异步电动机在每相定子绕组中产生的感应电动势为 $E_1 = 4.44f_1N_1\Phi_m \approx U_1$。

(5) 转子电路参数(如电动势、电流、频率、感抗及功率因数等)均与转差率有关，亦即与转速有关。

转子频率：$f_2 = sf_1$；

转子绕组中的感应电动势：$E_2 = 4.44f_2N_2\Phi_m = 4.44sf_1N_2\Phi_m$；

转子感抗：$X_2 = sX_{20}$；

转子电流：$I_2 = \dfrac{E_2}{\sqrt{R_2^2 + X_2^2}} = \dfrac{sE_{20}}{\sqrt{R_2^2 + (sX_{20})^2}}$；

转子电路的功率因数：$\cos\varphi_2 = \dfrac{R_2}{\sqrt{R_2^2 + X_2^2}} = \dfrac{R_2}{\sqrt{R_2^2 + (sX_{20})^2}}$。

(6) 三相异步电动机的转矩：
① 电磁转矩
$T = K_T\Phi_m I_2 \cos\varphi_2 = K_T\Phi_m I_{2a}$
$T = 9\,550\dfrac{P_2}{n}$（P_2 为三相异步电动机的输出功率，单位为 kW）

② 过载系数 λ 的表达式为 $\lambda = \dfrac{T_{\max}}{T_N}$

③ 启动转矩倍数 λ_{st} 的表达式为 $\lambda_{st} = \dfrac{T_{st}}{T_N}$

(7) 三相异步电动机的启动
笼形电动机的启动方法有直接启动和降压启动两种。常用的降压启动的方法主要有星形-三角形(Y-△)换接启动、自耦降压启动和定子电路串联电阻(电抗器)启动三种。

Y-△换接启动的特点：

① 启动时,每相定子绕组所承受的电压降到正常工作电压的 $1/\sqrt{3}$ ；

② 启动电流和启动转矩分别减少为直接启动电流和启动转矩的 1/3。

(8) 三相异步电动机的调速

三相异步电动机的调速方式有变频调速、变极调速和变转差率调速三种。

(9) 三相异步电动机的制动：工程实际中一般采用机械制动和电气制动两种方式。常见的电气制动有能耗制动和反接制动。

习 题

7-1 用来衡量物质导磁能力的物理量是( )
A. 磁导率　　　　　　B. 磁感应强度　　　　　C. 磁场强度

7-2 变压器具有变换电压、电流和( )的作用。
A. 磁通　　　　　　　B. 阻抗　　　　　　　　C. 频率

7-3 三相异步电动机转子转速总是( )
A. 与旋转磁场的转速相同　　B. 高于旋转磁场的转速
C. 低于旋转磁场的转速

7-4 一台 $f=400$ Hz 三相异步电动机的额定转速为 7 840 r/min,则其转差率为( )
A. 1.8%　　　　　　　B. 2%　　　　　　　　C. 3.5%

7-5 一台三相异步电动机的输入电源中的两相反接后,则转子转动的方向将( )
A. 维持原方向不变　　B. 与原方向相反　　　C. 电机损坏,停止

7-6 一台三相异步电动机接三相工频交流电源,其运行在额定转速 $n_N=$ 1460 r/min 时,转子的频率为( )
A. 1.3 Hz　　　　　　B. 50 Hz　　　　　　　C. 46 Hz

7-7 一台三相异步电动机转子转速大于同步转速时,该电机的工作状态为( )
A. 电磁制动工作状态　　B. 发电机工作状态　　C. 电动机工作状态

7-8 当三相异步电动机转子转速降低时,则该电机的转子电流将( )
A. 增加　　　　　　　B. 减小　　　　　　　　C. 不变

7-9 一台三相异步电动机转差率增加时,则该电机的功率因数将( )
A. 增加　　　　　　　B. 减小　　　　　　　　C. 不变

7-10 为什么说变压器在变压时,未改变电压的频率？变压器能不能直接变换直流电压来传递直流电能？

7-11 变压器的额定数据有哪些？

7-12 变压器的作用是什么？简述变压器工作原理。

7-13 一台航空变压器的额定电压为 $U_N = 115$ V、频率为 $f = 400$ Hz，如果将它接在 115 V/50 Hz 的交流电源上，该变压器还能不能正常工作？为什么？

7-14 简述同步发电机的工作原理。

7-15 分别以 $f = 400$ Hz 和 $f = 50$ Hz 同步发电机为例，列出不同极对数的转速值。

7-16 三相异步电动机主要由哪几部分组成的？各组成部分的功用是什么？

7-17 简述三相异步电动机的工作原理？并简要说明三相异步电动机工作在不同状态时，转差率是如何变化的？

7-18 已知某异步电动机的额定频率为 $f = 400$ Hz，额定转速为 $n_N = 11\ 500$ r/min，试求该电动机的极对数是多少？额定转差率是多少？

7-19 三相异步电动机启动的瞬间，为什么转子电流 I_2 大，而转子电路的功率因数 $\cos\varphi_2$ 小？

7-20 三相异步电动机有哪几种降压启动方法？每种方法的特点是什么？

7-21 三相异步电动机的转速公式？有哪几种调速方式？

7-22 阐述三相异步电动机能耗制动和反接制动的制动原理？

7-23 三相异步电动机在正常运行时，如果转子突然被卡住而不能转动，试问这时电动机的电流有何改变？

7-24 已知一台三相异步电动机的额定功率为 $P_N = 15$ kW，额定电压为 $U_N = 380$ V，频率为 $f_1 = 50$ Hz，额定转速 $n_N = 1\ 440$ r/min，△形连接，功率因数 $\cos\varphi_2 = 0.8$，效率 $\eta = 0.9$，启动转矩倍数 $\lambda_{st} = 2$，过载系数 $\lambda = 2.3$。求(1)额定输入功率；(2)额定电流；(3)额定转矩；(4)额定转差率；(5)转子频率；(6)最大转矩；(7)启动转矩。

拓展推广——交流发电机在多电飞机中的应用

多电飞机(More Electric Aircraft, MEA)是采用电力系统取代原来液压、气压和机械驱动系统的新型飞机，飞机的次级功率系统采用电的形式进行传输、分配，这样电机就成为飞机能量传动系统中的重要组成部分。采用多电飞机技术，可以根据飞机用电设备的实际负荷，对发电系统进行统一的、有选择的分配，使运行的发电系统保持较高的效率状态。

美国在 1990 年就开始了多电飞机的研究。经过 20 多年的发展，许多新技术在具有多电飞机特色的先进飞机上得以应用。目前最具有代表性的多电飞机是 A-380、B-787 和 F-35 等民用、军用飞机。下面，对采用交流发电机的 A-380 和 B-787 进行介绍。

1. A-380多电商用飞机

A-380是按照多电飞机电力系统设计的一款多电商用飞机,其电源系统主要由4台150 kV·A的变频交流发电机和2台120 kV·A的恒频交流发电机,以及1个70 kV·A的发电系统组成,电源总容量为910 kV·A。该机型大部分作动装置均采用电力作动,飞机性能大大提高。

2. B-787飞机

B-787飞机接近于全电飞机,由4台250 kW变频发电机和2台225 kW变频发电机组成,电源总容量为1.5 MW。该机型作动装置几乎全部采用电力作动。

传统的恒频交流电源效率较低,恒装体积大,发电能力受限。与恒频交流电源相比,变频交流电源具有相同的供电质量,效率可达90%以上,体积却要小很多,并且具有重量轻、价格低、系统可靠性和维护性好的特点。因此,在新型多电飞机中得到较好的应用。

通常,变频交流发电系统是先进民用飞机发展的主要选择,而高压直流供电系统是先进军用飞机的主要选择。在飞机电气系统领域,与国外已有的先进技术相比,国内还是存在较大差距。如国外已经使用的变频交流发电系统功率级已达150~250 kV·A,而国内大容量发电系统仅达150 kV·A;国外的交流发电系统具有启动发电双功能,而国内在该技术上有待突破。

思考题

(1) 多电飞机的含义是什么?
(2) 变频交流电源的优点是什么?

第 8 章　继电接触器控制系统

控制电器是根据外界特定的信号与要求,手动或自动地接通和断开电路,断续或连续地改变电路结构或参数,实现对电路或非电路对象的切换、调节、控制、保护、检测和变换的电气设备。工程中的现代数控机床或其他生产机械,它们的运动部件大都由电动机带动工作,对电动机或其他电气设备实现接通与断开等控制功能,目前采用较多的还是最基本的继电接触器逻辑控制系统,任何复杂的控制线路,都是由一些基本元器件和单元电路组成。因此,本章将从最基本、最典型的控制电器及其单元电路入手,介绍工程实际中最常用且具有一定代表性的三相笼形异步电动机应用控制线路。

在飞机上,控制电器主要用于控制机载电气设备的工作,保护供电和用电设备不致因电路短路或过载而遭到损坏,以保证机上电气设备顺利安全地完成所担负的各项任务。导弹方面,继电器和接触器是弹上电气系统中采用的主要控制元件,主要用于控制电源以及弹上各用电设备的供电,同时利用它们控制电气电路的信号。继电器和接触器的类型很多,应视具体情况进行分析选择。

1. 应用实例之一:某型导弹主电源供电电路

某型导弹弹上供电电路电网采用单线制,主电源的正极导线连接到汇流条母线上,负极导线直接与导弹壳体搭接。主电源是导弹直流电源的供给者,不允许出现断电现象。一旦主电源或供电电路发生故障,各用电设备就无法正常工作。在非工作状态时,导弹主电源向母线供电的电路要将主电源与汇流条断开,以避免地面电源向导弹供电情况下地面电源向弹上主电源反充电。当发射导弹时,弹上主电源开始向母线供电;当有故障情况发生时,供电电路又能将主电源从汇流条上断开。为了实现上述控制目的,在主电源向汇流条供电的电路中需要使用控制元件。在导弹电气控制电路中一般选用继电器或接触器,对于一次电源来讲可以利用接触器的常闭触点接通主电源向母线供电的电路。某型导弹主电源向母线供电的典型电路如应用实例图 1 所示。电路简单可靠,尽量减少了串联环节,其中接触器的线圈控制信号由地面测试设备或发射前发控设备控制。

2. 应用实例之二:飞机直流发电机的反流保护

飞机直流发电机通过接触器与汇流条连接,当发电机电压低于电网电压时,电网上其他电源如飞机蓄电池将向此发电机输电,造成反流。反流电流过大将会导致发电机损坏。飞机反流保护器的作用就是在反流电流达到一定数值后将发电机与飞机电网及时断开。如应用实例图 2 所示为 CJ-400D 型反流保护器工作原理电路图。图中,MLC 为主干线接触器;DR 为差动极化继电器,主要用来检测电压差及反流。

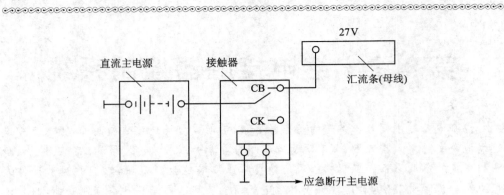

应用实例图 1　主电源供电电路

当发电机电压高于电网电压一定值时，MLC 将该发电机接入电网；反流电流达到一定值时将发电机与飞机电网断开。具体而言，若发电机电压高于电网电压 0.3～0.7 V 时，反流保护器的压差线圈 W_2 使差动极化继电器 DR 动作，触点 K 闭合，MLC 线圈通电，将发电机接入电网；若发电机电压低于电网电压，出现反流，且流过反流线圈 W_1 的反流电流达到 15～35 A 时，差动极化继电器 DR 衔铁运动，触点 K 断开，MLC 线圈失电；MLC 触点断开，将发电机与飞机电网断开。

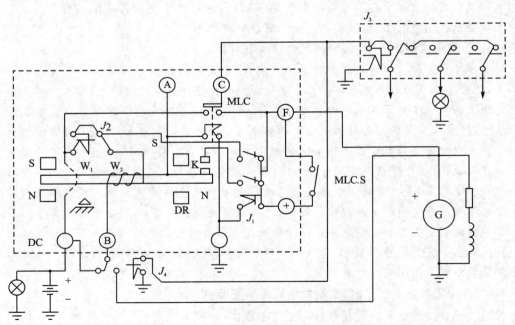

应用实例图 2　CJ-400D 型反流保护器工作原理电路图

8.1 常用控制电器

按照动作性质,控制电器可分为手控电器和自控电器两大类。手控电器本身不带动力机构,只依靠人力或外力直接操作,如闸刀开关、铁壳开关、按钮开关和特控开关等。自控电器按照指令、信号或参数变化自动动作,如继电器、接触器等。

8.1.1 刀开关

刀开关又称闸刀开关,是一种操作简单的手动控制电器,主要作为电源引入开关,用于手动接通和分断容量不太大的交直流电路。它主要由闸刀(动触点)、刀座(静触点)、操作手柄及底座等组成。根据闸刀的极数和操作方式,刀开关可分为单极、双极和三极。实物图和电路符号如图 8.1.1 所示,文字符号为 QS。

使用时,刀开关一般与熔断器串联连接,以便在电路发生短路或过载时熔断器熔断而自动切断电路。用刀开关切断电路时,由于电路中电感和空气电离的作用,闸刀与刀座分离时会产生电弧,特别当切断大电流时,电弧持续不易熄灭。因此,为安全起见,严禁用无灭弧装置的刀开关切断大电流。

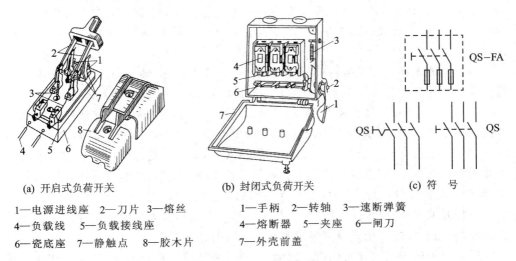

(a) 开启式负荷开关

1—电源进线座 2—刀片 3—熔丝
4—负载线 5—负载接线座
6—瓷底座 7—静触点 8—胶木片

(b) 封闭式负荷开关

1—手柄 2—转轴 3—速断弹簧
4—熔断器 5—夹座 6—闸刀
7—外壳前盖

(c) 符 号

图 8.1.1 刀开关外形结构及符号

8.1.2 组合开关

组合开关又称为转换开关,是机床电气控制线路中一种常用的手动控制电器。主要作为电源引入开关,用于不频繁地接通或切断电路、换接电源和负载以及用于小容量异步电动机的正/反转控制、星形—三角形降压启动等控制场合。它主要由数层静触点、动触点、弹簧和绝缘手柄等组成。静触点的一端固定在绝缘垫板上,另一端伸出绝缘盒外,连在接线柱上,方便与电源及用电设备相连。动触点套在装有手柄的绝缘转动轴上,用手柄转动转轴就可实现动触点与静触点同时接通或断开。为了能够迅速熄灭组合开关在切断负荷电流时产生的电弧,组合开关的转轴上都装有弹簧储能机构,能够实现开关快速闭合与分断。实物图如图8.1.2所示,文字符号为QS。

组合开关的种类很多,按极数不同,组合开关有单极、双极、三极和多极结构;按电流分,其额定持续电流有10 A、25 A、60 A和100 A等多种。

8.1.3 飞机、导弹常用开关

飞机上,电气设备使用的开关种类很多,一般分为普通开关、微动开关和终点开关等。各类开关的基本结构和动作原理相同。结构上,通常由手柄、弹簧、活动触点、固定触点和接线柱等组成;动作原理上,当扳动手柄时,手柄内的弹簧被压缩;当手柄扳过中间位置时,活动触点在弹簧作用下迅速动作,进行电路转换。弹簧的弹力作用在触点上,能够形成一定的接触压力,以确保接触良好。

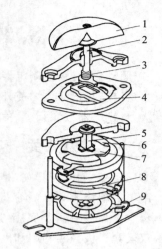

1—手柄 2—转轴 3—弹簧
4—凸轮 5—绝缘杆 6—绝缘垫板
7—动触片 8—静触片 9—接线柱

图8.1.2 组合开关结构

导弹上要求所用开关接触可靠,换位清晰,绝缘性能好,转换力矩适当,环境适应能力强。在导弹上所应用的有微动开关、行程开关、压力开关、惯性开关等。

微动开关又称"速动开关"、"灵敏开关",一般由机械部件控制,受到轻微压力即可接通或断开,动作灵敏,多应用于自动控制电路中。典型微动开关结构如图8.1.3所示,基本组成部分包括按钮头、接触弹簧片、接触弹簧、恢复弹簧、固定触点、活动触点和焊角等。例如,某型导弹雷达与自动驾驶仪自动检测时,控制舵反向电路中采用了WK3-1型微动开关,用于检查舵面转动的灵活性。

行程开关又称"限位开关"、"终点开关",按一定的机械力控制电路的转换并且所需的控制力较大,主要用于导弹发射和级间分离时切换弹上电路。

压力开关按预定设计的压力进行电路转换,分电位计式和感应式两种。例如,某型导弹采用的油压开关,当液压系统的油压达到规定值时,接通控制电路。

惯性开关又称"加速度开关"、"过载开关",通过加速度的变化控制触点闭合和断开。例如,当导弹飞行加速或减速时,安装在导弹上的惯性开关利用加速度的变化控制助推器分离。

8.1.4 按 钮

按钮也称为控制按钮和按钮开关,主要用于短时间的接通或断开小电流的控制

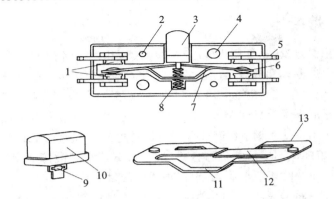

1—固定触点 2—铆钉孔 3—按钮头 4—固定孔 5—焊角 6—活动触点 7—接触弹簧
8—恢复弹簧 9—槽口 10—按钮头 11—外侧片 12—中央片 13—接触弹簧片

图 8.1.3 微动开关的典型结构

电路,从而实现控制电动机和其他电气设备运行的目的。它由按钮帽、动触点、静触点、复位弹簧和外壳等组成。文字符号为 SB。按钮的触点分常闭触点和常开触点两种。常闭触点又称为动断触点,是指按钮未按下时闭合,按下后断开的触点;常开触点又称为动合触点,是指按钮未按下时断开,按下后闭合的触点。常见按钮的结构、符号及名称如表 8.1.1 所列。

飞机上,按钮主要用在短时接通的电路中。它有几个固定触点和一个活动触点。当按下按钮时,活动触点将固定触点接通,从而使电路接通;松开按钮后,活动触点在回动弹簧作用下与固定触点断开。

表 8.1.1 常见按钮的结构、符号及名称

名 称	动合按钮	动断按钮	复合按钮
结 构			
符 号	SB	SB	SB

8.1.5 熔断器

熔断器又称保险丝,是低压供配电线路中最常用的一种简便且实用的短路保护电器。它主要由熔断体和放置熔断体的绝缘管或绝缘座组成。熔断体是熔断器的核心部分,通常由电阻率较高的易熔合金制成,例如铅锡合金等,或者是用截面积很小的导电性能良好的铜银等导体制成。绝缘管通常由陶瓷、绝缘钢纸等制成,当熔体熔断时兼有灭弧作用。使用时,熔断器应与被保护电路串联连接,线路正常工作情况下,熔断器中的熔断体不应熔断;线路一旦发生过载或短路故障时,熔断器中的熔断体应立即熔断从而及时切断电源,实现保护线路的目的。

熔断器的文字符号是 FA,其实物图与电路符号如图 8.1.4 所示。常用的熔断器有插入式熔断器(RC 系列)、管式熔断器(RM 系列及 RT 系列)、螺旋式熔断器(RL 系列)三种。

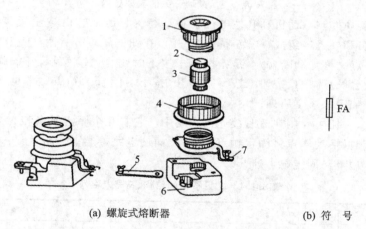

(a) 螺旋式熔断器　　　　　　(b) 符　号

1—瓷帽　2—小红点标志　3—熔断管　4—瓷套　5—下接线端　6—瓷底座　7—上接线端

图 8.1.4　熔断器实物图与电路符号

飞机上,也将熔断器用作电路保护设备。当被保护电路出现长时间的过载或短路故障时,熔断器的熔断体发热达到熔断温度而熔断,从而切断电路。飞机上常用的熔断器有 GB 型熔断器和 TB 型熔断器两种。

GB 型熔断器当发生短时较大过载时不动作,只有保持较长时间过载才熔断,但当发生短路时,它能迅速熔断。结构上包括短路保护部分和过载保护部分两大部分,如图 8.1.5 所示。当过载不大时,由过载保护部分发挥保护作用,具有较长的动作延时;当过载很多或发生短路时,由短路部分起保护作用,其动作延时很短。

需要注意的是,使用 GB 型熔断器时必须区分正负极,熔断器的正端应与汇流条连接,负端与用电设备连接。

TB 型熔断器又称为特种熔断器,既可以用于交流电路,又可用于直流电路,如图 8.1.6 所示。TB 型熔断器的熔断体熔点较低,当通过的电流超过额定值时,断开

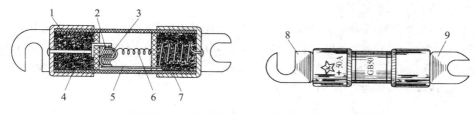

1—石膏粉 2—"U"形铜片 3—低熔点焊料 4—黄铜溶片
5—铜板 6—弹簧 7—加温元件 8—"+"端 9—"-"端

图 8.1.5 GB 型熔断器的结构和外形

时间较短。

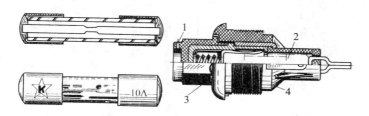

1—保险孔 2—TB 型保险丝 3—头部 4—座子

图 8.1.6 TB 型熔断器

熔断器由于具有结构简单、工作可靠、价格低廉等优点,在导弹上应用广泛,其中尤以惯性熔断器应用最多。

惯性熔断器又称"快慢速熔断器",是一种既能承受短时大电流冲击,又能快速切断短路电流和长时间过载电流的熔断器。例如,用于导弹电爆管、引信系统供电电路的过载和短路保护。其熔体结构通常由热惯性结构和短路保护结构两部分组成,热惯性结构具有较大的热容量,能够切断长时间的过载电流;短路保护结构可以迅速切断短路电流。

惯性熔断器的保护额定电流一般为 5～250 A,额定电流的选择应遵循小于供电电路的导线额定载流量,大于或等于用电设备额定电流的原则。惯性熔断器通常安装在保险丝座板上。

在导弹火工品点火电路中,一般不加熔断器,通常在电路中串入保护电阻。保护电阻又称"限流电阻"。例如电爆管火工品点火电路只要点火起爆以后就完成了任务,但经常出现由于桥丝的正极偶然触碰壳体引起的短路故障,导致弹上电网电压在瞬间降至 20 V 左右,极大地影响了弹上计算机系统的正常工作。选择保护电阻的目的就是既要保证火工品电路的可靠起爆,又需保证必须延时一段时间后才能切断用电电路。

8.1.6 空气断路器

空气断路器又称为自动空气开关,是一种常用的低压保护电器,当电路发生过载、短路或欠电压等故障时,能够自动跳闸切断故障电路。它主要由触点系统、操作机构、脱扣器和灭弧装置等组成。

图 8.1.7 为空气断路器的电路符号及动作原理示意图,其文字符号为 QF。空气断路器的主触点依靠手动操作机构或电动合闸闭合,并由自由脱扣将主触点锁在合闸位置。一旦电路发生故障,自由脱扣机构将在有关脱扣器的推动下动作将钩锁脱开,主触点在释放弹簧的作用下迅速分断。

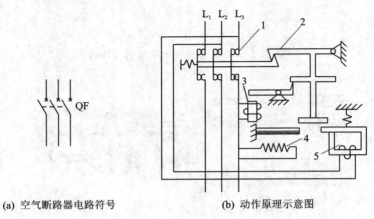

(a) 空气断路器电路符号　　　　(b) 动作原理示意图

1—主触点　2—自由脱扣机构　3—过电流脱扣器　4—热脱扣器　5—欠电压脱扣器

图 8.1.7　空气断路器电路符号及动作原理示意图

常用的脱扣器有过电流脱扣器、热脱扣器、欠电压脱扣器等。过电流脱扣器的线圈和热脱扣器的热元件应与主电路串联,欠电压脱扣器的线圈应与主电路并联。当电路出现严重过载或短路故障时,过电流脱扣器的衔铁被吸合,通过传动机构推动自由脱扣机构释放主触头,实现过电流保护功能。当电路过载时,线路中电流增大,热脱扣器的热元件产生的热量增加,使双金属片向上弯曲,通过传动机构推动自由脱扣机构释放主触头,切断电路起到过载保护的作用。当电路欠电压(包括所接电源缺相、电压偏低和停电)时,欠电压脱扣器的衔铁释放,使自由脱扣机构迅速动作,断路器自动跳闸;当电源电压恢复正常时,必须重新合闸后方能工作,实现欠电压保护功能。常用的空气断路器有 DZ、DW、CDM 和引进的 ME、AE、3WE 等系列。

飞机用断路器的工作特点是当通过断路器的电流超过其额定值的两倍并持续一段时间后,断路器的双金属片受热弯曲使其脱扣跳开,断路器的按钮弹出,切断电路,起到保护作用,其典型结构如图 8.1.8 所示。断路器均为按拔式,可重复多次使用。当断路器由于电路故障跳闸断开后,不可强制接通,待排故完毕后,方可通过按压恢复按钮使其重新接通。需要注意的是,对于三相交流断路器,当三相(任一相、任两相及三相)故障电流流过它时,其内部热金属片敏感故障电流使其脱扣跳开,断路器将电路断开,起到保护作用。

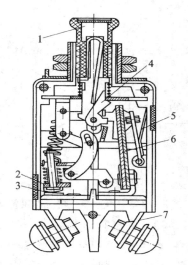

1—按钮 2—接触电桥 3—固定触点 4—接通机构
5—卡子 6—双金属片 7—引出线
图 8.1.8 断路器结构图

8.2 继电器

继电器是一种根据外界输入信号来控制电路接通或断开的自动控制电器,主要用于控制、线路保护或信号转换,继电器的触点容量较小,并且无灭弧装置,适用于控制电流不太大的场合。一般来讲,继电器由承受机构、中间机构和执行机构三部分组成。承受机构反映继电器的输入量,并传递给中间机构,将它与整定值进行比较,当达到整定值时,中间机构就使执行机构产生输出量,从而闭合或切断电路。

继电器的种类很多,分类方法也很多。按动作原理,继电器可分为电磁式继电器、热继电器、电子继电器等。按触头动作时间分,继电器可分为瞬时继电器和延时继电器。按反映信号分,继电器可分为电压继电器、电流继电器、速度继电器等。下面介绍几种常用的继电器。

8.2.1 电磁式继电器

1. 电磁式继电器结构及工作原理

电磁式继电器是由控制电流通过线圈所产生的电磁吸力,以此来驱动磁路中的衔铁实现触点的开、闭或转换功能的继电器。通过调节反力弹簧的弹力、止动螺钉的位置或非磁性垫片的厚度,可以实现改变继电器动作值和释放值的目的。结构方面,它是由线圈、铁芯、衔铁、铁轭、反力弹簧和簧片以及触点等组成,其结构及电路符号如图 8.2.1 所示,电磁式继电器文字符号为 KA。

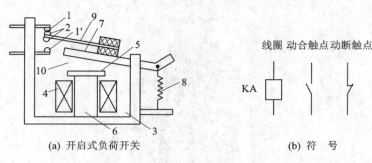

(a) 开启式负荷开关　　　　　(b) 符　号

1,1'—静触点　2—动触点　3—铁轭　4—线圈　5—极靴
6—铁芯　7—衔铁　8—弹簧　9—簧片　10—气隙

图 8.2.1　电磁式继电器结构及电路符号图

触点根据动作性质可分为动合触点和动断触点。动合触点又称常开触点,顾名思义,在起始情况下,动合触点是断开的,当继电器线圈通电或发生机械动作后,动合触点闭合。动断触点又称常闭触点,在起始情况下,动断触点是闭合的,当继电器线圈通电或发生机械动作后,动断触点断开。

2. 常用电磁式继电器

电磁式继电器主要类型有电压继电器、电流继电器、中间继电器和通用继电器等。

(1) 电压继电器

电压继电器是根据电路中电压的大小来控制电路的接通或断开。它主要用于电路的过压或欠压保护,使用时其吸引线圈直接并联在被控电路中。

① 过压继电器:当过电压继电器线圈加额定电压时,衔铁不会吸合,电路正常不动作;只有当线圈电压高于其额定电压时衔铁才会吸合,将电路断开。在电路中用于过电压保护。

② 欠压继电器:在电路中用于欠电压保护。其电路电压正常时欠电压继电器电磁机构不动作;当电路电压下降到某一整定数值时,一般为$(30\% \sim 50\%)U_N$以下或消失时,欠电压继电器将电路断开,实现欠电压保护。

(2) 电流继电器

根据电路中电流的大小而动作的继电器,用于电路的过流或欠流保护,使用时其吸引线圈直接串联在被控电路中。

① 过电流继电器:正常工作时,线圈中流过负载电流,过电流继电器不动作。当通过超过额定负载电流值的电流时,过电流继电器动作,切断电路,从而实现保护目的。

② 欠电流继电器:正常工作时,继电器线圈流过负载额定电流,欠电流继电器不动作;当负载电流降低至某一值时,衔铁释放,切断电路。欠电流继电器在电路中起欠电流保护作用。

(3) 中间继电器

中间继电器实际上是一种动作值与释放值不能调节的电压继电器,它主要用于传递控制过程中的中间信号和同时控制多个电路,也可直接用于控制小容量电动机或其他电气执行元件。

8.2.2 极化继电器

1. 极化继电器的工作原理

一般直流电磁继电器是没有极性的,不能反映线圈电流的方向。在一些检测系统中需要继电器能反映输入线圈信号的极性,极化继电器就具有这个特点。因为极化继电器的衔铁偏转方向随线圈上所加信号电压极性的改变而改变。

如图 8.2.2 为极化继电器的结构原理图。极化继电器工作时,其工作气隙内存在两个互相独立的磁通,一个是由永久磁铁产生的磁通,称为极化磁通 Φ_m,另一个磁通是由工作线圈产生的,称为工作磁通,用 Φ_k 表示。而工作磁通 Φ_k 的大小及方向是由通入线圈的电流大小及极性所决定。

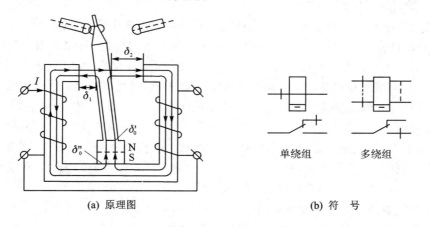

(a) 原理图　　　　　　(b) 符　号

图 8.2.2　极化继电器结构原理图

(1) 当线圈电流为零时,$\Phi_k = 0$,Φ_m 在气隙 δ_1 和 δ_2 分为两路磁通 Φ_{m1} 和 Φ_{m2}。如果衔铁处于中立位置,则 $\delta_1 = \delta_2$,那么 $\Phi_{m1} = \Phi_{m2}$,所以其产生的吸力是 $F_{m1} = -F_{m2}$,使衔铁在中立位置的合力为零,处于平衡状态;但这种平衡状态不稳定,如外界干扰,则会向一边偏移。如果衔铁向左边偏移,则 $\delta_1 < \delta_2$,那么 $\Phi_{m1} > \Phi_{m2}$,所以 $F_{m1} > F_{m2}$ 使继电器处于左边的吸合位。

(2) 如果线圈通入如图 8.2.2 所示的方向电流时,则电流产生的工作磁通 Φ_k 将贯穿地通过气隙 δ_1 和 δ_2,使得气隙 δ_1 中的合成磁通 Φ_1 与气隙 δ_2 中的合成磁通 Φ_2 分别为

$$\left.\begin{array}{l}\Phi_1 = \Phi_{m1} - \Phi_k \\ \Phi_2 = \Phi_{m2} + \Phi_k\end{array}\right\} \quad (8.2.1)$$

它们将分别对衔铁产生吸力 F_1 与 F_2，即

$$F_1 = \frac{1}{2\mu_0 S}\Phi_1^2 \brace F_2 = \frac{1}{2\mu_0 S}\Phi_2^2 \tag{8.2.2}$$

式中，S 为左或右气隙的截面积。

当电流 I 较小时，Φ_k 也较小，因 Φ_{m1} 比 Φ_{m2} 大得多，故仍有 $\Phi_1 > \Phi_2$ 及 $F_1 > F_2$，衔铁仍将停留在左边。而当 I 增加到大于某一临界值（触动值）后，就会有 $\Phi_1 < \Phi_2$ 及 $F_1 < F_2$，于是衔铁就开始向右偏转。衔铁一经触动，就会使 δ_1 增大而使 δ_2 减小，进而使 Φ_{m2} 增加而 Φ_{m1} 减小，这将导致 F_1 愈来愈小，而 F_2 愈来愈大，衔铁的偏转会愈来愈快。特别是当衔铁偏离中间位置后，即有 $\Phi_{m2} > \Phi_{m1}$，衔铁将更加急速地倒向右边。衔铁动作完毕后，即使外加电流 I 去掉，衔铁也会稳定地保持在右侧。

显然，当衔铁在右侧（左侧）时，若施加与图示电流方向相同（相反）的电流，衔铁是不会运动的。

2. 极化继电器的结构

极化继电器的电磁系统一般有串联磁路、差动式磁路和桥式磁路。

串联磁路式磁路系统是极化继电器发展初期采用的结构，其原理图及等值磁路如图 8.2.3 所示。在这种磁路系统中，永久磁铁产生的极化磁通 Φ_m 和工作线圈电流产生的 Φ_k 都通过相同的路径。当工作线圈不通电时，极化磁通 Φ_m 所产生的吸力不足以克服反力，因此吸片处于打开位置；线圈通电后，只有当 Φ_k 的方向与 Φ_m 的方向相同，并且合成磁通 $\Phi_k + \Phi_m$ 所产生的吸力足够大时，吸片才吸合。串联磁路有很多缺点，由于工作磁通 Φ_k 必须通过永久磁铁，而永久磁铁的磁阻又比较大，因此所需磁动势就比较大，灵敏度就比较低。此外，永久磁铁受到工作磁通的去磁作用会使其工作点不稳定。所以，这种磁系统目前已很少采用。

差动式磁路系统是极化继电器的进一步发展形式，如图 8.2.4 所示。在这种磁路系统中，作用于衔铁上的力是左右两个吸力之差。由于在差动式磁路系统中，工作线圈电流所产生的工作磁通 Φ_k 基本上不通过永久磁铁（因为永磁的磁阻较大，远大于气隙磁阻），因此所需磁动势小，灵敏度高，工作点稳定。所以，差动式磁路系统是目前常用的一种类型。

图 8.2.4 为用于电力系统保护的仿苏 TPM 冲击继电器的差动式磁路系统，每个线圈分内外两层绕组，Ⅰ线圈外层绕组与Ⅱ线圈内层绕组同极性串联，Ⅱ线圈外层绕组与Ⅰ线圈内层绕组同极性串联，构成两个新绕组，一个为动作用，另一个为返回用。

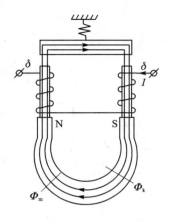 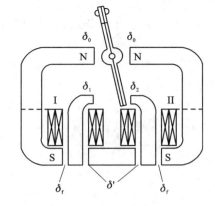

图 8.2.3　串联磁路式磁路系统　　图 8.2.4　用于电力系统保护的差动式磁路系统

图 8.2.5 给出了另一种差动式磁路系统。桥式磁路系统是极化继电器更进一步的发展形式,也是较完善的一种,如图 8.2.6 所示。

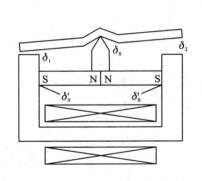 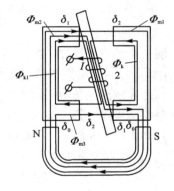

图 8.2.5　另一种差动式磁路系统图　　图 8.2.6　桥式磁路系统

图 8.2.6 中, Φ_{m1}、Φ_{m2}、Φ_{m3} 为永磁产生的极化磁通; Φ_{k1}、Φ_{k2} 为工作线圈电流产生的工作磁通。在桥式磁路中, 衔铁也是差动式的, 但它比差动式磁路更有优点。当线圈中无电流时, 通过衔铁的磁通(桥路的不平衡磁通)只是由永磁产生的部分极化磁通 Φ_{m2}。当给工作线圈通以电流 I 时, 为使衔铁动作, 电流 I 在衔铁中产生的工作磁通 $\Phi_k = \Phi_{k1} + \Phi_{k2}$ 的方向必须与 Φ_{m2} 的方向相反(此时 Φ_{k1}、Φ_{k2} 的方向与图 8.2.6 中标示的方向相反), 即衔铁中的总磁通为

$$\Phi = \Phi_{m2} - \Phi_k = \Phi_{m2} - (\Phi_{k1} + \Phi_{k2}) \tag{8.2.3}$$

衔铁行将动作的条件是

$$\Phi \approx 0 \tag{8.2.4}$$

桥式磁路是较为完善的磁路系统。这种结构的磁路与电路中的电桥相似, 衔铁放置在桥的对角线上; 这种结构的衔铁不易饱和, 故衔铁的截面积可以做得较小, 可做成

平衡式,其优点是耐震动与冲击能力较强,外磁场影响较小,温度稳定性较高。

极化继电器一般有多个绕组,每个绕组的匝数与电阻都不相同,以满足不同使用条件的需要。

触点系统一般可做成两种形式,即硬舌片和软舌片。图8.2.7所示为极化继电器的触点系统。

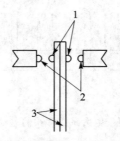
1—动静点 2—静触点 3—舌头 4—衔铁
(a) 硬舌片

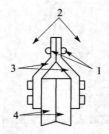
1—动静点 2—静触点 3—舌头 4—衔铁
(b) 软舌片

图8.2.7 极化继电器的触点系统

继电器的两种触点系统:

① 硬舌片触点系统:由于硬舌片担任衔铁的功能,在磁力的作用下不弯曲变形,故与固定触点接触时会产生弹跳现象。

② 软舌片触点系统:由于软舌片具有较好的弹性,同时两片舌片之间还会产生磨擦,能够吸收很大一部分碰撞动能,可以大大减小触点的弹跳。

触点与衔铁的动作情况一般有三种形式(见图8.2.8):双位置中性式、双位置偏式和三位置式。双位置中性式结构,如图8.2.8(a)所示,其固定触点的对称活动触点安置于两侧,向哪一边偏转由输入信号的极性所决定。双位置偏式在线圈无信号时,只稳定于一边(见图8.2.8(b)所示的位置),只有线圈通入使衔铁右移的信号时,衔铁才向右偏转。三位置式的结构如图8.2.8(c)所示,当有输入信号时,活动触点

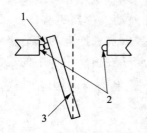
1—动触点 2—静触点 3—衔铁
(a) 双位置中性式

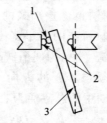
1—动触点 2—静触点 3—衔铁
(b) 双位置偏式

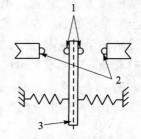
1—动触点 2—静触点 3—衔铁
(c) 三位置式

图8.2.8 极化继电器触点与衔铁动作情况示意图

将倒向与信号极性相应的一侧,无信号时,活动触点将保持中立位。

8.2.3 热继电器

热继电器是利用电流的热效应原理来工作的控制电器,主要用于电动机的过载保护、断相保护以及电流不平衡运行保护,也可用于其他电气设备发热状态的控制。当电动机出现长期欠电压运行、长期过载运行以及长期缺相运行等非正常工作情况时,会导致电动机绕组严重过热乃至烧毁。为了充分发挥电动机的过载能力,保证电动机的正常启动和运转,当电动机一旦出现长时间过载时又能自动切断电路,在此需求下出现了能够随过载程度而改变动作时间的热继电器。热继电器的结构由发热元件、双金属片、触点系统和传动机构等部分组成,其结构及电路符号如图 8.2.9 所示。热继电器文字符号为 FR。

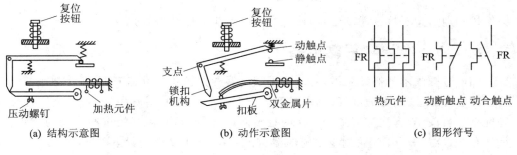

(a) 结构示意图 (b) 动作示意图 (c) 图形符号

图 8.2.9 热继电器

热继电器使用时,把发热元件串接于电动机的主电路中,触点系统串接于电动机的控制电路中。当电动机正常运行时,双金属片自由端弯曲的程度(位移)不足以使热继电器触点动作;当电动机过载时,双金属片自由端弯曲的位移将随着时间的积累而增加,最终将触及动作机构而使热继电器动作。双金属片弯曲的速度与电流大小有关。电流越大时,弯曲的速度也越快,于是动作时间就短;反之,动作时间就长。这种特性称为反时限特性。只要热继电器的整定值设置恰当就可以使电动机在温度超过允许值之前停止运转,避免因高温造成损坏。

8.2.4 速度继电器

速度继电器是根据电磁感应原理实现触点动作的,主要用于笼形异步电动机的反接制动控制。速度继电器的结构主要由定子、转子和触点三部分组成,其结构及电路符号如图 8.2.10 所示。速度继电器文字符号为 KV。

使用速度继电器时,其轴与电动机轴相连,外壳固定在电动机的端盖上。当电动机旋转时,带动速度继电器的转子(磁极)转动,于是在空气隙中形成一个旋转磁场,定子上的笼形绕组切割该磁场产生感应电势和电流,导体与旋转磁场相互作用产生转矩,定子受到的磁场力的方向与电动机的旋转方向相同,从而使定子向轴的转动方

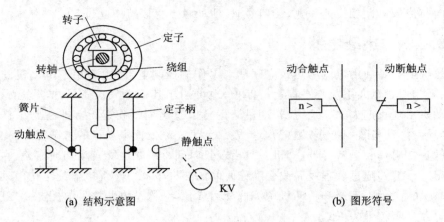

图 8.2.10 速度继电器

向偏摆。通过定子拨杆拨动触点,使速度继电器相应地动断、动合触点。

8.2.5 导弹常用继电器

随着导弹技术的迅猛发展,对导弹用继电器的性能要求也越来越高,导弹用继电器应具有可靠性高、灵敏度好、动作时间短、切换功率大、使用寿命长、环境适应性强等优点。目前,导弹上应用最为广泛的是电磁继电器,具有良好的抗冲击能力,常用型号有 2JRXM-1 小型密封电磁继电器、4JGXM-3 中功率密封电磁继电器。

极化继电器又称"有极继电器",导弹上常用型号为 JHA 型、JH-1S 型极化继电器、JD-2 型双极转换电磁继电器等。时间继电器又称"延时继电器",导弹上常用型号为 1JS-4、1JS-5、JSB-1,主要用于时间程序控制、程序指令和时间自动控制。磁保持继电器又称"磁闭锁继电器",导弹上常用型号为 2JB0.5 型、2JLB 型、4JLB 型,处于工作状态时,无功耗、灵敏度高、动作速度快。

8.3 接触器

接触器是一种用于远距离频繁地接通和断开交直流主电路或大容量控制电路的电磁控制装置,接触器的基本工作原理与前面提及的电磁式继电器相似,主要利用电磁、气动或液动原理,通过控制电路来实现主电路的通断。接触器控制的容量较大,一般都是几百安培,有些达到 1 kA 以上。通常人们把操纵电流小于 25 A 的称为继电器,大于 25 A 的称为接触器。接触器主要是用于控制一次回路,继电器是用于控制二次回路的小电流,完成各种控制目的。在继电器的触点容量满足不了要求时,可用接触器代替。当接触器的辅助触点不够用时可加一继电器作辅助触点来实现各种控制。接触器具有断电流能力强,动作迅速快捷,操作安全可靠等优点,但不能切断短路电流,因此接触器通常需与熔断器配合使用。接触器的主要控制对象是电动机,也可以用来控制其他电气设备,如电焊机、电炉、电容器组等。

接触器的种类很多,按照其触点所控制电路性质的不同,可分为直流和交流两种;按照触点的类型不同,可分为单极单投、单极双投、双极单投、双极双投、三极单投、三极双投等多种;按照接触器本身的结构原理则可分为单绕组、双绕组、机械闭锁式、磁保持接触器等。下面介绍几种常用的接触器。

8.3.1 交流电磁式接触器

1. 交流电磁式接触器的基本结构

交流电磁式接触器主要由电磁机构、触点系统和灭弧装置三部分组成。其中,电磁机构一般为交流机构,也可采用直流电磁机构。吸引线圈为电压线圈,使用时并联接在电压相当的控制电源上。触点根据用途不同可分为主触点和辅助触点。主触点一般为三极动合触点,通过电流容量大,通常装设灭弧机构,因此具有较大的电流通断能力,主要用于流过较大电流的主电路中;辅助触点电流容量小,不专门设置灭弧机构,主要用于流过较小电流的控制电路中起联锁或自锁之用。

2. 交流电磁式接触器的工作原理

交流电磁式接触器原理及电路符号如图 8.3.1 所示。接触器文字符号为 KM。从图中可以看出,当线圈没有通电时,电磁铁的电磁力等于零,活动铁芯在返回弹簧弹力的作用下被推向上方,使触点分离。线圈通电后,电磁铁所产生的电磁力大于返回弹簧的弹力时,返回弹簧被压缩,活动铁芯向固定铁芯一边运动,活动触点与固定触点接通,从而使外电路接通;线圈断电后,在返回弹簧弹力的作用下,活动铁芯带动活动触点恢复原位,将外电路断开。

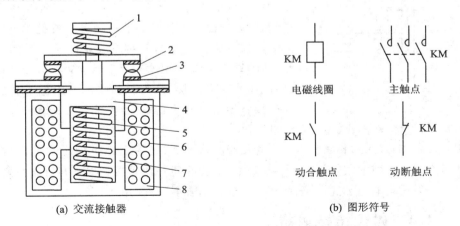

(a) 交流接触器 (b) 图形符号

1—缓冲弹簧 2—活动触点 3—固定触点 4—活动铁芯
5—返回弹簧 6—线圈 7—固定铁芯 8—导磁铁芯

图 8.3.1 交流电磁式接触器

8.3.2 双绕组接触器

双绕组接触器的结构主要采用两个电磁线圈,一个称为吸合绕组,另一个称为保持绕组,如图8.3.2所示。

当线圈接上电源时,保持绕组被辅助触点短接,电源电压只加在吸合绕组上。由于吸合绕组导线粗,电阻小,电流就比较大,所以能产生较大的电磁力,将主触点接通,从而接通外电路;在主触点接通的同时,连杆的末端(用绝缘胶木制成)将辅助触点顶开,这时,保持绕组与吸合绕组串联,电路中的电阻增大,接触器就以较小的线圈电流维持主触点处于接通状态。

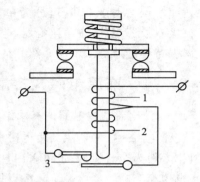

1—吸合绕组　2—保持绕组　3—辅助接触点
图 8.3.2 双绕组接触器原理图

8.3.3 机械闭锁式接触器

机械闭锁式(又称机械自锁型)接触器是以机械方法使主触点在电磁线圈断电后仍能自行保持其工作位置的接触器。这种接触器的结构比较复杂,其原理示意图如图8.3.3所示。

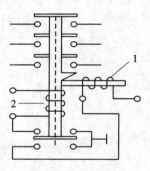

1—脱扣线圈　2—吸合线圈
图 8.3.3 机械闭锁式接触器

机械闭锁式接触器有两个电磁铁:吸合电磁铁和脱扣电磁铁,吸合电磁铁的工作线圈称为吸合线圈,脱扣电磁铁的工作线圈称为脱扣线圈。吸合线圈通电后,吸合电磁铁的活动铁芯被吸下并被脱扣电磁铁的活动铁芯锁住;此时,三对主触点接通被控制的电路,活动铁芯下端的辅助触点转换,吸合线圈电路断开;脱扣线圈电路接通,为脱扣线圈通电做准备。当需要接触器断开被控制的电路时,只需要给脱扣线圈通电即可。

脱扣线圈通电后,机械闭锁机构脱钩,活动铁芯在返回弹簧的作用下恢复原位,主触点跳开。由于机械闭锁接触器具有可靠性高、长时间工作不消耗电能等优点,因此,它在飞机上得到广泛使用。

8.3.4 磁保持接触器

图8.3.4是磁保持接触器的原理电路图。它有三对主触点用于控制三相交流电路。在线圈未通电工作时,活动铁芯与静铁芯之间的气隙较大,则具有较大的磁阻。永久磁铁的磁通只有很小的部分通过活动铁芯,不会产生吸力,磁保持接触器不会

动作。

在线圈的"吸合+"与"吸合-"之间加上相应极性的输入信号,此时线圈产生的磁通方向与永久磁铁的磁通方向相同,线圈磁通产生足够大的吸力克服弹簧的反力,活动铁芯向静铁芯移动。在触点闭合后,辅助触点断开了线圈的吸合电路,使跳开线圈处于预位状态。由于永久磁铁的磁通通过活动铁芯、静铁芯构成的磁路磁阻较小,在它产生的吸力作用下使接触器保持在吸合位置。

如果在线圈的"跳开+"与"跳开-"端加上输入信号,线圈在铁芯内产生的磁通大于永久磁铁的磁通,并且方向相反,抵消了永久磁铁的吸力,使活动铁芯在弹簧反力作用下回到释放状态,带动主触点断开,并使辅助触点发生转换,断开跳开线圈电路,同时接通闭合线圈电路,为下一次接通做好准备。

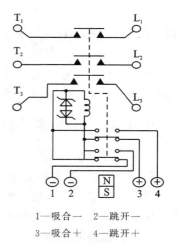

1—吸合- 2—跳开-
3—吸合+ 4—跳开+

图 8.3.4 磁保持接触器

8.3.5 飞机、导弹常用接触器

飞机上广泛采用接触器作为远距离大功率控制元件。常用的直流接触器有 KZJ 型、MZJ 型和 HZJ 型,交流接触器有 JLJ 型、HJJ 型等。KZJ 型与 MZJ 型直流接触器的区别在于 MZJ 型多了一组保持线圈和控制保持线圈工作的一对触点。HZJ 转换型接触器用来转换大电流的工作电路,与 MZJ 型接触器的构造及工作原理相同,区别在于 HZJ 型转换接触器多了一对固定常闭触点。图 8.3.5 所示为飞机常用接触器的型别含义和数字含义。

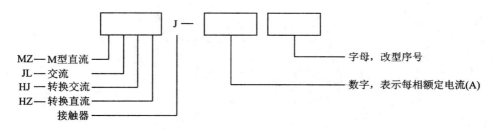

图 8.3.5 接触器的型号和数字含义

导弹上广泛采用接触器作为远距离大功率控制元件。采用的接触器有 HZJ-50A 型、HZJ-200A 型、HJ-100A 型等,主要用弹上主电源及驾驶仪和雷达供电控制。接触器的电磁系统采用双绕组的装甲吸入式电磁铁结构形式,耐震性不佳,故超声速导弹一般不采用。

8.4 三相笼形异步电动机的常用控制线路

本节立足于三相笼形异步电动机的实际应用,从启动、正/反转及制动三个方面介绍三相笼形异步电动机使用过程中的实际控制电路。

8.4.1 三相笼形异步电动机的启动

三相笼形异步电动机有直接启动和降压启动两种方式。直接启动又称全压启动,是指电动机直接在额定电压下进行启动,是一种简单、方便、可靠、经济的启动方法。但三相笼形异步电动机的直接启动电流 I_{st} 是其额定工作电流 I_N 的 4~7 倍,过大的启动电流会使电网电压显著下降,直接影响工作在同一电网的其他电动机,严重时甚至使它们停转或者无法正常启动。工程实际中往往参考式(8.4.1)来选择是否采用直接启动,即

$$\frac{I_{st}}{I_N} \leqslant \frac{3}{4} + \frac{S}{4+P} \tag{8.4.1}$$

式中:I_{st} 为电动机的直接启动电流(A);I_N 为电动机的额定工作电流(A);S 为变压器容量(kV·A);P 为电动机额定功率(kW)。若满足上式则采用直接启动,否则需采用降压启动。

1. 直接启动

(1) 手动直接启动控制电路

所谓手动控制是指用手动电器进行电动机直接启动操作。可以使用的手动电器有刀开关、空气断路器、转换开关和组合开关等。图 8.4.1 为几种常见的手动直接启动控制电路。

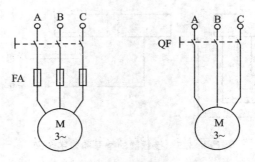

图 8.4.1 电动机手动直接启动控制电路

上述手动电器直接控制电动机启动线路虽然所用控制电器少,线路简单,但安全性能和保护性能较差,操作频率也受限制,因此,当电动机容量较大和操作频繁时就应该考虑采用接触器控制。

(2) 接触器直接启动控制电路

接触器具有断电能力强、操作频率高以及可实现远距离控制等特点,主要承担接通和断开交直流主电路的任务。图 8.4.2 为接触器控制电动机单方向运行的主电路和控制电路。左侧的是主电路,右侧的是控制电路。如图所示,线路中使用了组合开关 QS,按钮 SB1、SB2,交流接触器 KM,热继电器 FR,熔断器 FA、FA1 等几种控制电器。其中 SB1 为停止按钮,SB2 为启动按钮,热继电器 FR 用作过载保护,熔断器 FA、FA1 用作短路保护。合上电源组合开关 QS,按下 SB2 启动按钮,接触器线圈 KM 得电,主触点闭合,电动机启动。当松开按钮 SB2 时,按钮在弹簧作用下自行恢复到断开位置,但是由于与 SB2 并联的交流接触器 KM 的辅助触点依然处于闭合状态,因此接触器线圈仍处于通电状态,电动机仍处于通电工作状态。工程中将与启动按钮 SB2 并联的接触器辅助触点称为自锁触点。如需停止时,按下 SB1 停止按钮,接触器线圈 KM 断电,主触点断开,切断电动机电源,并消除自锁电路,电动机停止。

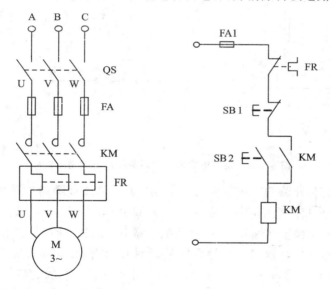

图 8.4.2 接触器控制电动机单方向运行的控制电路

2. 降压启动

降压启动是指通过启动设备或线路降低加在电动机定子绕组上的电压,以达到降低启动电流的目的。由于电动机启动力矩正比于施加到每相定子绕组上的电压的平方,所以降压启动的方法通常适用于空载或轻载启动的场合。并且当电动机启动到接近额定转速时,为使电动机带动额定负载,必须将定子绕组上所加电压恢复到额定值。三相笼形异步电动机的降压启动方法主要有定子电路串联电阻或电抗降压启动、星形—三角形降压启动、自耦变压器降压启动等。

(1) 定子电路串联电阻降压启动

图 8.4.3 所示为定子电路串联电阻降压启动控制电路。如图所示,定子电路串入电阻限制启动电流,待转速升高到接近额定转速后,再除去串接的电阻器,使电动机在额定电压下工作。

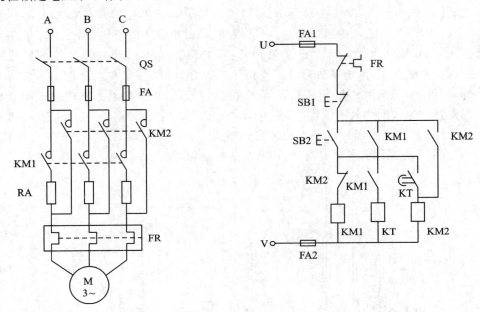

图 8.4.3 定子电路串联电阻降压启动控制电路

合上电源组合开关 QS,按下启动按钮 SB2 后,KM1 线圈通电并自锁,其常开主触点闭合,电动机定子绕组串联电阻降压启动;同时,时间继电器 KT 线圈得电。当电动机转速接近于额定转速时,到达时间继电器 KT 的整定时间,其常开延时触点闭合,KM2 线圈得电并自锁,KM2 的常闭辅助触点打开,使 KM1 线圈断电,进而使 KT 线圈断电。由于常开主触点 KM2 闭合,将电阻短接,电动机全压工作。

三相笼形异步电动机定子电路串联电阻降压启动不受电动机绕组接法的限制,启动过程平滑,控制电路简单,但存在启动转矩小、电阻体积和能量消耗大等缺点。适用于电动机的空载和轻载启动以及不频繁启动的电动机。

(2) 星形—三角形降压启动

大、中型三相异步电动机在正常运行时,其定子绕组都是三角形连接。启动时,先将定子绕组接成星形,每相绕组所加电压为电源的相电压(220 V),启动完毕后再自动换接成三角形运行,此时每相绕组所加电压为电源的线电压(380 V)。图 8.4.4 所示为星形—三角形降压启动控制电路。

合上电源组合开关 QS,按下启动按钮 SB2 后,KM1 线圈通电并自锁,同时 KM3、时间继电器 KT 也得电,KM1、KM3 主触点同时闭合,电动机绕组连接成星形

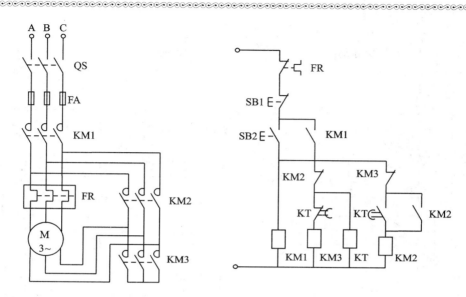

图 8.4.4　星形—三角形降压启动控制电路

降压启动。当电动机转速接近于额定转速时,到达时间继电器 KT 延时整定时间,其延时动断触点断开,KM3 线圈断电,延时动合触头闭合,KM2 线圈得电,同时 KT 线圈断电。这时,KM1、KM2 主触点闭合,电动机绕组转换为三角形连接,电动机全压工作。上图中,KM2、KM3 辅助常闭触点主要为了防止 KM2、KM3 同时得电造成电源短路。即当 KM3 动作后,其常闭触点将 KM2 线圈断开,防止 KM2 再动作;同样当 KM2 动作后,其常闭触点将 KM3 的线圈断开,防止 KM3 再动作。这种在同一时间里两个接触器只允许一个工作的控制作用称为互锁或联锁。

星形—三角形降压启动时,定子每相绕组所承受的电压降到正常工作电压的 $1/\sqrt{3}$;启动电流减小为直接启动电流的 $1/3$;启动转矩亦减小,是直接启动时启动转矩的 $1/3$。因此,这种方法仅仅适用于电动机轻载启动的场合。

(3) 自耦变压器降压启动

定子电路串电阻或电抗降压启动时,启动转矩损失过大;星形—三角形降压启动时,启动转矩又无法调节,因而这两种降压启动方法的使用均受到一定的限制。自耦变压器降压启动则较好地解决了上述问题。凡是正常运行时定子绕组星形连接的三相笼形异步电动机,均可采用自耦变压器降压启动。利用自耦变压器使电动机在启动过程中端电压降低,其接线图如图 8.4.5 所示。启动时,电动机定子绕组连接在自耦变压器的低压侧。当电动机转速接近额定转速时,解除自耦变压器,电动机全压运行。由于自耦变压器二次绕组有多个抽头,能输出多种电源电压,启动时可产生多种启动转矩,一般比星形—三角形降压启动时的启动转矩要大得多,并且选择余地较大,通常适用于容量较大的电动机,是三相笼形异步电动机最常用的一种降压启动方法。

控制电路操作过程如下:合上电源组合开关 QS,按下启动按钮 SB2,KM2、KM3

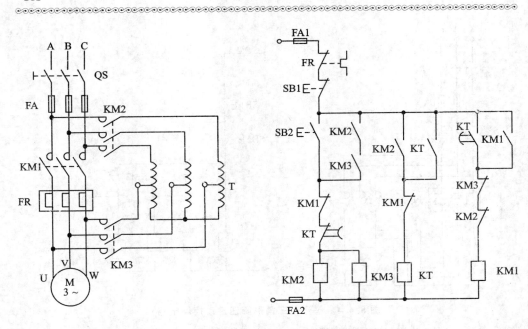

图 8.4.5 自耦变压器降压启动控制电路

线圈通电并将自耦变压器 T 接入主电路,KM2、KM3 辅助触点构成自锁,电动机自耦变压器降压启动开始,同时时间继电器 KT 通电并自锁,延时开始,当延时结束、延时触点动作后,KM2、KM3 线圈断电并将自耦变压器 T 从主电路中切除,KT 延时闭合触点闭合,使 KM1 线圈通电,电动机转入正常运行,KM1 的动断触点切断 KT 线圈,使 KT 退出工作状态。

三相笼形异步电动机降压启动的控制电路有很多方案,上述是较为常用的几种控制电路。在具体设计使用时,一定要根据电动机的容量和被控对象的要求等情况作具体分析,切不可生搬硬套。

8.4.2 三相笼形异步电动机正/反转控制电路

工程实际中的正/反转控制电路主要有开关控制的正/反转电路和接触器控制的正/反转电路。

1. 开关控制的正/反转电路

图 8.4.6 所示是利用倒顺开关控制的三相异步电动机正/反转控制电路。倒顺开关是一种专门用于对电动机进行正/反转操作的手动电器,预选电动机旋转方向,利用倒顺开关来改变电动机电源相序,利用接触器来接通和切断电源,控制电动机的启动和停止。

倒顺开关正/反转控制电路使用电器较少,控制线路简单,但它属于手动控制电路,安全性能和保护性能差,当频繁换向时,操作人员劳动强度大,并且由于倒顺开关本身触点无灭弧结构,所以这种控制电路一般用于电动机功率在 3 kW 以下的小容量电动机,当电动机容量较大和操作频繁时就应采用生产实践中更加常用的接触器控制正/反转电路。

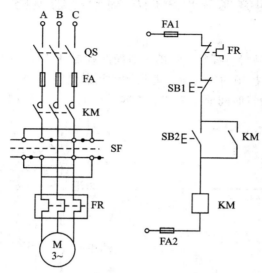

图 8.4.6 利用倒顺开关控制的正/反转电路

2. 接触器控制的正/反转电路

图 8.4.7 所示为接触器控制的正/反转电路。

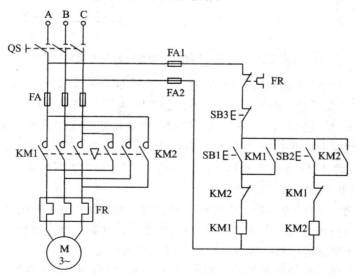

图 8.4.7 接触器控制正/反转电路

在主电路中,接触器 KM1、KM2 的主触点接法不同,可改变电动机电源的相序,进而改变电动机转向。在控制电路中,SB1、SB2 分别为正、反转控制按钮,SB3 为停止按钮。KM1、KM2 构成互锁,以防止 SB1、SB2 同时按下可能造成的短路事故。需要注意的是,电动机换向时需先按下停止按钮 SB3 后再换向。

8.4.3　三相笼形异步电动机制动控制电路

1. 能耗制动

能耗制动通常有两种控制方案,即按时间原则控制和按速度原则控制。

(1) 按时间原则控制的单向运行能耗制动控制电路

图 8.4.8 所示为按时间原则控制的单向运行能耗制动控制电路。

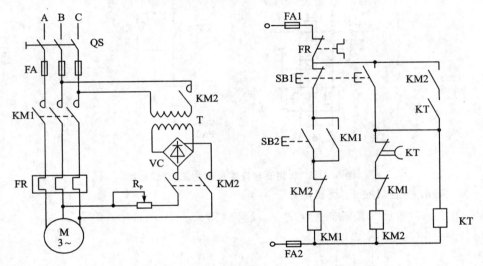

图 8.4.8　按时间原则控制的单向运行能耗制动控制电路

图 8.4.8 中 KM1 为单向运行接触器,KM2 为能耗制动接触器,VC 为桥式整流电路,T 为整流变压器。电动机正常运行过程中,当需要停车时按下停车按钮 SB1,交流接触器 KM1 线圈断电,KM1 主触点断开,电动机断开三相交流电源,KM2、时间继电器 KT 线圈通电并自锁,同时接入直流电源,能耗制动开始,当达到时间继电器 KT 整定时间后,时间继电器 KT 动断触点断开,使 KM2 线圈断电,KM2 主触点断开,切除直流电源,能耗制动结束。

控制电路中,时间继电器 KT 的动合触点与 KM2 动合触点串联后构成自锁,是为了防止因时间继电器 KT 故障不能动作,造成无法切除直流电源的隐患。

(2) 按速度原则控制的可逆运行能耗制动控制电路

图 8.4.9 所示是按速度原则控制的可逆运行能耗制动控制电路。利用速度继电器代替了时间继电器,其工作过程请读者自行分析。

对于负载转速比较稳定的生产机械,可采用时间控制的能耗制动。对于可通过传动系统改变负载转速或加工零件经常更换的生产机械,采用速度控制的能耗制动

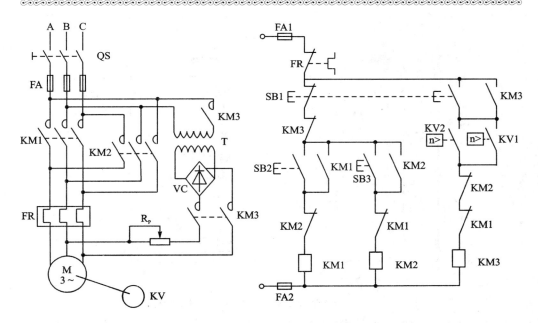

图 8.4.9 按速度原则控制的可逆运行能耗制动控制电路

比较合适。

需要注意的是,能耗制动不适合用于紧急制动停车。

2. 反接制动

图 8.4.10 所示为三相笼形异步电动机单向反接制动控制电路。合上电源组合开关 QS,按下启动按钮 SB2,主接触器 KM1 线圈通电并自锁,KM1 主触点接通电源,电动机直接启动并转入正常运行,同时速度继电器 KV 动合触点闭合,为电源反接制动停车做好准备。

停车时,按下停车按钮 SB1,复合按钮 SB1 先切断 KM1 线圈,再接通 KM2 线圈并自锁,电动机改变相序进入反接制动状态。当电动机转速下降到速度继电器的释放值(100 r/min 左右)时,速度继电器 KV 触点释放,切断 KM2 线圈,电动机结束反接制动进入停车状态。

本章小结

(1) 控制电器可分为手动控制电器与自动控制电器两类。在电力拖动控制系统中,继电器和接触器是最常用的自动控制电器。飞机上,控制电器主要用于保护供电和用电设备不致因电路短路或过载而遭到损坏。

(2) 三相笼形异步电动机的控制线路分为两个部分,即主电路和控制电路。主电路是电动机的工作电路,从电源、开关、熔断器、接触器的动合主触点、热继电器的

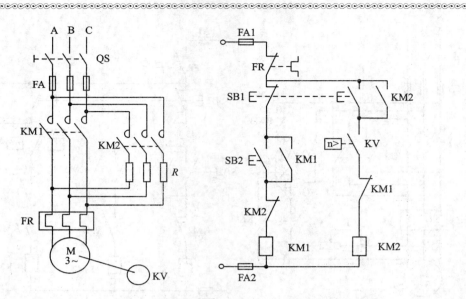

图 8.4.10 三相笼形异步电动机单向反接制动控制电路

发热元件到电动机本身均属于主电路。控制电路是用来控制主电路的电路,保证主电路安全正确地按照要求工作。

对于主电路部分,要了解控制各台电动机的接触器,找出它们的线圈所在控制电路,分析各条控制电路中有关控制电器的线圈与触点的相互关系,明确各自对应的控制环节,通常控制电路的动作是自上而下,由按钮、行程开关等发出动作命令或由控制电器、保护电器发出信号,或者通过速度继电器、时间继电器再到接触器,最后由接触器控制电动机的启动、正/反转和制动。

习 题

8-1 接触器的主要用途和原理是什么?交流接触器的结构可分为哪几大部分?

8-2 接触器和继电器的区别是什么?各有什么特点?

8-3 既然在电动机的主电路中装有熔断器,为什么还要装热继电器?它们的作用有什么不同?

8-4 什么叫"互锁"?在三相异步电动机正/反转控制电路中正反向接触器为什么必须互锁?

8-5 根据图 8.4.2 接线做实验时,将电源组合开关 QS 合上后按下启动按钮 SB2 发现有下列故障现象,试分析和处理:(1)接触器 KM 不动作;(2)接触器 KM 动作,但三相异步电动机不转动;(3)三相异步电动机转动,但一松手电动机就不转;(4)接触器动作,但吸合不上;(5)接触器触点有明显颤动,噪音较大;(6)接触器线圈冒烟甚至烧坏;(7)三相异步电动机不转动或者转得极慢,并有"嗡嗡"声。

8-6 试分析图 8.4.4 三相异步电动机星形—三角形降压启动控制线路中当时间继电器损坏(不动作)的情况下,该线路会发生什么现象?

8-7 如习题图 8.1 所示三相异步电动机启动、停止控制线路对不对?为什么?试画出正确的线路图?

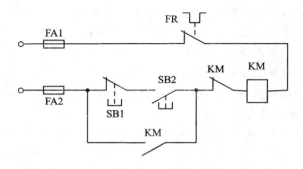

习题图 8.1　题 8-7 图

8-8 如习题图 8.2 所示三相异步电动机的正/反转控制线路对不对?为什么?试画出正确的线路图?

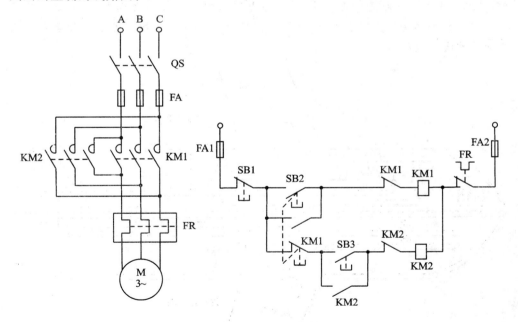

习题图 8.2　题 8-8 图

拓展推广——控制电器在飞机配电系统控制中的应用

目前,绝大多数飞机配电系统采用常规配电控制,控制电器大都采用诸如接触器、继电器、断路器、限流器等机电式配电设备。系统主电源将交流系统中发电机的输出功率加到一个或多个主交流电源汇流条上。一旦主电源发生故障,还可利用控制电器通过转换使应急电源向应急电源汇流条和重要电气设备汇流条供电。为了便于飞机驾驶人员操纵和控制这些配电设备,通常将配电中心装设在驾驶舱内。这样发电机馈电线就必须从飞机发电机端敷设到驾驶舱,进而再从驾驶舱返回到机身中部的负载中心,造成主馈电线既重又长。

由于飞机用电量大,常规配电控制使得电缆质量大的问题更加凸显。一般飞机驾驶舱部分的用电量只占总用电量的25%左右,常规配电控制需要将全部电力首先输送到驾驶舱,而后再从驾驶舱返回到机身中部,设计不尽合理。一些中大型飞机的配电系统已采用了遥控配电控制。

遥控配电控制运用关键配电设备遥控断路器对不用于座舱的那部分电力进行遥控,其配电中心位于机身中部。这样,主馈电线只需要敷设到飞机中部,有效减轻了电网质量。如拓展推广图1所示,比较了常规配电控制与遥控配电控制配电系统电网电缆的线路布局。

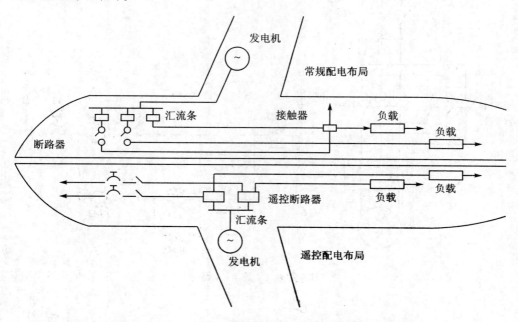

拓展推广图1 常规配电布局和遥控配电布局的结构示意图

20世纪80年代前,遥控配电控制通常采用老式遥控断路器,由驾驶人员操纵,遥控断路器线路与驾驶舱中的指示控制装置连接,因此还需将控制信号接入座舱。这样导线总质量有所减轻,但导线总长度反而相比常规配电控制有所增加。

20世纪80年代后,新型遥控断路器应运而生。采用微处理机实现检测和控制功能,并与计算机总线管理有机融合,实现了多路传输和运用微处理机技术的先进遥控配电控制,飞机电缆长度和质量进一步减少,飞机配电系统的效率和工作可靠性进一步提高,并有效缓和了飞机驾驶舱控制板上设备的拥挤程度。

思考题

(1) 简述常规配电控制的工作特点。
(2) 简述遥控配电控制的工作特点。

第 9 章　供电安全与电工测量

本章主要介绍供电安全与电工测量的一些基本概念和基本知识。供电安全部分主要介绍电力系统的基本知识、触电的类型和防护知识和用电设备保护知识等。电工测量部分主要介绍仪表的误差及分类、误差的表示方法、电工测量仪表的类型、电流电压与电阻的测量、常用电工测量仪表的使用等知识。通过本章的学习,使学员掌握基本的供电安全知识和电工测量方法。

1. 应用实例之一:人触电的急救知识

当发现有人触电时,应该立即进行抢救。不论出现何种症状,都应该按假死处理,迅速进行抢救,以免错过时机。根据受电流伤害的程度,可以分为三种情况:

(1) 对没有失去知觉的触电者,应使其静卧,注意观察,并迅速请医生治疗。

(2) 对已完全失去知觉但仍有呼吸的触电者,应使其静卧在凉爽、空气流通的地方,并拨打 120 急救中心电话。

(3) 对呼吸、脉搏、心跳均已停止,出现死亡征象的触电者,应该立即进行人工呼吸,并拨打 120 急救中心电话,在医生到来之前,不能停止急救。

2. 应用实例之二:利用数字式万用表判断二极管的极性

将数字式万用表转换开关转至二极管挡。用两只表笔分别接触二极管的两个引脚,若显示值在 1 V 以下,说明管子处于正向导通状态,红表笔接的是二极管的正极,黑表笔接的是负极;若显示溢出信号"OL"或"1",表明管子处于反向截止状态,黑表笔接的是二极管的正极,红表笔接的是负极。

9.1　供电安全

9.1.1　触电类型

供电系统的故障会导致用电设备的损坏或人身伤亡事故。当人体不慎接触到带电部分,就有电流通过,如果通过人体的工频电流超过 30~50 mA,就会有生命危险。触电时间越长,电流对人体的伤害越严重。常见的触电类型有单相触电、两相触电和跨步电压触电。

1. 单相触电

如图 9.1.1 所示,在人体与大地之间互不绝缘情况下,人体的某一部位触及到任意一根相线或带电体,电流经过人体流入大地,造成触电伤害。单相触电时,人体所触及的电压是相电压,在低压动力和照明线路中为 220 V。电流经相线、人体、大地和中性点接地装置形成通路,触电的后果往往很严重。

2. 两相触电

两相触电,也叫相间触电,指在人体与大地绝缘情况下,人体同时接触到两根不同的相线,或者人体同时触及到电气设备的两个不同相的带电部位,电流由一根相线经过人体到另一根相线,形成闭合回路,如图 9.1.2 所示。发生两相触电时,作用在人体上的电压等于线电压,这种触电方式最危险。

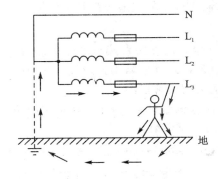

图 9.1.1 单相触电示意图

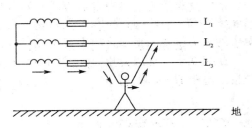

图 9.1.2 两相触电示意图

3. 跨步电压触电

当电气设备的绝缘损坏或线路的一相断线落地时,落地点的电位就是导线的电位,电流会从落地点(或绝缘损坏处)流入地中。离落地点越远,电位越低。如果有人走近导线落地点附近,由于人的两脚电位不同,在两脚之间出现电位差,这个电位差叫做跨步电压。离电流入地点越近,跨步电压越大;离电流入地点越远,跨步电压越小,跨步电压触电情况如图 9.1.3 所示。当发现跨步电压威胁时,应尽快把双脚并在

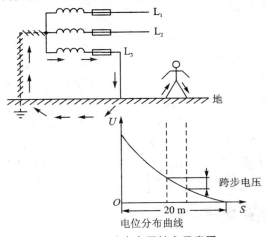

图 9.1.3 跨步电压触电示意图

一起,或尽快一条腿跳离危险区。

9.1.2 触电防护

为了人身安全和电力系统工作的需要,要求电气设备采取保护措施。具体的保护措施可分为工作接地、保护接地和保护接零三种。

1. 工作接地

电力系统由于运行和安全的需要,常将中性点接地,这种接地方式称为工作接地,如图9.1.4所示。系统变压器的中性点接地、防雷设备的接地等都是工作接地。

2. 保护接地

保护接地是将电气设备的金属外壳与接地体(埋入地下并直接与大地接触的金属导体)可靠连接。通常用钢管、角铁或铜条作为接地体,其电阻不得超过4Ω,在电源中性点不接地的低压供电系统中,电气设备均需采用接地保护。

从图9.1.5可以看出,设备漏电时,人体一旦触及漏电设备,由于人体的电阻R_b与接地电阻R_0并联,且$R_b \gg R_0$,所以通过人体的电流很小。

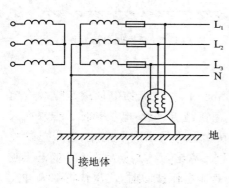

9.1.4 工作接地

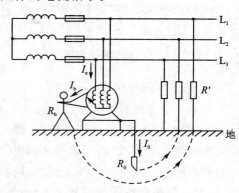

图9.1.5 保护接地图

3. 保护接零

低压供电系统中一般采用中性点接地的三相四线制运行方式。电源中性点接地为工作接地,将电气设备的金属外壳与电源中性线相连接称为保护接零,又称为保护接中性线,保护接零如图9.1.6所示。

当设备的金属外壳接电源中性线后,一旦设备发生碰壳漏电故障,就会通过设备外壳形成相线对零线的单相短路,由于相线和零线的阻抗远小于接地电阻,此时短路电流很大,导致用电设备的保护装置动作,迅速切断电源以确保安全。采用保护接零时,电源中性线决不允许断开,否则保护失效,带来极为严重的后果。

9.1.3 用电设备保护

用电设备在运行过程中,因受外界的影响如异物入侵、冲击压力,或因内部材料

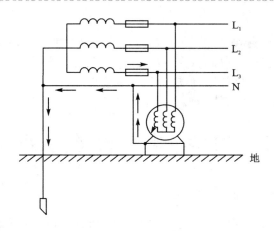

9.1.6 保护接零

的老化、磨损、绝缘损坏或运行过程中的误操作等原因,可能发生各种故障和非正常的运行情况,因此有必要对用电设备进行保护。常用的用电设备保护措施分为以下五种。

1. 过负荷保护

过负荷是指用电设备的负荷电流超过额定电流的情况。长时间的过负荷,将使用电设备的载流部分和绝缘材料过度发热,从而导致绝缘加速老化或遭受破坏。对连续运转的电动机要有过负荷保护。电气设备装设自动切断电流或限止电流增大的装置,例如自动空气开关和具有延时功能的电流继电器等实现过负荷保护。

2. 短路保护

短路一般分为相间短路和对地短路两种。短路瞬间释放很大热量,使电气设备的绝缘受到损伤,严重时可烧毁电气设备。短路还能造成故障点及附近的地区电压大幅度下降,影响电网质量。电气设备一般采用熔断器、自动空气开关、过电流继电器等实现短路保护。

3. 缺相保护

缺相是指供电电源缺少一相或三相中有任何一相断开的情况。造成一相断开的原因主要有:接触器由于长期频繁动作导致触头烧坏,无法接通;低压熔断器或者刀闸开关接触不良等。由于供电系统的容量增加,采用熔断器作为短路保护,造成电动机缺相运行的可能性增大。因此,凡是使用熔断器保护的场合,必须设有防止断相的保护装置。

4. 欠压和失压保护

电气设备应能在电网电压过低时及时切断电源。当电网电压供电中断再恢复时,电气设备也不自行启动,即有欠压和失压保护能力。通常电气设备采取接触器连锁控制和手柄零位启动等实现欠压和失压保护。

5. 防止误操作

为了防止误操作,电气设备上应有容易辨认、清晰的标志或标牌,给出安全使用设备所必需的主要信息。例如额定参数、接线方式、危险标志、运行条件等。由于设备本身条件有限,无法给出标注时,应提供安装或操作说明书。电气控制线路中还应按规定装设紧急开关,以防误启动。

9.2 电工测量的基本知识

9.2.1 误差的表示方法

误差的表示方法通常有三种:绝对误差、相对误差和引用误差。它们的定义不同,适用场合也不相同。

1. 绝对误差 Δ

仪表的指示值 A_X 与被测量实际值 A_0 之间的差值,叫做绝对误差,即

$$\Delta = A_X - A_0 \tag{9.2.1}$$

计算 Δ 值时,通常可用标准表的指示值作为被测量的实际值。

在测量同一被测量时,可用绝对误差的绝对值 |Δ| 来比较不同仪表的准确程度。|Δ| 越小,仪表越准确。

【例 9.2.1】 电压表甲在测量实际值为 100 V 的电压时,测量值为 101 V;电压表乙在测量实际值为 100 V 的电压时,测量值为 98 V。求两表的绝对误差。

解:甲表的绝对误差　　$\Delta_甲 = (101 - 100) \text{ V} = 1 \text{ V}$

乙表的绝对误差　　$\Delta_乙 = (98 - 100) \text{ V} = -2 \text{ V}$

计算结果表明,绝对误差有正负之分。正误差说明仪表指示值比实际值大,负误差说明仪表指示值比实际值小。另外,甲表的指示值偏离实际值较小,为 1 V;而乙表的指示值偏离实际值较大,为 2 V。显然,甲表比乙表更准确。

2. 相对误差 γ

绝对误差 Δ 与被测量实际值 A_0 比值的百分数,叫做相对误差 r,即

$$r = \frac{\Delta}{A_0} \times 100\% \tag{9.2.2}$$

一般情况下实际值 A_0 难以确定,而仪表的指示值 $A_X \approx A_0$,故可用以下公式计算 r

$$r = \frac{\Delta}{A_x} \times 100\% \tag{9.2.3}$$

由于相对误差是一个比值,因此相对误差没有单位。

【例 9.2.2】 已知甲表测量 200 V 电压时 $\Delta_1 = +2$ V,乙表测量 10 V 电压时 $\Delta_2 = +0.5$ V,试比较两表的相对误差,并比较两只电压表测量的准确度?

解:甲表相对误差为:$r_1 = \dfrac{\Delta_1}{A_{01}} \times 100\% = \dfrac{+2 \text{ V}}{200 \text{ V}} \times 100\% = +1\%$

乙表相对误差为:$r_2 = \dfrac{\Delta_2}{A_{02}} \times 100\% = \dfrac{+0.5 \text{ V}}{10 \text{ V}} \times 100\% = +5\%$

上述结果可以看出,虽然甲表的绝对误差 Δ_1 比乙表绝对误差 Δ_2 大,但从绝对误差对测量结果的影响来看,甲表的相对误差却比乙表小,说明甲表比乙表的测量准确度高。由于相对误差定量地揭示了仪表基本误差对测量结果的影响程度,因此,工程上通常采用相对误差来比较测量结果的准确度。

3. 引用误差 r_m

相对误差可以表示测量结果的准确度,但却不能说明仪表本身的准确度。

绝对误差 Δ 与仪表量程(最大读数)A_m 比值的百分数,叫做引用误差 r_m,即

$$r_m = \dfrac{\Delta}{A_m} \times 100\% \qquad (9.2.4)$$

引用误差实际上就是仪表在最大读数时的相对误差,即满度相对误差。因为绝对误差 Δ 基本不变,仪表量程 A_m 也不变,因此引用误差是一个常数,故引用误差 r_m 可用来表示仪表的准确程度。

9.2.2 电工测量仪表的类型

电工测量仪表是用标度盘和指针指示电量的仪表,其主要作用是将被测量电量变换成仪表活动部分的偏转角位移。电工测量仪表通常由测量机构和测量线路两部分组成。测量机构又分为固定部分和可动部分。固定部分由磁铁、线圈、轴承和表盘等组成;可动部分包含可动线圈、转轴、指针、旋转弹簧、阻尼器等。测量机构是电工测量仪表的核心部分,仪表的偏转角位移是通过它来实现的。按照工作原理的不同,直读式电工测量仪表主要分为磁电式、电磁式、电动式三种。

1. 磁电式仪表

测量直流电流和电压通常采用磁电式仪表,其结构原理如图 9.2.1 所示。仪表的固定部分主要由永久磁铁、极掌及圆柱形铁芯组成;仪表的可动部分由可偏转的活动线圈、转轴及固定在轴上的指针构成;另外还有两个螺旋弹簧(也称游丝),弹簧的一端固定不动,另一端与转轴作机械上的连接,借助弹簧将被测电流引入偏转线圈。指针的偏转方向由活动线圈中流过电流的方向决定,因此仪表接入测量电路时要注意极性,否则指针反打会损坏仪表。磁电式仪表采用了磁性很强的永久磁铁和灵巧的活动线圈,准确度高,耗能小,刻度均匀,不易受外界磁场的影响。

2. 电磁式仪表

电磁式仪表通常有吸引型和排斥型两种结构,最常用的是排斥型,其结构原理如

图9.2.2所示。电磁式仪表由固定部分和可动部分两部分组成。固定部分由固定线圈和线圈内侧的固定铁片组成；可动部分由固定在转轴上的可动铁片、螺旋弹簧（游丝）、指针和阻尼片、平衡锤组成。线圈通入电流时产生磁场，使其内部的固定铁片和可动铁片同时被磁化。由于两铁片同一端的极性相同，两者相斥，致使可动铁片受到转动力矩的作用，通过转轴带动指针偏转。当转动力矩与游丝的反作用力矩相平衡时，指针便停止偏转。排斥型电磁式仪表的指针偏转方向不随电流方向改变而改变，因此，可应用于交流电路的测量。

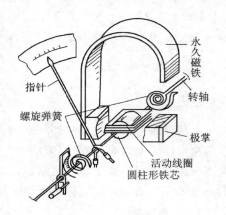

图 9.2.1 磁电式仪表

3．电动式仪表

电动式仪表的构造如图9.2.3所示。它有固定线圈和可动线圈两个线圈。可动线圈与指针及空气阻尼器的活塞都固定在转轴上，可动线圈中的电流通过螺旋弹簧引入。电动式仪表的工作原理与磁电式仪表相类似，也是根据通电线圈在磁场中受力旋转的原理工作的，但该磁场是由通电线圈产生的。电动式仪表的优点是适用于交直流，准确度较高。其缺点是受外界磁场的影响大，不能承受较大的过载。

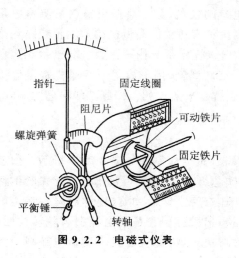

图 9.2.2 电磁式仪表

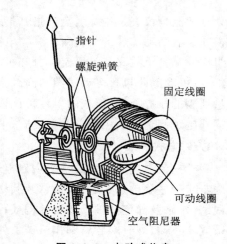

图 9.2.3 电动式仪表

9.3 电流、电压与电阻的测量

9.3.1 电流的测量

测量电流的过程中,电流表应与被测电路串联,为了减小电流表内阻造成的测量误差,电流表的内阻要尽可能地小,使用时切不可将它并联在电路中,否则将造成短路烧坏电流表。测量某一支路或元件电流的电路如图 9.3.1 所示。

图中,R_L 表示被测支路或元件,U 和 R_0 分别为除被测电路以外的等效电压源和等效内阻。测

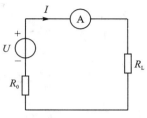

图 9.3.1 电流测量原理图

量电流时需考虑到电流表本身内阻的影响。为使测量值更为真实地反映电流的实际值,要求电流表的内阻尽量小。电流表的内阻愈小,测量的误差就愈小。

9.3.2 电压的测量

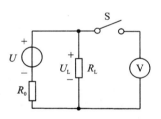

图 9.3.2 电压测量原理图

测量电压的过程中,将万用表(或电压表)并联在该支路或元件上测量,其测量原理如图 9.3.2 所示。图中,R_L 表示被测支路或元件,U 和 R_0 分别为除被测电路以外的等效电压源和等效内阻。测量电压时,需考虑到电压表本身内阻的影响。为了使测量值更为真实地反映电压的实际值,要求电压表的内阻尽量大。电压表的内阻愈大,测量的误差就愈小。

9.3.3 电阻的测量

针对不同阻值的被测电阻,常用的测量方法有伏安法、电桥法、万用表测量法、兆欧表测量法等。在此简要介绍伏安法测电阻。

使用电流表、电压表测量被测支路或元件的电阻,这种方法称为伏安法,即用电流表测量被测支路或元件中流过的电流,用电压表测量被测支路或元件两端的电压,然后根据欧姆定律计算出测量值。利用伏安法测量电阻的参考电路如图 9.3.3 所示。

理想电压表、电流表测量时,图 9.3.3 所示电路的测量值为

$$R' = \frac{U}{I} = R_L \tag{9.3.1}$$

实际电压表内阻总为有限值,电流表总是存在内阻。设电压表内阻为 R_V,电流表内

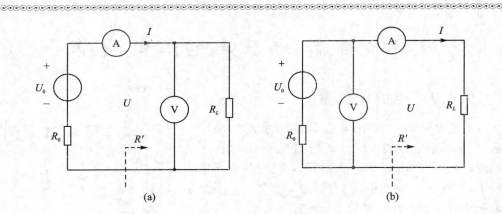

图 9.3.3 伏安法测电阻

阻为 R_1,则图 9.3.3 所示测量电路的等效电路如图 9.3.4 所示。

可得图 9.3.3(a)所示电路的测量值为

$$R' = \frac{U}{I} = R_L // R_V \tag{9.3.2}$$

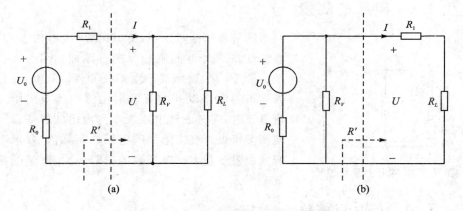

图 9.3.4 伏安法测电阻电路的等效电路

电压表内阻一般很大,当被测对象阻值较小时,有

$$R' = \frac{U}{I} = R_L // R_V \approx R_L \tag{9.3.3}$$

可见,图 9.3.3(a)所示测量电路适用于测量阻值较小的电阻。

图 9.3.3(b)所示测量电路的测量值为

$$R' = \frac{U}{I} = R_L + R_I \tag{9.3.4}$$

电流表内阻一般比较小,当被测对象阻值较大时,有

$$R' = \frac{U}{I} = R_L + R_I \approx R_L \tag{9.3.5}$$

可见,图 9.3.3(b)所示测量电路适用于测量阻值较大的电阻。

伏安法测量电阻的优点:伏安法测量精度较高。测量时通过被测电阻的电流,可与被测电阻工作时通过的电流非常接近。

9.4 常用电工测量仪表

在工农业生产和日常生活中,电无处不在,只有通过各种电工测量仪表对电进行测量,才能对电能的质量和负荷情况等进行分析、研究和监控,从而保证电气设备的经济运行和安全运行。以下对生产和实验中经常使用的模拟式万用表、数字式万用表和数字示波器做一简要介绍。

9.4.1 模拟式万用表

模拟式万用表也可称为指针式万用表或者磁电式万用表,虽然准确度不高,但是使用简单、携带方便,特别适用于检查线路和修理电气设备。其结构主要由表头(测量机构)、测量电路和转换开关组成。它的外形可做成便携式或袖珍式,并将刻度盘、转换开关、调零旋钮以及接线插孔等装在面板上,MF-30型常用万用表的面板如图9.4.1所示。

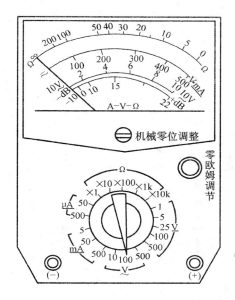

图 9.4.1　MF-30型常用万用表的面板图

(1) 直流电压的测量:测量直流电压时,转动开关至所需的电压挡(V)。将万用表与被测电路并联,并注意"+"、"-"号不要接反。若事先未知测量电压的大小,可将量程旋至最大,根据表头指示再选择相应量程。读数时从第二条刻度尺按比例读取。

(2) 交流电压的测量：测量交流电压时，转换开关至所需的电压挡（V）。读数时从第二条刻度尺按比例读取。在面板上另有第三条标有"10 V"的刻度尺，专供 10 V 交流挡读数用，不能与其他标度尺混用。

(3) 直流电流的测量：测量直流电流时，转换开关至所需电流挡位。将万用表串联在电路中，让电流从"＋"端流进，"－"端流出。读数时从第二条刻度尺按比例读取。

(4) 电阻的测量：测量电阻时，将转换开关旋转到电阻挡（Ω）区域。测量前先将两个表笔短接，转动零欧姆调整旋钮，使指针对准于欧姆刻度 0 位置上，即可进行测量。测量电阻需要接入电池，被测电阻加在正、负表笔之间，有电流经过表头并带动指针偏转。电阻的刻度方向与电流、电压的刻度方向相反，刻在面板的最上端，标有"Ω"符号。测量电路中的某一电阻时，应将电路中的电源除去，切勿在带电的线路上测量电阻。

9.4.2 数字式万用表

数字式万用表利用电子技术将被测量值直接用数字显示出来。下面以 DT-890 型数字式万用表为例，对其使用方法进行说明，其面板如图 9.4.2 所示。DT-890 型数字式万用表是一种性能稳定可靠的手持式数字万用表，整机电路设计以大规模集成电路、双积分 A/D 转换器为核心并配以全功能过载保护，可用来测量交直

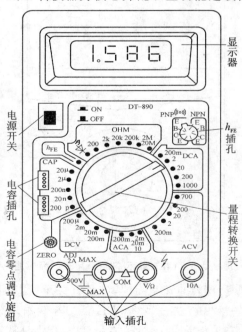

图 9.4.2　DT-890 型数字式万用表的面板图

流电压、交直流电流、电阻、电容、二极管、温度、频率以及电路通断。

(1) 直流电压挡的使用:将电源开关置于"ON",黑表笔插入"COM"插孔,红表笔插入"V/Ω"插孔,量程开关置于"DCV"范围内合适的量程,将测试表笔并接到待测电源或负载上,红表笔所接端子的极性将同时显示。如果事先未知被测电压范围,将功能开关置于最大量程并逐渐下调,若显示器显示"1",表示过量程,功能开关应置于更高量程。

(2) 交流电压挡的使用:将电源开关置于"ON",将黑表笔插入"COM"插孔,将红表笔插入"V/Ω"插孔,将量程开关置于"ACV"范围内合适的量程,将测试表笔并接到待测电源或负载上。

(3) 直流电流挡的使用:将电源开关置于"ON",红表笔插入"A"插孔,黑表笔插入"COM"插孔,量程开关置于"DCA"范围内合适的量程,两表笔串联在被测电路中即可进行直流电流测量。

(4) 交流电流挡的使用:将电源开关置于"ON",将黑表笔插入"COM"插孔,红表笔插入"A"插孔。量程开关置于"ACA"范围内合适的量程,将测试表笔串联接入到待测负载回路里。

(5) 电阻挡的使用:使用电阻挡时,将黑表笔插入"COM"插孔,红表笔应插入"V/Ω"插孔,量程开关置于"OHM"范围合适的量程,将测试笔并接到待测电阻上。如果被测电阻值超出所选择量程的最大值,将显示过量程"1",应选择更高的量程,对于大于 1 MΩ 或更高的电阻,需要几秒钟后读数才能稳定。当无输入时,例如开路情况,仪表显示为"1"。

(6) 电容挡的使用:将电源开关置于"ON",量程开关置于"CAP"范围合适的量程,将电容插入电容测试座中,注意每次转换量程时复零需要时间,有漂移读数存在不会影响测试精度,仪器本身虽然对电容挡设置了保护,但仍需将待测电容先放电然后进行测试,以防损坏仪表或引起测量误差,测量大电容时稳定读数需要一定的时间。

(7) h_{FE} 挡的使用:h_{FE} 挡可用来测量晶体三极管的电流放大倍数 β 值。将量程开关置于"h_{FE}"挡,并将管子的三个引脚准确无误的插入对应的"h_{FE}"测试插孔中,即可在显示器窗口上读取晶体管的 β 值。

注意:严禁在测量高电压或大电流时拨动量程开关;万用表使用完毕后,应将量程开关置于电压最高量程,再关电源;不得在高温、潮湿、暴晒等恶劣环境下使用或存放数字万用表;长期不用时,应将表内电池取出。

9.4.3 数字示波器

数字示波器是工程实际中常用的一种仪器,它将模拟电信号转化为波形显示图像。通过观察被测电路波形,可知波形的振幅、相位、频率等信息,还可对波形进行分析比较。虽然示波器的品牌、型号种类繁多,功能也各式各样,但是示波器的基本使用方法与操作过程还是相同的。以 DS1000D 系列数字示波器为例对示波器的使用进行简要说明,结构示意图如图 9.4.3 所示。

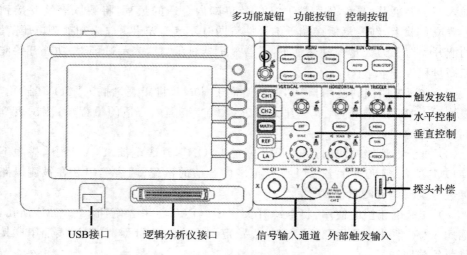

图 9.4.3　数字示波器的结构示意图

1. 信号输入通道

常用示波器多为双踪示波器,有两个输入通道,分别为通道 1(CH1)和通道 2(CH2),可分别接上示波器探头,再将示波器外壳接地,探针插至待测部位进行测量。

2. 垂直控制旋钮

调节垂直偏转灵敏度,应根据输入信号的幅度调节旋钮的位置,将该旋钮指示的数值(如 0.5 V/div,表示垂直方向每格幅度为 0.5 V)乘以被测信号在屏幕垂直方向所占格数,即得出该被测信号的幅度。

3. 水平控制旋钮

调节水平速度应根据输入信号的频率调节旋钮的位置,将该旋钮指示数值(如 0.5 ms/div,表示水平方向每格时间为 0.5 ms)乘以被测信号一个周期占有格数,即得出该信号的周期,也可以换算成频率。

4. 探头补偿

使用示波器时,应使探头与输入通道相配。当将菜单中探头选项的衰减系数设定为 10× 时,若想在示波器上显示实际值,需要将探头上的开关设定为 10×。设定探头上的系数如图 9.4.4 所示。

5. 波形显示的自动设置

DS1000D、DS1000E 系列数字示波器具有

图 9.4.4　设定探头上的系数示意图

自动设置的功能。根据输入信号可自动调整电压倍率、时基以及触发方式至最佳形态显示。应用自动设置要求被测信号的频率大于或等于 50 Hz，占空比大于 1%。使用自动设置时：

① 将被测信号连接到信号输入通道。

② 按下 AUTO 按钮。示波器将自动设置垂直、水平和触发控制。若需要，可手工调整这些控制使波形显示达到最佳。

6. 触发控制

触发方式有：边沿、脉宽、视频、交替、码型和持续时间触发。

边沿触发：是在输入信号边沿的触发阈值上触发。在选取"边沿触发"时，即在输入信号的上升沿和下降沿触发。

脉宽触发：根据脉冲宽度来确定触发时刻。可通过设定脉宽条件捕捉异常脉冲。

视频触发：选择视频触发后，即可在 NTSC、PAL 或 SECAM 标准视频信号的场或行上触发。触发耦合预设为直流。

交替触发：交替触发时，触发信号来自于两个垂直通道，此方式可用于同时观察两路不相关信号。可在该菜单中为两个垂直通道选择不同的触发类型，可选类型有边沿触发、脉宽触发、斜率触发和视频触发。

码型触发：通过查找指定码型识别触发条件。码型是各通道的逻辑与组合，每个通道都有高(H)、低(L)和忽略(X)值。可以指定码型中包括的一个通道的上升沿或下降沿。

本章小结

（1）人体触电方式主要有三种：单相触电、两相触电、跨步电压触电。触电保护措施可分为工作接地、保护接地和保护接零三种。常用的电气设备保护措施有过负荷保护、短路保护、缺相保护、欠压和失压保护、防止误操作等。

（2）在电工测量中，无论哪种电工仪表，也不论其准确度多高，指示值与被测量的实际值之间总会存在一定的差值，这个差值叫做仪表的误差。误差的表示方法通常有三种：绝对误差、相对误差和引用误差。

（3）电工测量仪表的主要作用是将被测量电量变换成仪表活动部分的偏转角位移。电工测量仪表通常由测量机构和测量线路两部分组成。测量机构是电工测量仪表的核心部分。直读式电工测量仪表主要分为磁电式、电磁式、电动式三种。

（4）测量电流时，电流表应与被测支路或元件串联；测量电压时，万用表（或电压表）应并联在该支路或元件两端；针对不同阻值的被测电阻，常用的测量方法有伏安法、电桥法、万用表测量法、兆欧表测量法等。使用电流表、电压表测量被测支路或元件电阻的方法称为伏安法，即用电流表测量被测支路或元件中流过的电流，用电压表测量被测支路或元件两端的电压，然后根据欧姆定律计算出测量值。

（5）模拟式万用表又可称为指针式万用表或磁电式万用表，虽然准确度不高，但是使用简单，携带方便，特别适用于检查线路和修理设备。其结构主要由表头（测量机构）、测量电路和转换开关组成。

（6）数字式万用表利用电子技术将被测量值直接用数字显示出来。数字式万用表是一种性能稳定可靠的手持式数字万用表，整机电路设计以大规模集成电路、双积分 A/D 转换器为核心并配以全功能过载保护，可用来测量交直流电压、交直流电流、电阻、电容、二极管、温度、频率以及电路通断。

（7）数字示波器是工程实际中常用的一种仪器，它将模拟电信号转化为波形显示图像。通过观察被测电路波形，可知波形的振幅、相位、频率等信息，还可对波形进行分析比较。

习 题

9-1 触电包括哪几种类型？

9-2 什么叫做单相触电？

9-3 什么叫做跨步电压触电？

9-4 什么叫做工作接地？

9-5 什么叫做保护接零？

9-6 什么叫做过负荷保护？

9-7 什么叫做欠压和失压保护？

9-8 误差的表示方法有哪几种？

9-9 什么叫做引用误差？

9-10 请简述磁电式仪表的工作原理。

9-11 请简述电磁式仪表的工作原理。

9-12 在习题图 9.1 所示测量电路中，已知电压表内阻 R_V 为 10 kΩ，$R_L = R_0 = 5$ kΩ，$U = 30$ V，试求 U_L 理论值和测量值。

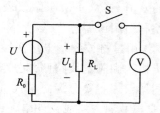

习题图 9.1 题 9-12 图

9-13 请简述模拟式万用表的特点和结构。

9-14 请简述数字式万用表的特点和结构。

拓展推广之一——飞机安全接地

我国曾经发生过停放在机场的飞机遭受雷击的事故,有时地勤维护保障人员触摸停机坪上的飞机会受到电击,这是由静电效应引起的。导致飞机带静电的原因很多,例如风雪和灰尘颗粒等对飞机的吹打产生的摩擦电效应,导致电荷积累;或在加油过程中,流动的航空燃油与导管之间的摩擦作用,导致电荷分离建立的静电场;或者是当一片带电云在停机坪上空时,静电场使飞机带电。飞机对地电阻受机轮和跑道表面之间接触的影响,是一个容易变化的参数,随着机轮磨损、炭黑链的破坏,电阻就增大,飞机机轮电阻越大,机上的电位也就越高,当人接触飞机的时候,提供了一条接地的路径,这个人就受到电击。如果飞机具有良好的安全接地,机上的正电荷就从最小电阻的路径返回大地。静电造成的危害是巨大的,当电荷积累到对某些其他物体产生火花放电时,就会遭遇危险。

按接地的作用分为保护性和功能性接地,一是出于安全的考虑;二是为了抑制干扰。保护性接地包括防电击接地、防雷击接地、防静电接地等;功能性接地包括工作接地、逻辑接地、屏蔽接地、信号接地等。以飞机保护性接地为例,飞机接地的通路必须保证足够低的电阻,以限制电压升高,并允许大电流的流动。防静电接地桩到大地的电阻,其值不大于 10 000 Ω。接地点到 50 Hz 电源中线的接地电阻,其值不大于 10 Ω。当飞机停放在停机坪上或在外场维修时,都要对其实施防静电接地。当飞机在机库维修通电时,要实施电力接地。在飞机上应设置接地插座和搭接插座。接地插座安装在起落架上,供飞机接大地用。搭接插座安装在距离飞机加油口大约 20 cm 处,当飞机加油时,供加油管搭接用。接地插座和搭接插座安装处与飞机机体的搭接电阻值不得大于 10 mΩ。插头插入插座中应接触良好,插头与飞机机体的搭接电阻值不得大于 0.1 Ω。接地电缆的两端带有接地插头,其长度按需要而定,总阻值不得超过 0.5 Ω。接地桩由直径不大于 16 mm,长度大于 1.5 m 的金属棒制成,金属棒的一端成尖形,便于插入大地中。露出地面部分的端部焊上不锈钢圈,以防腐蚀。

飞机的安全接地是保证飞机安全的重要举措,规范正确的接地措施能够有效保障人员、设备和数据的安全。

拓展推广之二——导弹电气系统电磁兼容控制之接地设计

导弹上的电磁环境十分复杂恶劣,为了保证弹上电气设备正常稳定工作,从方案论证、设计研制、试验调试的全过程都要进行电磁兼容性控制,而电磁兼容设计首当其冲,它包括采取接地屏蔽、搭接、滤波等技术措施,有效抑制干扰源,消除干扰耦合,提高电子设备的抗干扰能力。

接地是为了在电气电子电路与以弹体为基准点之间建立良好的导电通路。进行接地设计时,必须防止不希望有的地电流在电路间流动和相互作用。将接地系统中电位降至最小,从而使接地电流最小。接地设计应遵循以下一般准则:

第一,电气电子设备接地方式与工作信号频率以及电路和部件的大小尺寸有关。接地方式有单点、多点、混合接地和浮动接地。

单点接地方式即把整个电路系统中的一个结构点看作接地参考点,每根接地线都连接到该点上。单点接地适用于 1 MHz 以下的低频电路。

工作频率高的采用多点接地方式,电路系统利用一块公共接地平板代替电路每部分各自的地回路,将每根接地回线连接到公共接地板上。在高频电路中,地线上杂散电容和电感使一点接地无法实现,需采用多点接地,有效避免高频中驻波效应。

混合接地是电子设备中低频部分采用单点接地,高频部分采用多点接地。导弹上复杂的电子设备一般均采用混合接地。

浮动接地即电路的地与大地无导体连接,系统各部分具有各自独立的地。采用隔离变压器、光学隔离器和带通滤波器等在电气上将电气或部件与可能引入地电流的公共接地面或公共导线加以隔离。其优点是该电路不受大地电性能的影响,在音频及射频低端特别有效,例如对导弹装定指令,扇面角,俯仰角和滚动电路等,常采用浮动接地。其缺点是该电路易受寄生电容的影响,从而导致该电路的地电位变动和增加了对模拟电路的感应干扰,并且由于该电路的地与大地无导体连接,易产生静电积累而导致静电放电,可能造成静电击穿或强烈的干扰。因此,浮地的效果不仅取决于浮地的绝缘电阻的大小,而且取决于浮地的寄生电容的大小和信号的频率。

第二,对信号回路地、信号屏蔽地、电源回路地以及机架或外壳地,保持独立的接地系统是合理的,在一个接地基准点上将它们连接在一起。复杂的电子设备通常根据接地信号特点采用所谓"四套法"进行接地。第一套是低电平信号地和敏感信号地,例如前置放大器。第二套是高电平大功率信号地和不敏感信号地,例如功率放大器。第三套是干扰源地,例如电机和继电器地。第四套是金属结构地,例如信号屏蔽线的地。

第三,接弹体的地线应具有高的导电率。

第四,使用差分或平衡电路可以有效减小地线干扰。

第五,所有接地引线都要尽可能短且直,导线端应接应可靠。

不良的接地系统,可能导致寄生电压或寄生电流耦合到电路和设备中去,降低屏蔽和滤波效果,并有可能引起一些棘手的难以解决的电磁干扰问题。

思考题

(1) 接地按作用来讲分为哪两类?

(2) 接地设计应遵循哪些一般准则?

参考文献

[1] 涂用军,李力,黄军辉等.电路基础[M].广州:华南理工大学出版社,2006.
[2] 刘陵顺主编.自动控制元件[M].北京:北京航空航天大学出版社,2009.
[3] 赵承荻主编.电工技术[M].北京:高等教育出版社,2001.
[4] 秦曾煌主编.电工技术[M].北京:高等教育出版社,2012.
[5] 邱关源.电路(第5版)[M].北京:高等教育出版社,2009.
[6] 罗映红,陶彩霞主编.电工技术[M].北京:中国电力出版社,2011.
[7] 周玉坤,冼立勤,李莉等译.电路[M].北京:电子工业出版社,2008.
[8] 黄军辉,黄晓红主编.电工技术[M].北京:人民邮电出版社,2006.
[9] 朱新宇,彭卫东,何建编.民航飞机电气系统[M].成都:西南交通大学出版社,2010.
[10] 朱耀忠主编.电机与电力拖动[M].北京:北京航空航天大学出版社,2005.
[11] 周洁敏主编.飞机电气系统[M].北京:科学出版社,2010.
[12] 谢军主编.航空电机学[M].北京:国防工业出版社,2006.
[13] 刘爱元主编.飞机电源与电气控制[M].北京:海潮出版社,2008.
[14] 严东超主编.飞机供电系统[M].北京:国防工业出版社,2010.
[15] 刘迪吉主编.航空电机学[M].北京:航空工业出版社,2005.
[16] 中国科学技术协会主编.航空科学技术学科发展报告[M].北京:中国科学技术出版社,2009.
[17] 谭卫娟,白冰如主编.航空电气设备与维修[M].北京:国防工业出版社,2012.
[18] 张维玲主编.电工电子技术[M].北京:清华大学出版社,2012.
[19] 丁兰芳主编.飞航导弹电气系统设计[M].北京:宇航出版社,1994.
[20] 沈颂华主编.航空航天器供电系统[M].北京:北京航空航天大学出版社,2005.
[21] 段哲民,周巍,李宏等译.电路基础[M].北京:机械工业出版社,2014.
[22] 殷瑞祥,殷粤捷译.交直流电路基础系统方法[M].北京:机械工业出版社,2014.
[23] 陈希有,张新燕,李冠林等译.电路分析导论[M].北京:机械工业出版社,2014.
[24] 朱承高,贾学堂,郑益慧编.电工学概论[M].北京:高等教育出版社,2008.
[25] 唐介主编.电工学(少学时)[M].北京:高等教育出版社,2009.
[26] 张树团主编.电工技术[M].北京:北京航空航天大学出版社,2013.
[27] 李小龙,黄龙华,郭凤鸣主编.电工技术[M].北京:北京理工大学出版社,2012.
[28] 秦荣主编.电工电子技术[M].北京:北京航空航天大学出版社,2011.
[29] 王文辉,刘淑英,蔡胜乐主编.电路与电子学[M].北京:电子工业出版社,2011.